中国特色学徒制试点
学徒岗位教材

园林工程资料员
学徒岗位手册

张　越　许春梅　刘小菊　主编

中国农业大学出版社
·北京·

内容简介

本教材以培养高等职业教育现代学徒为目标，以培育能独立承担行业内具体工作的实用性人才为最终目的，采用项目教学法和典型工作任务相结合的“理实一体化”教学改革模式，将园林工程资料员学徒岗位相关知识分成6个项目。每个项目先介绍专业知识，并设置任务目标与质量要求、知识储备等环节，通过完成各项任务实践来掌握技能和知识，并完成相应的职业素质的培养和提高；根据考核方案，采用实操或课后练习形式巩固和拓展学生对知识和技能的理解和掌握。书中配套了大量的表格，清晰直观，方便教学应用。

本教材可作为高等职业院校园林技术、园林工程技术、风景园林等专业课程教材或培训教材，也可以作为企业园林工程资料员的参考用书。

图书在版编目(CIP)数据

园林工程资料员学徒岗位手册 / 张越，许春梅，刘小菊主编．--北京：中国农业大学出版社，2023.9

ISBN 978-7-5655-3044-9

Ⅰ.①园… Ⅱ.①张… ②许… ③刘… Ⅲ.①园林－工程施工－资料－编制－高等职业教育－教材 Ⅳ.①TU986.3

中国国家版本馆 CIP 数据核字(2023)第 162069 号

书　　名　园林工程资料员学徒岗位手册
Yuanlin Gongcheng Ziliaoyuan Xuetu Gangwei Shouce

作　　者　张　越　许春梅　刘小菊　主编

策划编辑　郭建鑫　　**责任编辑**　郭建鑫
封面设计　李尘工作室
出版发行　中国农业大学出版社
社　　址　北京市海淀区圆明园西路2号　　**邮政编码**　100193
电　　话　发行部 010-62733489，1190　　读者服务部 010-62732336
编辑部 010-62732617，2618　　出　版　部 010-62733440
网　　址　http://www.caupress.cn　　**E-mail**　cbsszs@cau.edu.cn
经　　销　新华书店
印　　刷　运河(唐山)印务有限公司
版　　次　2023年11月第1版　2023年11月第1次印刷
规　　格　185 mm×260 mm　16开本　20印张　496千字
定　　价　59.00元

编 写 人 员

主　编　张　越（新疆农业职业技术学院）

许春梅（新疆七星建设科技股份有限公司）

刘小菊（新疆农业职业技术学院）

副主编　褚江涛（新疆农业职业技术学院）

王晓芳（新疆新草生态科技有限公司）

李文静（新疆农业职业技术学院）

张　琴（新疆农业职业技术学院）

参　编　龚莉萍（新疆农业职业技术学院）

李文娟（新疆大益建设工程有限公司）

杨　娟（沙依巴克区长江路诚信工程资料工作室）

王存莉（新疆千源昶盛工程管理有限公司）

前　言

党的二十大报告强调“推动绿色发展，促进人与自然和谐共生”，把人与自然和谐共生作为中国式现代化的重要特征之一，对推动绿色发展、促进人与自然和谐共生做出部署、提出要求。广大园林工程从业人员和相关专业学生应把握新时代赋予的历史使命，深入学习贯彻习近平生态文明思想，牢固树立和践行绿水青山就是金山银山的理念，坚定不移走生态优先、绿色发展之路，奋力书写绿色发展新篇章。

《园林工程资料员学徒岗位手册》是培养高等职业教育建筑和农林类园林工程现代学徒的专业课程指导用书，以学徒制教育方法为核心，旨在培养可独立承担园林行业内具体工作的实用型人才。

本教材紧跟当前职业教育中国特色学徒制培养模式改革趋势，充分体现“以学生为中心”的教育理念，强调学习与实践之间的匹配性，让学生的职业操作能力得到充分的锻炼，以提前适应岗位的需求。教材在内容的选择和组织上，以工作过程形式编排，并将对企业和学徒岗位的认识纳入其中。以学徒的认知规律和职业能力形成为主线，以工作任务为载体，将工作程序与方法要求提炼出来，介绍相应的专业知识、实践操作等，并配套学徒考核方案和学徒工作任务单。将工匠精神、劳动精神、职业素质融入教学全过程中，使学徒的学习既有明确的知识目标，又有针对性的技能目标和素质目标。将理论知识和岗位实践有机结合，既提高了学徒解决实际问题的能力，又培养了学徒的职业精神。

本教材共三部分：第一部分步入企业，共 4 个入职培训专题，由刘小菊编写；第二部分认识岗位，共 6 个入职培训专题，由张越编写；第三部分共 6 个项目，其中项目一和项目二由许春梅编写，项目三和项目六由王晓芳编写，项目四由李文静编写，项目五由王存莉编写。工程图纸由张琴绘制，部分工程资料由杨娟编制，附录部分由褚江涛编写。张越、褚江涛、张琴、李文娟、龚莉萍负责统稿。

本教材编写过程中参考了大量教材、专著、论文等文献资料，在此向相关人员表示由衷感谢。

在本教材编写过程中，编者做出了较大努力，但由于编者水平和编写时间所限，书中难免存在不妥之处，敬请广大读者提出宝贵意见，以便再版时修订完善。

编者

2023 年 5 月

目　录

第一部分

The first part

The first part

步入企业

The first part

The first part

入职培训专题一

我国园林行业发展机遇与挑战

一、行业概况

园林行业市场空间巨大，整个园林行业划分为市政园林、地产园林和生态修复3大方向。按照投资主体不同，还可将园林行业细分为市政园林、地产园林、生态修复类园林、企事业单位类园林和私家园林。

"十三五"期间园林行业每年的市场空间合计在4 500亿元左右，但由于行业进入门槛低，缺乏行业标准体系的约束，园林行业整体呈现"大行业、小公司"的格局。目前我国园林绿化企业数量已超过1.6万家。

园林绿化施工行业具有资金密集型、周期性、季节性和区域性等特征。

资金密集型，主要是园林绿化项目建设施工涉及业务环节较多，前期需要相当比例的保证金和铺底流动资金作为支撑，且上下游领域的结算存在时间差异，从而使园林施工企业在项目施工和养护过程中需占用较多运营资金。

周期性，是指园林绿化建设与地方政府经济发展紧密相关，因此园林产业发展与经济发展水平和经济发展周期具有较强的一致性。

季节性，是指园林绿化项目的主要内容为绿化种植，因此其施工与各地区的雨水、气温、空气湿度等因素有密切关系，季节性特征明显。

区域性，是指园林绿化与工程所在地区的经济实力和发展水平相关性较强，我国园林绿化行业的发达程度在东部、中部和西部之间具有明显的差异。如长三角地区、京津环渤海地区和珠三角地区园林绿地面积和绿化覆盖率居全国前列，该类地区园林绿化项目和园林绿化企业的数量也比较多。

二、行业发展趋势及前景

党的二十大报告做出了"推动绿色发展，促进人与自然和谐共生""以国家重点生态功能区、生态保护红线、自然保护地等为重点，加快实施重要生态系统保护和修复重大工程"推进以人为核心的新型城镇化，加快农业转移人口市民化。以城市群、都市圈为依托构建大中小城市协调发展格局，推进以县城为重要载体的城镇化建设”“加强城市基础设施建设，打造宜居、韧性、智慧城市”“统筹乡村基础设施和公共服务布局，建设宜居宜业和美乡村”等重要指示。因此，国家生态文明建设、新型城镇化、乡村振兴、美丽乡村建设和园艺康养的大背景，为园林绿化产业提供了广阔的发展空间。

（一）政府投资的最新发展趋势分析

1. **总体发展趋势**

政府投资，是指在国内使用预算安排的资金进行固定资产投资建设活动，包括新建、扩建、改建、技术改造等，具有“引导和带动社会资本扩大有效投资”和“稳增长、促改革、惠民生”等关键作用。

目前，我国经济“稳增长、调结构”等压力较大，政府投资作为促进社会经济健康发展关键因素，在国家经济社会中发挥着越来越重要的作用。2014—2018 年我国政府公共财政支出和地方财政支出均有提升，同时，政府通过多渠道保证收支平衡，2019 年地方政府债券发行额波动中较快增长，一定程度上促进了政府投资和社会经济的持续稳定增长。

2. **政府投资与园林绿化行业的发展趋势**

园林绿化工程作为普惠的民生工程和最为广泛的公共服务产品之一，具有较大的经济、社会价值，各地政府对园林绿化重视程度较高。自 2015 年，园林绿化投资表现较为快速的增长，全国城市园林绿化市场规模和绿化面积也表现稳定增长趋势（图 1-1）。

3. **政府投资项目资金保障趋势**

2019 年《政府工作报告》提出“对拖欠企业的款项年底前要清偿一半以上，决不允许增加新的拖欠”的目标任务。2019 年 4 月，国务院令第 712 号公布《政府投资条例》，对相关政府投资进行规范，规定：“政府投资项目所需资金应当按照国家有关规定确保落实到位。政府投资项目不得由施工单位垫资建设。”

随着政府对前期已投资项目相关欠款的加速清偿，以及对园林绿化工程的重视并增加相关政府投资，园林绿化行业有望随着政府投资和清偿能力的提升，实现高质量稳定发展。

（二）市政园林发展趋势

城镇化促进市政园林发展，城镇化进程中新增城市面积的绿化建设需求不断增长。改革开放以来，我国国民经济持续快速发展，城镇化进程稳步推进，城市面积、城镇人口规模不断扩大。2019 年末，我国城镇化率已达到 60.60%，但仍远低于发达国家 80% 的平均水平，城镇化进程仍将持续推进，尤其是在二、三线城市和中西部地区。2017 年 1 月 25 日，国务院印发《国家人口发展规划（2016—2030 年）》，提出到 2030 年，我国常住人口城镇化率要达到 70%。

城镇化的快速发展加快了城镇园林绿化的建设，促进我国生态文化体系快速形成，国家及地方各级政府有关鼓励园林绿化发展的政策也不断出台和更新。2011 年 7 月，全国绿化委员会、国家林业局发布了《全国造林绿化规划纲要（2011—2020 年）》，提出到 2020 年，城乡绿化覆盖面积大幅度提高，人居环境总体达到全面建设小康社会的要求。2013 年 9 月，国务院发布的《国务院关于加强城市基础设施建设的意见》提出，要加大社区公园、街头游园、郊野公园、绿道绿廊等规划建设力度，完善生态园林指标体系，推动生态园林城市建设。党的十九大报告中提出，加快生态文明体制改革，建设美丽中国。《中华人民共和国国民经济和社会发展第十三个五年规划纲要》提出丰富生态产品，优化生态服务空间配置，提升生态公共服务供给

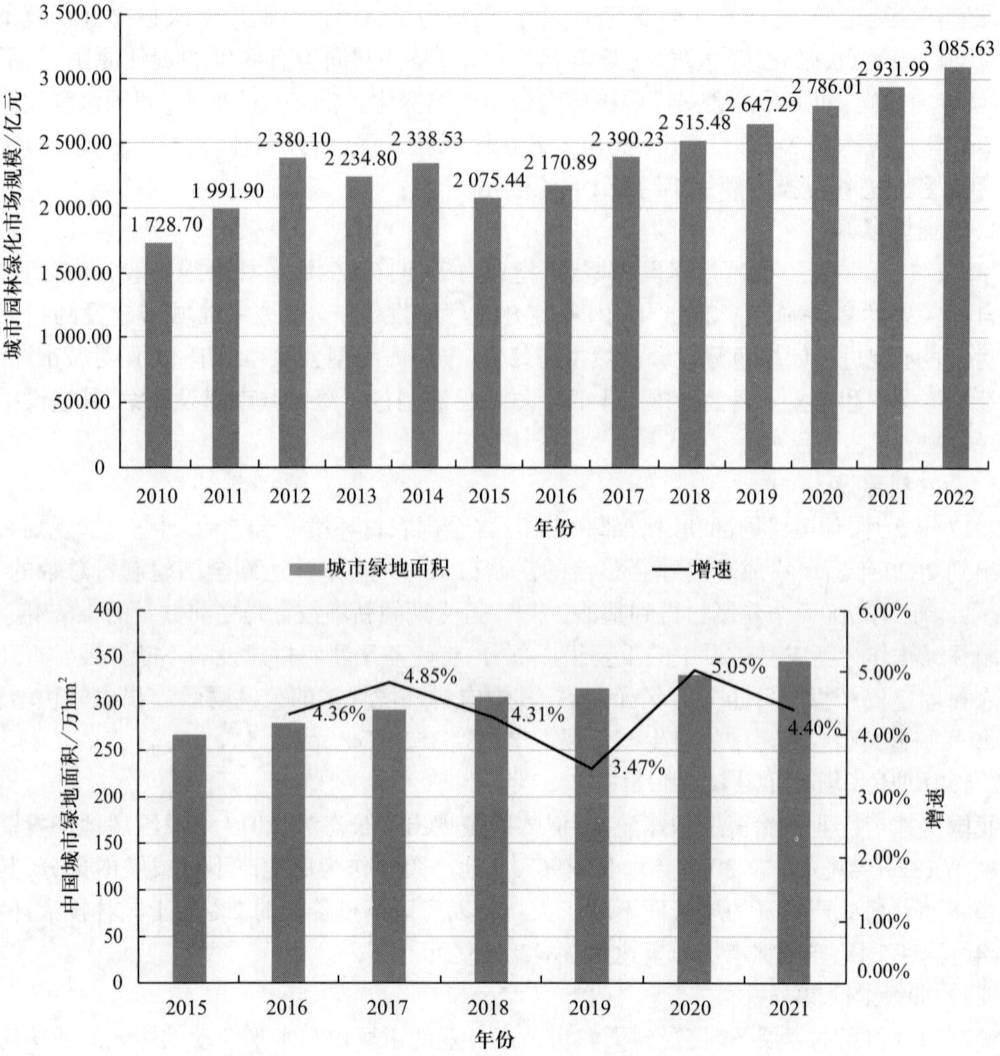

图 1-1　城市园林绿化市场规模和绿地面积的变化

能力；加大风景名胜区、森林公园、湿地公园、沙漠公园等保护力度，加强林区道路等基础设施建设，适度开发公众休闲、旅游观光、生态康养服务和产品；加快城乡绿道、郊野公园等城乡生态基础设施建设，发展森林城市，建设森林小镇；打造生态体验精品线路，拓展绿色宜人的生态空间。

1. 道路边坡生态修复市场

根据《中华人民共和国国民经济和社会发展第十三个五年规划纲要》以及《"十三五"现代综合交通运输体系发展规划》，"十三五"期间我国铁路基建投资约 3 万亿元，公路投资约为 2 万亿元，若按铁路 / 公路边坡修复投资额占建设投资额 1.3% 的比例保守计算，铁路边坡修复投资额约为 390 亿元，公路边坡修复投资额约为 260 亿元。综合统计，"十三五"期间我国道路边坡生态修复市场规模约为 650 亿元。

2. 水利生态修复

党的十八大报告指出，要加快水利建设，增强城乡防洪抗旱排涝能力，加强防灾减灾体系建设，提高气象、地质、地震灾害防御能力，坚持预防为主、综合治理，以解决损害群众健康突出环境问题为重点，强化水、大气、土壤等污染防治，坚持共同但有区别的责任原则、公平原则、各自能力原则，同国际社会一道积极应对全球气候变化。“十三五”时期，我国水利建设投资初步估算规模达到 2.43 万亿元人民币。若按照水利工程生态环境修复投资占比为 4% 估算，水利工程生态修复投资额每年约为 194.4 亿元。

3. 海绵城市

“海绵城市”是新一代城市建设的概念，指致力于使打造的城市如海绵一般，具有适应环境和自然灾害的良好弹性。2015 年，国务院办公厅印发《关于促进海绵城市建设的指导意见》，明确表示促进公园绿色建设和自然生态修复，推广海绵型公园和绿地，加强对城市湖泊、湿地等水体保护和修复。目前全国有上百个城市已经制订了海绵城市建设方案，其建设中对园林绿化的需求占比巨大。

4. 新农村建设

2017 年 2 月，环境保护部和财政部联合印发《全国农村环境综合整治“十三五”规划》，明确指出到 2020 年新增完成环境综合整治的建制村 13 万个，累计达到全国建制村总数的 1/3 以上。目前已有 7.8 万个建制村得到整治，“十三五”期间新增数量是之前数量的 1.67 倍。

园林绿化作为新农村建设中的重要组成部分，将受益于新农村建设的不断开展。近几年我国农村固定资产投资每年 1 万亿元左右，其中农村环境保护的公共财政支出也较快增长，2018 年我国公共财政支出中农村生态环保支出达到 352.83 亿元。

（三）房地产市场最新发展趋势分析

我国房地产行业虽然短期增速波动，但依旧表现出增长态势，2019 年我国房地产投资额完成额为 132 194 亿元，较 2018 年增长 9.90%。地产园林作为房地产不可或缺的部分，其市场规模将随着房地产投资的增长而不断扩大。若以房地产投资额的 2% 用于园林投入计算，2019 年全年我国地产园林市场容量达到 2 643.88 亿元。

（四）地产园林发展趋势

地产园林市场的发展，直接受到下游房地产行业的市场供需水平变动的影响。我国房地产行业近年来一直保持持续增长，近年来虽然受到国家宏观调控影响，短期内全国房地产成交量受到了一定影响，但其总体发展趋势并未发生改变。房地产投资与消费依然对稳增长、促民生具有较强正向作用，因此未来房地产政策将回归到“鼓励居民自住性、改善性住房需求，保持房地产长期平稳健康发展”的正常基调。其中园林绿化景观作为地产中不可或缺的部分，未来随着房地产开发商对园林绿化投资的逐步加大，将会进一步扩大地产园林的市场规模。

（五）设计、施工一体化经营趋势

传统园林绿化企业在项目中主要承担施工的责任，但随着园林行业的发展，特别是工程总承包（EPC）模式项目的大力推广，园林绿化企业同时承担工程项目的设计、采购、施工、养护等工作，并对承包工程的质量、安全、工期、造价全面负责，已经成为行业发展趋势。设计能力作为衡量企业的重要指标，一定程度上决定了项目的最终质量和效果。同时具备良好的设计能力和施工业务能力的园林绿化企业，能够更好地将设计理念与工程施工相结合，有效减少设计与施工间的沟通障碍，提高设计和施工效率以及客户满意度。因此，设计、施工一体化经营的企业综合竞争力更强。

目前,行业内具有一定规模和市场份额的公司已经开始由传统园林施工企业向优质管理、技术和品牌输出的综合性、一体化经营园林绿化公司转型。通过运用现代项目管理的理论和方法,对园林工程项目进行管理,并以专业技术和企业品牌进行辅助,从而使项目协调交叉工作减少、设计变更减少、工期缩短,项目投资得到有效控制,从而更好地满足项目建设管理要求。2019 年 12 月,住房和城乡建设部、国家发展改革委发布《房屋建筑和市政基础设施项目工程总承包管理办法》,规定对于建设内容明确、技术方案成熟的项目,适宜采用工程总承包方式。

(六)园林绿化的生态功能逐渐受到重视

随着环境保护意识深入人心,人们在生活水平提高的同时也日益关注居住环境问题。在过去 30 年的快速城市化进程中,城市自然生态功能因人口急剧增长而严重退化,加快城市园林建设、改善城市生态环境、提高居住质量势在必行。园林绿化作为城市自然生态环境的重要组成部分、城市唯一有生命的基础设施建设,将逐渐回归改善自然生态环境的实质功能。

生态园林城市的建设将促进城市园林绿化建设向节约型、生态型、功能完善型发展,园林绿化行业也将顺应趋势,逐渐将资源、技术、施工内容向生态领域倾斜。

(七)家庭园艺市场发展前景广阔

随着现代人们生活水平的不断提高,人们的居住观念改变,要求也越来越高。除室内装修外,室外家庭园艺环境的营造与修建也日益得到重视,家庭园艺在很多国家已经成为人们生活中不可或缺的一部分。中国经济较快发展和市场上对于专业化家庭园艺产品与服务的大量需求,为家庭园艺产业的发展提供了良好的机遇。随着中国家庭富裕程度不断提高,家庭消费中家庭园艺即将成为园林行业一个新的增长点。

入职培训专题二

园林工程企业管理文化

第一节　我国园林工程公司的组织构架

一、项目经理的任职条件及职责

任职条件:从事园林及相关专业,具有五年以上的绿化施工现场管理经验,取得二级建造师执业资格。

职责:

1. 负责本项目工程合同的经济技术的履约要求,组织协调项目内外业务关系。

2. 负责项目质量、工期、成本、安全、产值及各项指标的完成,并组织好全过程的预防、预控制各职能分工。健全质量保证体系,参与过程检验、评定工作。

3. 组织或参与编写施工组织设计,及时妥善处理工程事故及其他影响施工生产的纠纷。编写施工动态方案及施工计划,负责中标后预算成本计划编制及结算工作。

4. 负责组织落实施工组织设计,负责组织编写施工过程劳动力、机具、材料计划,并实施动态管理。

5. 负责质量计划的实施和落实质量责任制,把好材料进场检验和使用质量关,杜绝使用不合格材料。

6. 负责工程质量评定,组织竣工验收、交验。

7. 负责公司对本项目所签订的各项经济指标的落实。

8. 处理工程部的日常管理工作。

9. 完成领导临时交办的其他事务。

二、技术负责人的任职条件及职责

任职条件:具有三年以上的绿化现场施工经验,熟悉园林工程施工流程及重点注意事项,能做园林绿化预算及园林相关专业工作。

职责：

1. 熟悉施工图纸，学习有关规范、标准、施工技术操作规程和招投标文件等；参与工程的设计交底、图纸会审。

2. 负责施工组织设计、专项施工等所有技术方案的编制工作，处理、收集并整理与工程有关的技术文件（包括图纸、设计变更、测量、试验、工作联系单、报告单等）。

3. 深入现场进行技术指导，解决现场技术问题并做好各种原始记录。发现问题及时解决，如遇不能自行解决的问题，及时报告项目经理或总工程师，共同制定处理措施。

4. 负责将周报和每月的工程月报（包括本月质量、安全、天气、进度、产值、形象照片和下月进度计划、材料供应、需解决的问题）给监理和公司。

5. 负责与施工员的联系工作，及时办理技术交底和签证工作。

6. 编写半年和一年材料、物资、设备工序计划或方案。

7. 培养技术员，为其提供发展空间。

8. 熟悉施工图，精通定额、预算软件和有关文件规定，深入施工现场了解实际情况，及时准确地完成施工图预结算。

9. 合理套用定额，无错项、漏项，及时编制设计变更补充预算，做好完整、高质量的月结算和竣工结算。

10. 工程竣工时，主持工程竣工资料编制工作。

11. 努力学习，不断提升业务水平，理论联系实际，为公司发展献言献策。

12. 完成领导交办的其他事务。

三、预、核算员岗位职责

1. 执行公司预算合同部所属项目的各项制度。

2. 参与公司对外投标的经济标编制工作。

3. 中标后，编制工程项目施工图预算报送上级各部门审核。

4. 按照现场施工进度，报送工程进度至监理单位、审计单位、项目管理公司、业主单位审核。

5. 依据现场经济签证及工程变更编制预算并报送监理单位、设计单位、审计单位、项目管理公司、业主单位审核。

6. 工程竣工后完成工程竣工结算编制，报送监理单位、审计单位、业主单位确认后完成一审定案。后期配合审计部门完成二审工作。

7. 工程中期及后期完成工程款收回工作，及时与财务沟通收回所报工程款。

8. 根据施工合同及经济标编制计划成本并上报主管领导审核。

9. 编制公司内部招标文件，完成人、材、机的招标工作。

10. 依据招标内容签订企业二级合同。

11. 根据现场完成进度情况收集工程量确认单等相关票据，对人、材、机进行成本结算。

12. 编制成本分析报送至上级部门审核。

13. 每个月与财务完成对账工作，找相关人员签字确认，确保工程成本与财务一致。

14. 按照管理制度要求对各类型合同，结算单分类整理归档形成相关台账。

15. 配合公司上市，提供相应资料，填写相关表格。

16. 配合集团公司政府置换债收款工作，收集二审定案单，落实财务决算情况，编制尾款进度，报送监理、项目管理公司及业主审核并完成收款工作。

17. 在财务系统中录入工程项目情况台账：工程进度、计划成本的各项成本金额、工程成本的实际结算金额。

18. 配合项目部人员完成部门的其他相关工作。

四、后勤办公室主管（协助经理统一管理后勤各项工作）

1. 全面负责办公室的日常工作。

(1)组织制订办公室年度、月度工作目标及工作计划，并组织实施；

(2)协助起草公司各项管理规章制度并监督实施；

(3)参与公司重大决策的研讨和制定；

(4)负责组织外事接待活动，妥善处理各种对外事务；

(5)审核、控制公司办公费用及接待费用；

(6)负责向有关政府部门的项目申报、年检、申领各类证照，完成批文手续等事宜。

2. 协调公司各部门之间的关系。

(1)负责组织各部门的信息传递工作，保证各部门信息沟通顺畅；

(2)协调各部门的工作行为，使工作流程顺畅，实现共同的战略目标；

(3)负责公司的年终总结工作，包括会议安排及督促各部门编写总结报告。

3. 负责公司对外形象宣传、公共关系和公司企业文化建设。

(1)代表公司与相关部门、上下级单位往来，保持与相关企业的良好合作关系；

(2)负责公司的对外工作，协调公司与政府部门及企业的关系；

(3)协助经理组织公司企业文化建设，提炼和宣传企业理念，负责各种活动的举办，提升员工凝聚力。

4. 协助经理进行人员的招聘、任免等。

5. 负责组织并统一协调公司招投标过程相关工作。

6. 协助经理统管财务、采购、库房、后勤、伙食、考勤等工作。

五、采购员

1. 及时了解材料供应市场苗木价格变化及产品品质情况，挖掘、收集新产品、新材料供应商的资料，熟悉各种物资的供应渠道，做到供需心中有数。

2. 调查研究各部门物资需求及消耗情况，审核物资采购计划，报经理批准后组织实施。

3. 参与大批量物资订货的业务洽谈，监督检查合同执行和落实情况。

4. 严格控制采购成本，保证产品质量和供货商的合法性，确保公司物资的正常采购。

5. 掌握工程的总计划及月、周计划，根据工程材料采购计划和现场工程变更情况按时供应，会同项目部对材料产品进行质量报验。

6. 负责有关生产的材料询价，提供供应商和分供方的相关资质、质量及技术资料，参与采购谈判，负责所购材料、设备的跟踪服务。

7. 在接到采购计划后，明确材质、数量和使用要求，及时询价并掌握库存情况，货比三家确定价格，报经理批准后进行采购。

8. 材料到达后立即和库管员、工程师、技术员办理入库验收，并完善相关手续。对购进的不符合要求的材料，要立即处理，杜绝用在工程中。

9. 根据计划代交项目现场的施工水电费、临时机械租用费、房租和购买办公用品等的费用。

10. 对现场的物资和租赁的机具要交付到库，同时尽到提醒归还义务。

11. 完成领导交办的其他任务。

六、库管员

每个项目现场需要库管员 1 人，前期增加 1 人，负责现场库房及材料的管理。

1. 熟悉掌握常用物资的品种、规格、用途和性能及验收标准、规范。

2. 建好材料台账，做到账、卡、物相符，妥善保管原始账据。

3. 负责现场库房材料的防火、防盗工作，掌握基本防火知识及技能，及时采取措施，消除各种安全隐患，做好材料的堆放、防潮工作。

4. 负责材料的验收、保管、建档等工作。

5. 严格按材料发放制度进行材料的发放，对违反公司领料制度、超量领用材料等行为有权拒绝发料，并及时向主管上级汇报。

6. 负责对库房各种物资进行定期盘点，对项目部的材料进行库存核对，注明库存量。

7. 正确填写材料报表，按材料消耗定额控制现场材料合理使用。

8. 负责做好余料的回收工作。

9. 完成项目经理交办的其他任务。

七、工长

每个项目 1 人，前期增加 1 人，主要负责绿化工人具体的工作安排、调配、安全，需要有一定的工人管理经验和绿化知识。

八、绿化工人

根据工程量，每个项目工程需要 10～15 人，工程进度要求紧时可临时增加人数。项目工程师、技术员、工长、库管员、工人人数根据绿化工程的项目的数量增加，前期人员共计 20～25 人。

市政园林绿化公司和园林绿化工程公司基本组织架构见图 1-2、图 1-3。

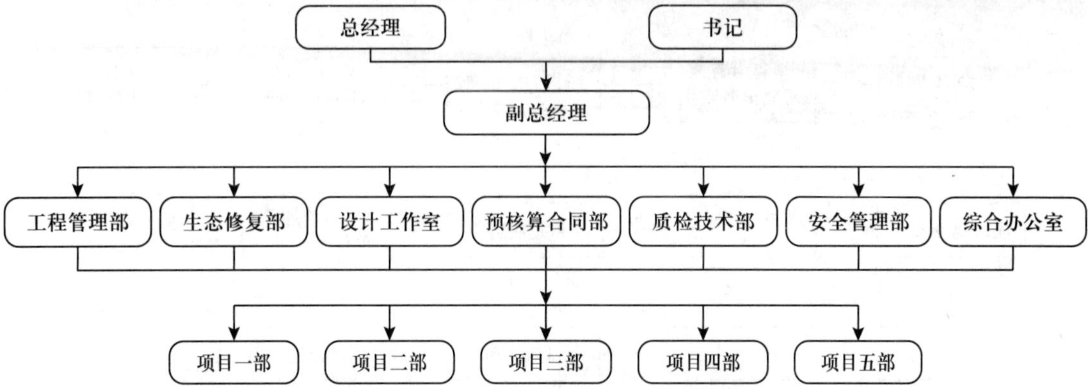

图 1-2　市政园林绿化公司基本组织构架

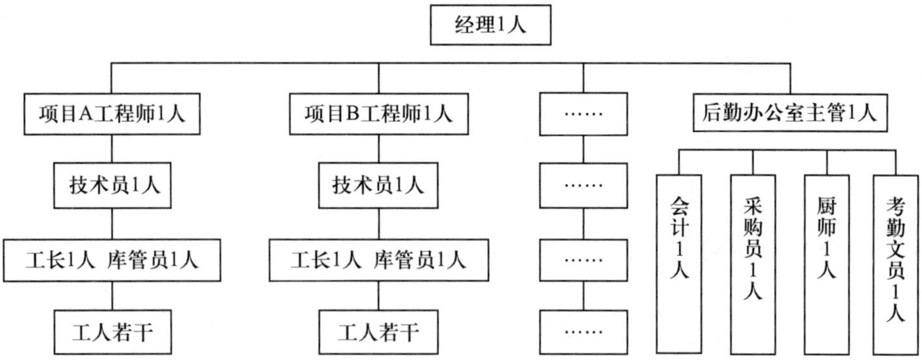

图 1-3 园林绿化工程公司基本组织构架

第二节 我国园林工程公司的经营模式

一、业务承接

园林绿化企业通过已经建立的各种业务渠道、信息网络、公开信息和客户关系等，广泛收集景观设计、园林工程施工、绿化养护项目的信息，并由经营部业务专员进行跟踪工作，尽可能收集项目背景材料以及来自业主方的相关信息和要求。同时，由于知名企业在国内园林绿化行业已具有一定的知名度和良好的口碑，发包方在一些景观设计和工程施工项目招标时，也会主动向企业发出竞标邀请，园林绿化企业在全面了解发包方的要求，对工程的具体交工进度、技术质量要求和资金成本水平进行分析后，做出参与市场竞标的决策。

二、组织投标

在确定承接工程意向后，园林绿化企业招标部门认真研究工程条件、工程施工范围、工程量、工期、质量要求及合同主要条件等，依次开展以下工作(图 1-4)。

1. 调查投标环境，着重调查施工现场

场地地理位置、地质条件、交通情况，现场临时供电、供水设施情况，当地劳动资源和材料供应、材料价格等各个方面，以确定投标策略。

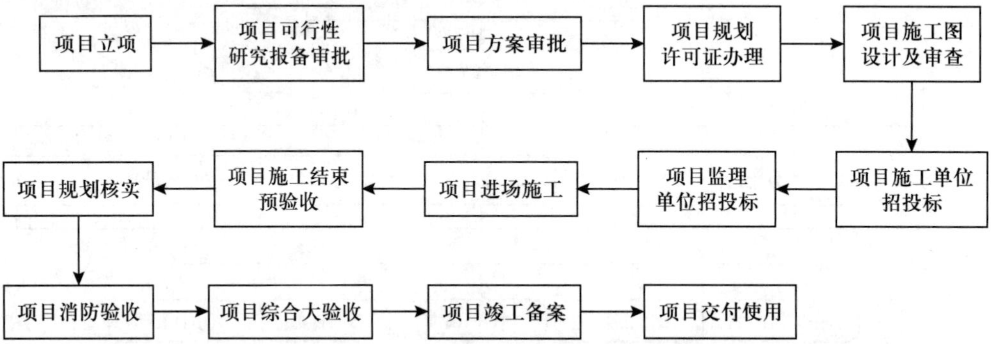

图 1-4 工程承接及实施流程图

2. 编制施工计划,制订施工方案

在核实工程量的基础上合理、规范、可行地制订施工方案,编制施工计划。

3. 编制投标文件

公司依据招标文件和工程技术规范要求,根据编制的施工方案或施工组织设计,计算投标报价和编制投标文件。

4. 投送投标文件

公司在规定的日期内将投标文件密封送达招标单位或其指定的地点。

5. 参与开标会议

公司在规定的时间和地点参与开标会议。

第三节　园林工程公司的管理文化——以某公司管理规范为例

为加强公司的规范化管理,完善各项工作制度,促进公司发展壮大,提高经济效益,根据国家有关法律、法规及公司章程的规定,特制订本管理规范。

一、公司全体员工必须遵守公司章程,遵守公司的各项规章制度和决定。

二、公司倡导树立"一盘棋"思想,禁止任何部门、个人做有损公司利益、形象、声誉或破坏公司发展的事情。

三、公司通过发挥全体员工的积极性、创造性和提高全体员工的技术、管理、经营水平,不断完善公司的经营、管理体系,实行多种形式的责任制,不断壮大公司实力和提高经济效益。

四、公司鼓励员工积极参与公司的决策和管理,鼓励员工发挥才智,提出合理化建议。

五、公司实行"岗薪提成制"的分配制度,为员工提供收入和福利保证,并随着经济效益的提高逐步提高员工各方面待遇;公司为员工提供平等的竞争环境和晋升机会;公司推行岗位责任制,实行考勤、考核制度,对做出贡献者予以奖励。

六、公司提倡求真务实的工作作风,提高工作效率;提倡厉行节约,反对铺张浪费;倡导员工团结互助,同舟共济,发扬集体合作和集体创造精神,增强团体的凝聚力和向心力。

七、员工必须维护公司纪律,按时到岗,对任何违反公司章程和各项规章制度的行为,都要予以追究。公司考勤流程见图 1-5。

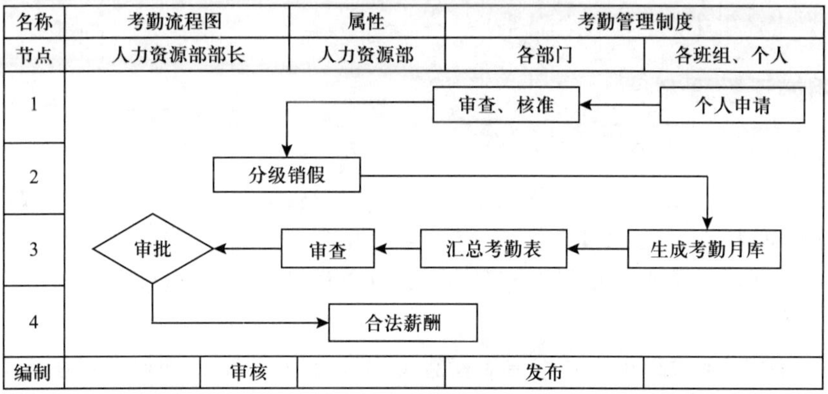

图 1-5　考勤流程图

第四节　相关安全生产管理制度——以某公司管理制度为例

一、安全施工管理制度

为认真贯彻国家有关法律、法规及公司的安全管理标准，强化安全管理，提高施工管理人员、施工操作人员安全意识，保障一线人员的人身安全和国家、集体财产免受损失，确保安全生产、及时处理安全事故，特制定安全施工管理制度如下：

（一）公司责任及义务

1. 开工前对项目人员进行安全教育，强化施工管理人员的安全生产意识。

2. 负责所属施工现场及生产施工过程中安全生产的监督、检查。在生产中发现项目人员违章操作，公司有权进行批评，对多次批评仍不重视安全生产的，进行经济上的处罚。

3. 负责对发生的安全事故进行调查，划分责任并提出处理意见。

（二）项目部的责任及义务

1. 全体项目人员必须严格遵守国家法律、法规及公司制定的各项安全制度，全体管理人员应熟悉安全技术操作规程的要求，严格进行安全技术交底。

2. 对进入施工现场的施工队伍及施工人员进行安全生产、文明施工安全教育，对进场班组应登记，未经安全教育，不得上岗工作，否则发生事故将追究责任。

3. 项目部不得擅自招收未经过评审的施工队伍，施工现场严格按安全生产要求管理，不准施工队伍带家属进入施工现场，违者将追究责任。

4. 项目管理人员在施工生产过程中不得违章指挥、蛮干，对存在的安全隐患要及时处理，不得拖延或因种种借口搁置不办，否则发生事故将从重处罚。

5. 项目经理是项目承包责任人，同时也是安全生产第一责任人，要着力抓好施工现场的安全生产工作，安全员每天必须精心进行安全检查。

6. 积极组织项目部安全生产检查，对本项目安全生产过程中存在的问题或隐患要及时进行整改，决不能手软，对整改不力者，要追究责任人的责任，严厉处罚。

7. 项目部要贯彻好“安全第一，预防为主，综合治理”的方针，项目经理充分履行安全生产职责，完成好责任书中的各项工作任务。

二、文明施工管理制度

（一）建立健全安全文明施工检查小组

1. 公司必须建立安全文明施工检查小组，由经理担任组长，副组长由书记、副经理担任，其成员由安全管理人员、施工管理人员、专职安全员组成。

2. 在建工程项目必须成立文明施工现场小组，项目经理为第一责任人。

（二）文明施工检查

公司安全文明施工检查小组每季度对在建工程进行一次检查；项目部对在建工程施工现场每月检查一次；在建工程各班组每周检查一次。

（三）文明施工管理

1. 施工现场达到“三通一平”，施工现场严格划分施工区和生活区，场地道路平整畅通无积水。

2. 施工现场应做到：

(1)随时清理建筑垃圾，保持施工现场的清洁卫生。

(2)设置临时厕所，保持施工现场无大、小便。

(3)保持施工现场职工食堂卫生，厨师持健康证上岗，确保无食物中毒事件的发生。

(4)职工宿舍干净整齐，无异味，不超员。

(5)车辆出入工地前清理，不带泥土。

(6)各类机械设备、设施保持清洁。

(7)施工现场有条不紊、整洁卫生。

(8)各类建筑器材和施工材料合理堆放，排列整齐。

(9)做好建筑成品保护工作，避免恶意破坏行为。

(10)保持办公室卫生清洁，档案、资料存放整齐，保管妥善。

(11)库房禁止非管理人员擅自出入，施工现场消防设施完善，避免火灾事故的发生。

（四）不扰民

1. 增强防止环境噪声污染、保护和改善生活环境、保障人体健康、为社区居民着想的意识。

2. 认真贯彻落实《中华人民共和国建筑法》第四十一条的规定，遵守有关环境和安全生产的法律、法规的规定，采取控制和处理施工现场的各种粉尘、废气、废水、固体废物以及噪声、震动对环境的污染和危害的措施。

3. 建设项目在开工前，应遵守城乡建设规划的要求，防止噪声对周边居民生活环境的影响，统筹规划合理安排好各种机械设备和手持电动工具的使用，防止或减轻环境噪声污染。

4. 有效控制噪声，建立完善的不扰民措施，杜绝在工地焚烧有毒有害物质。对噪声大的机械设备，采取加设隔离罩、隔音设备等办法，噪声大的工作尽量安排在白天或采取新工艺减轻噪声，保证居民晚上休息，做到施工少扰民、不扰民。

三、施工现场消防制度

1. 认真贯彻“谁主管、谁负责”的消防工作原则和“预防为主、防消结合”的消防工作方针，严格执行各项消防法规。

2. 坚持对进入现场的所有职工组织集中学习消防知识和经常性地开展消防安全教育，提高全体职工的自防自救能力及消防意识，有效地防止火灾事故的发生。

3. 加强施工现场用电规范化管理，严格使用明火审批制度，严禁违章操作，确保施工现场消防安全。

4. 进入施工现场的易燃、易爆建筑材料，必须进行分库存放，并采取相应的消防安全措施，确保万无一失。施工现场与材料库房要留有消防间距，消防通道必须畅通无阻。

四、环境保护管理制度

为贯彻落实国家关于加强环境保护工作的重要指示和安排部署，按照“全覆盖、零容忍、明责任、严执法、重实效”的总体要求。认真做好公司环境保护工作，根据《中华人民共和国环境保护法》《中华人民共和国大气污染防治法》《中华人民共和国水污染防治法》《中华人民共和国噪声污染防治法》《中华人民共和国环境影响评价法》《建设项目环境保护管理条例》和上级主管部门的相关规定和要求，制定此管理制度。

1. 项目部要认真落实完善车轮冲洗、场地硬化、围挡密闭、物料覆盖、湿法拆迁等配套设施的建设。认真学习领会《中华人民共和国环境保护法》的有关规定。加强环境保护的教育和宣传，提高职工的环境保护意识，做到时时讲、处处说，使全体职工对环境保护工作高度重视；有针对性地制订各项目部的扬尘污染、空气污染，水污染，固体废弃物污染、噪声污染的环境保护预案。

2. 施工现场沿工地周围设置连续围挡 100%；施工现场的水泥、砂石等易产生扬尘的建筑材料覆盖率 100%；施工现场主要出入口、主要道路硬化率 100%；施工现场回填种植土，采取固化、覆盖、绿化等措施落实率 100%；施工现场出场车辆冲洗设施及冲洗制度落实率 100%；清运建筑渣土、建筑垃圾等运输车辆密闭化改装率 100%。

3. 严禁发生散装物料车沿途抛撒及乱倒建筑垃圾、渣土、树枝杂草等违法行为，严禁出现露天焚烧垃圾污染空气的行为。严禁将未净化、沉淀的施工用水排入排水管网，生活用水必须集中排放，不得随意倾倒，严禁将农药包装乱丢乱弃，要集中处理。

4. 工地噪声必须控制在国家规定范围内，采取必要的降噪措施以降低噪声污染，夜间施工必须办理相关许可证，高考、中考等特殊时间段必须杜绝一切噪声源。

五、安全、文明施工检查及隐患排查制度

为了进一步加强对公司内部施工现场的安全生产管理，避免伤亡事故发生，确保职工的人身安全和健康，消除和杜绝在生产中发生事故，及时发现隐患，保证施工生产井然有序，正常施工，现建立以下检查制度。

1. 开展安全生产定期检查，必须有明确的目的、要求和具体计划，每季度至少开展一次，还应开展节假日期间检查、季节性检查、复工检查，并且必须由公司经理、书记组织带队，安全管理人员、项目经理等必须参加，组成安全检查小组。

2. 对单位和个人通过各种途径上报的事故隐患，应及时按规定进行核实，并认真协调、督促有关项目部及班组进行彻底整改。安全检查内容：查制度、查管理、查现场、查隐患。

3. 公司要在各自职责范围内，定期组织安全生产情况的监督检查，及时发现和消除各类事故隐患，尤其要加强对重大事故隐患的排查和监管。

4. 对项目部上报的各类事故隐患，公司要按照职责分工，及时采取有效措施，并协调和督促有关单位或部门限期消除。

5. 公司对重大隐患或一时难以解决的隐患。要及时采取必要的临时安全措施，并立即上报主管领导，由主管领导负责协调解决。

6. 安全检查要有记录，查出隐患应限期、限人整改，必须有整改措施，跟踪落实，整改完毕要有验收记录。查出隐患不及时整改要进行经济和行政处罚，并做好记录。

要求各项目部狠抓落实，常抓不懈，不走过场，真抓实干，抓出效果，并要全面检查与抽查相结合，前面检查与后面复查相结合。

对事故隐患未按照职责进行认真监管或未按规定上报的，发生问题，按有关职责及严重

程度严肃处理。

全面贯彻落实科学发展观和“安全发展”指导原则，坚持“安全第一、预防为主、综合治理”方针，按照“排查要认真、整治要坚决、成果要巩固、杜绝新隐患”的总体要求，进一步加大安全隐患排查治理力度，建立安全生产隐患排查治理长效机制，强化安全生产主体责任，加强事故隐患监督管理，防止事故发生，保障人民群众生命财产安全，促进安全生产形势持续稳定好转。

六、安全生产教育培训制度

广泛开展安全生产的宣传教育，使广大职工真正认识到安全生产的重要性和必要性，懂得安全生产、文明生产的科学知识，牢固树立安全第一的思想，自觉地遵守各项安全生产法律法规和规章制度。

1. 新工人(包括合同工、实习生)必须进行入厂安全教育。教育内容包括安全技术知识、设备性能、操作规程、安全制度和严禁事项。

2. 电工、机械工和各种机动车辆司机等特殊工种工人，除进行一般安全教育外，还要经过技术考核。

3. 公司每年要组织职工进行一次安全技术教育学习，并要形成学习记录。

4. 按规定对“三新”人员进行三级教育，一级教育由公司安全管理部负责，二级教育由各项目负责，三级教育由工(班)长负责，按国家规定的内容及要求进行教育后，方可上岗。

5. 项目安全领导小组及安全员，要经常对项目部管理人员以及劳务队施工人员进行安全宣传教育，不断提高项目所有人员的安全意识和防范能力。

6. 每个工程开工前，项目部要结合本工程的具体情况，对全体施工人员进行一次总体安全教育，再依据施工阶段、工序工艺要求，及时下达安全措施和安全技术交底。

7. 特种作业人员除参加项目及公司组织的安全教育外，还须参加经国家授权机关组织的安全技术培训、考试、取得上岗资格，持证上岗，并接受定期复审。

第五节　工程资料管理制度示例

一、目的

为规范公司工程资料的管理，指导编制项目资料的过程性管理制定本制度。

二、工程项目施工资料

本制度所指工程项目施工资料包括：工程准备资料、施工技术资料、经济资料、竣工结算资料。

三、工程项目资料的编制

(一) 根据 CJJ 82—2012《园林绿化工程施工及验收规范》、CJJ 1—2008《城市道路工程施工与质量验收规范》、GB 50268—2008《给水排水管道工程施工及验收规范》、CJJ 89—2012

《城市道路照明工程施工及验收规范》编制。

（二）工程准备资料的审核

1. 立项文件；
2. 招投标文件；
3. 施工合同、中标通知书；
4. 单位资质、人员资质报审；
5. 开工报告；
6. 施工组织设计报审（后附施工组织设计内容）；
7. 图纸会审记录；
8. 技术交底；
9. 施工现场质量管理体系。

工程开工之后，第1～3项内容，资料员须在15日内向甲方索取，并办理相关签字手续；第4～9项内容7日内编写完成后发至工程管理部进行审核，3日内将整改意见返回至项目部整改，整改后的资料及时与监理、甲方办理相关签章手续。

（三）工程经济资料的审核

1. 现场签证；
2. 设计变更；
3. 工程洽商。

现场所发生的签证要及时编写，并发回预算部，预算部会同资料部共同审核后，将整改意见3日内反馈至项目部，项目部整改后办理签章手续。

（四）工程施工技术资料的审核

1. 施工物资资料（工程材料报审表、原材料构配件验收记录）。附件：厂家的合格证、检验报告、苗木三证一签。

2. 复检的材料需进行二次复检（如绿化用水及土质试验报告、水泥、钢筋、砌块、PVC和PE管材、电缆、沙、机制红砖、沥青等），并将检测报告附至资料中。

3. 施工试验报告（如混凝土试块报告、土工试验报告、压实度报告、沥青马歇尔稳定度试验报告等）。

4. 施工过程资料（测量放线记录、关键工序验收记录、隐蔽工程检查验收记录、分部分项检验批等）

5. 要求各区域、项目部严格按照公司编制的表格及规范进行编制，并与施工同步，每月25日前将按施工工序所做的技术资料发至供应链服务中心资料部审核，将整改意见返回至项目部，项目部及时整改于次月10日前完成签字盖章手续。

（五）竣工图的审核

竣工图需与施工同步，已完工的分项工程竣工图及时发回资料部审核，一周内将整改意见返回项目部，项目部整改后返回至资料部审核，修改后资料部将图纸转交项目部办理相关手续（图1-6）。

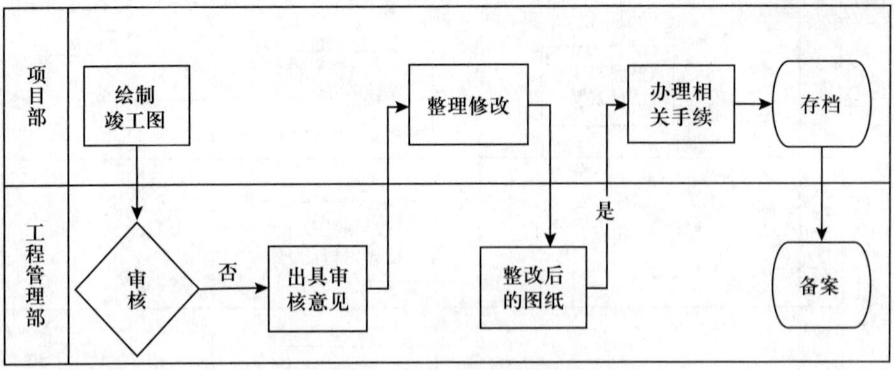

图 1-6　分项工程竣工图审核流程

(六)竣工结算资料的审核

1. 立项文件;
2. 招投标文件;
3. 施工合同、中标通知书;
4. 工程开工令;
5. 工程量清单;
6. 图纸会审记录;
7. 补充协议;
8. 现场签证;
9. 工程洽商;
10. 设计变更;
11. 材料认价单;
12. 竣工图;
13. 开、竣工报告。

(七)加强内部管理,在工程完工后,资料部收到项目部提交的竣工结算资料后,需对此工程首先进行内部资料初验。对工程资料进行提前审核,检查以上 13 项内容是否收集齐全, 如无法提供需做具体说明。

(八)资料是否按规定标准填写完整、签章手续办理是否齐全、完整。

(九)绘制完毕的竣工图与现场工程量是否吻合,项目部配合,亲临施工现场针对已绘制完的竣工图纸、工程结算清单表、设计变更、各项签证单工程内容与现场进行认真核对,资料部出具整改意见,项目部及时修改(图 1-7)。

(十)待资料收集完整装订成册,竣工图审核通过后,资料部将所有资料递交至预算部进行编制结算书。保证工程顺利验收、交工及办理竣工结算。

(十一)竣工结算资料的归档管理

竣工资料的文件准确、完整、系统,能够反映工程建设活动的全过程后,项目部应按照通用目录要求,将工程过程中所发生的资料整理装订,装订好的资料交至工程管理部。

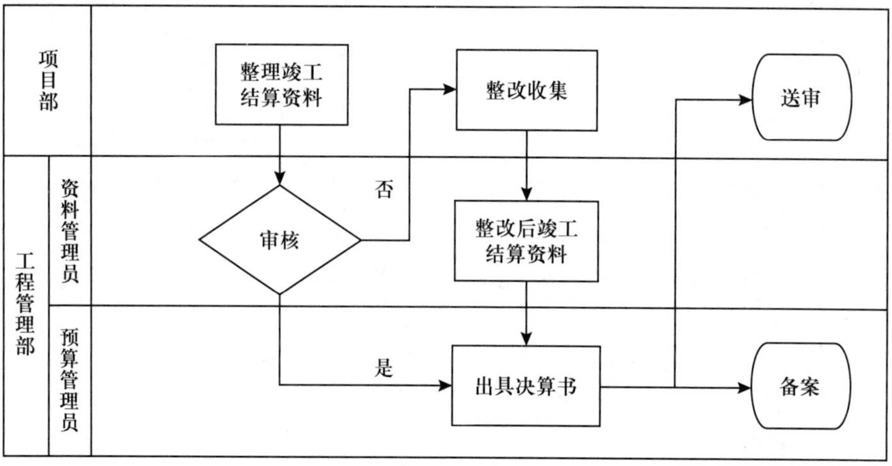
项目部
工程管理部
资料管理员
预算管理员
整理竣工结算资料
整改收集
送审
审核
否
是
整改后竣工结算资料
出具决算书
备案

图 1-7　竣工图审核流程

入职培训专题三

园林工程企业人力资源开发与个人职业生涯发展

第一节　我国园林工程公司人力资源建设

以某园林公司 2019 年度的人力资源建设为例。

一、职务设置与人员配置

根据公司 2019 年发展计划和经营目标，办公室协同各部门确定了公司 2019 年的职务设置与人员配置。2019 年，根据发展的实际需要，公司的职能部门不变，仍为 4 个，分别为“合同预算部、工程部、办公室、财务部”；其中副总经理负责管辖各个职能部门，财务部由总经理直接管辖，具体职务设置与人员配置如下：

（一）决策层（5 人）

董事长兼总经理 1 名、副总经理 3 名、总工程师 1 名。

（二）办公室（7 人）

办公室主任 1 名、人力专员 2 名、行政文员 1 名、司机 3 名。

（三）财务部（6 人）

财务部经理 1 名、会计 1 名、出纳 1 名、采购主管 1 名、采购员 1 名、设备管理员 1 名。

（四）合同预算部（5 人）

部长 1 名、市场开发员 3 名、内务员 1 名

（五）工程部（53 人）

部长 1 名、高级工程师 8 名、工程师 9 名、助理工程师 16 名、质检员 7 名、安全员 9 名、资料员 3 名。

二、人员招聘

（一）招聘需求

根据 2019 年职务设置与人员配置计划，公司人员数量应为 81 人，到目前为止公司只有

76 人,还需要补充 5 人,具体职务和数量如下:

经营主管 1 名、市场开发员 3 名、内务员 1 名。

（二）招聘方式

经营主管:社会招聘。

内务员:社会招聘和学校招聘。

市场开发员:社会招聘。

（三）招聘策略

学校招聘主要通过参加应届毕业生洽谈会、在学校举办招聘讲座、发布招聘公告、网上招聘四种形式。

社会招聘主要通过参加人才交流会、刊登招聘广告、网上招聘三种形式。

（四）招聘人事政策

1. 本科生

(1)转正后工资 4 000 元,其中基本工资 3 000 元、住房补助 200 元、社会保障金约 800 元(按国家相关规定具体缴纳,包含养老保险、失业保险、医疗保险等),试用期基本工资 3 500 元。

(2)签订三年劳动合同,试用期三个月。

2. 研究生

(1)转正后工资 6 000 元,其中基本工资 4 600 元、住房补助 400 元、社会保障金 1 000 元(养老保险、失业保险、医疗保险等)。试用期基本工资 5 000 元,工作满 3 个月有住房补助。

(2)签订三年劳动合同,试用期三个月。

(3)公司资助员工攻读在职博士。

(4)成为公司骨干员工后,可享有公司股份,具体操作办法由公司董事会提议,经公司股东会通过后实施。

（五）风险预测

1. 岗位要求员工有吃苦耐劳的精神,可能会增加招聘难度,在面试时应认真斟酌,可以降低风险。

2. 由于市场竞争比较激烈,前期市场开发达不到预期的盈利额度,而新增人员增加了工资支出,增加了公司的营运成本。因此 2019 年 3 月前只招聘经营主管 1 名、市场开发员 1 名,根据发展状况逐步增加。

三、选择方式

人员选择上实行面试和笔试相结合的考查办法。

在 2019 年首先要完善人员的选择程序,并且加强素质、道德的考查,另外在招聘集中期,可以采用“合议制面试”,即总经理、主管副总、部门经理共同参与面试,以提高面试效率。

四、绩效考评政策

2018 年已经开始对公司员工进行绩效考评,每位员工都有考评记录。另外,在 2019 年对工程部进行标准化的定量考评。

2019 年，绩效考评政策做以下调整：

1. 建立考评沟通制度，由直接上级在每月考评结束时进行考评沟通。

2. 建立总经理季度书面评语制度，让员工及时了解公司对其本人的评价，并感受到公司对员工的关心。

3. 在工程部试行“标准量度平均分布考核方法”，使开发人员更加明确自己在开发团队中的位置。

4. 加强考评培训，减少考评误差，提高考评的可靠性和有效性。

五、培训政策

公司培训分为岗前培训、管理培训、岗位培训三部分。

岗前培训在 2018 年已经开始进行，管理培训和技能培训从 2018 年开始由办公室负责。

在 2019 年，培训政策做以下调整：

1. 加强岗前培训。

2. 负责培训工作的人员与公司专职管理人员合作开展，不聘请外面的专业培训人员。该培训分管理层培训和员工培训两个部分，重点对公司现有的管理模式、管理思路进行培训。

3. 技术培训根据相关人员申请进行。采取公司内培训和聘请培训教师两种方式。

六、人力资源预算

（一）招聘费用预算

1. 交流会费用：参加交流会 3 次，每次费用 1 500 元，预算 4 500 元。

2. 宣传材料费：500 元。

3. 报纸广告费：5 000 元。

（二）培训费用

2014 年实际培训费用 500 元，按每年 20% 递增，计算可得 2019 年预计培训费用。

（三）社会保障金

2014 年社会保障金共缴纳 21 000 元，按每年 20% 递增，计算可得 2019 年预计社会保障金。

第二节　园林工程企业员工个人生涯发展规划

案例：某职业院校的某位园林专业学生对近期、中期以及长期的学业和职业生涯做了一些分析和规划。

一、自我分析

（一）优点

具有一颗乐观的心，乐于助人；抽象思维能力强，求知欲强；沉静认真，务实，注重事实和有责任感。可以合情合理地去决定应做的事情，而且坚定不移地把它完成，不会因外界事物而分散精力。做事有次序、有条理，不管在工作上、家庭上或者生活上，重视传统和忠诚。安静、勤奋，对于细节有很强的记忆和判断。可以引证准确的事实支持自己的观点，把过去的经历运用到如今的决策中。重视和利用符合逻辑、客观的分析，以坚持不懈的态度准时地完成工作，并且总是安排有序。

（二）缺点

适应力比较差，有时做一件事之前要考虑很久；分析问题时思路不够灵活；对职业而言，社会经历还不够丰富，工作经验还不够多。

（三）兴趣

兴趣比较广泛，喜欢交朋友，看书；喜欢绘画、欣赏音乐，打篮球、乒乓球和羽毛球；乐于思索，对于新颖、有创意的人、事、物都会感兴趣。

（四）个人才能

担任过宣传委员、文娱委员等职务，在部门和班级中积累了一定组织和设计创意方面的经验，有一定协调组织、交际才能，考虑细致。

自我分析小结：作为园林专业的学生，我已具备了一些对该专业的学习兴趣和个人能力。但社会对大学生的期望值普遍提高，我们不仅要有扎实的专业知识，还要有创意的思维方式，所以我还要在这个方面有所锻炼。

二、职业分析

（一）家庭分析

我来自农村，父母也已经年过半百，身体欠佳，家庭经济收入不太好。父母的思想也比较传统，他们都希望我以后能够找到一份比较稳定的工作，能够为家庭分担一些负担。家中也只有我一个人是大学生，父母供我上大学是真的不容易，所以我肩上的责任和压力是比较大的。我没有理由不努力。

（二）学校环境分析

我就读的是某职业技术学院。其作为一所以建设类专业为主的高职院校，始终以主动服务区域经济和建设行业发展需求为己任，探索并建构了特色鲜明的“依托行业，校企合作、工学结合”的人才培养模式，建立了“校企联动”的“五共”模式。紧贴市场需求，铸造建筑特色的专业品牌。建构了工学结合的课程体系，全面建设了“基于工作过程”的优质核心课程、网络课程和特色教材，增强了学生的职业能力。大力推进校企合作，积极开展顶岗实习，科学构建了实践教学体系。现开设 25 个专业，构建了以土建类专业为主体，兼顾电子信息、财经、环保、艺术设计等专业类别的专业体系，以 5 个重点专业为龙头的 5 个专业群。现有省级示范性专业 1 个；省级精品课程 2 门；国家“教指委”精品课程 2 门。校内实训基地 27 个（其中中央和省级实训基地 2 个），校外实训基地 352 个。设有职业技能鉴定站等多种培训机构，大力推行“双证”教育。学生获取“双证”率达到 80% 以上。近年来，学院教师主持或参与各类教科研项目 130 项。其中，主持国家级课题子课题 1 项并获优秀子课题；省级课题 26 项；2 项教改项目被列为省高等教育教学成果奖培育项目；获省教学成果奖 2 项。

（三）社会环境分析

1. 就业形势

大学毕业生是社会人力资源中宝贵的一部分，其就业问题已引起社会的极大关注，激烈的职场竞争形成的就业难已成为大学毕业生的共识。在激烈的职场竞争中，首先要破除旧的就业观念，建立适应时代发展的新的就业观念。只有这样，才能高瞻远瞩、运筹帷幄，在求职竞争中成为强者。

2. 就业政策

(1)鼓励高校毕业生到基层、到中西部地区就业。

(2)鼓励高校毕业生应征入伍服兵役。

(3)积极聘用优秀高校毕业生参与国家和地方重大科研项目。

(4)鼓励和支持高校毕业生到中小企业就业和自主创业。

(5)强化对困难家庭高校毕业生的就业援助。

3. 竞争对手

基础知识扎实，知识面广，专业知识精深，懂得持续自我培训的人。有曾经完成任务的记录，有一定的组织工作的经历与经验的人。

（四）职业环境分析

1. 行业分析

随着人们生活质量、生活水平的不断提高，绿化及优美的生态环境成为新追求，不仅房地产开发企业在市场竞争中竞相打起了“绿化牌”“景观牌”“生态环境牌”，一些企事业单位也越来越注重环境景观设计，使之“既要与城市环境协调，又要让员工和客户舒畅”，那些既懂得园林绿化景观设计和花卉苗木养护，又懂得“绿色经济”经营管理的人才具有广泛的就业前景。当今世界城市化和花卉产业的兴起，更促进了园林事业的发展。风景园林专业也是培养适应将来城市环境美化要求及发展花卉产业所需人才的专业，随着经济的发展和人们对精神生活要求的进步，社会对此类人才的需求越来越多，要求越来越高。社会急需大批优秀的风景园林专业人才。

2. 职业分析

(1)园林设计。应届毕业生不好就业，大部分单位需要的是有工作经验的人员。但是收入前景不错，一般在广州、上海等城市有 2～3 年工作经验以后基本可以拿到 5 000～6 000 元的月薪。所以学设计刚就业时要调整好心态，不要太着急。

(2)园林植物。跟做设计有一点相似，如果想进设计公司做植物配置的话最好也要有一定的工作经验。

(3)园林施工。对经验要求不是很高，但是一般要下工地，要有吃苦的心理准备。

(4)园林监理。现在的园林监理公司工作压力较小，但是一般工资不高。

(5)园林生态。未来多从事科研工作或成为教师，所以建议考研深造。

职业分析小结：根据目前国家的社会经济发展形势，人居环境和生态环境建设空前地受到重视，而人们生活品质的提高也需要大量的园林人才，目前园林专业是高校中最热门的专业之一。毕业后从事的工作是规划设计、施工管理等，收入较令人满意，且工作环境较好。

3. **企业分析**

目前,随着社会经济的发展,不论是市政环境还是房地产小区,对景观都比较重视,毕业后可以考公务员,可以到设计院、地产公司或科研院所等单位。

4. **地域分析**

不考虑在北方工作,因为南北方的园林文化有差异,现在学到的知识在北方有可能不通用。

三、职业定位

综合自我分析及职业分析的主要内容得出本人职业定位的 SWOT 分析,见表 1-1。

表 1-1　本人职业定位的 SWOT 分析

内部环境因素	优势因素(S)	弱势因素(W)
	对植物感兴趣、喜欢设计	做事不够细心,知识面不够广
外部环境因素	机会因素(O)	威胁因素(T)
	社会急需优秀的园林专业人员	社会上优秀人才多,竞争大

SWOT 分析结论如表 1-2 所示。

表 1-2　本人职业定位的 SWOT 分析结论

职业目标	从事园林设计,成为园林设计师
职业发展策略	进入事业单位或房地产公司工作
职业发展路径	走专家路线
具体路径	设计员—初级设计员—中级设计师—高级设计师

四、计划实施

计划实施一览表见表 1-3。

表 1-3　计划实施一览表

计划名称	时间跨度	总目标	分目标	计划内容(参考)	策略和措施(参考)	备注
短期计划						
中期计划						
长期计划						

五、评估与调整

职业生涯规划是一个动态的过程,必须根据计划实施的情况进行及时的评估与修正。

（一）评估的内容

1. 职业目标评估（是否需要重新选择职业？）：假如一直得不到单位的认可提升，那么我将重新选择职业。

2. 职业路径评估（是否需要调整发展方向？）：当设计出现止步不前的时候，我就转管理方向。

3. 实施策略评估（是否需要改变行动策略？）：如果我的行动策略行不通，我就根据自己的实际情况重新调整行动策略。

4. 其他因素评估（身体、家庭、经济状况以及机遇、意外情况的及时评估）：如果收入与自己的工作付出价值不相符或工作存在着某些危害健康的隐患，我会思考是否跳槽。

（二）评估的时间

一般情况下，定期（半年或一年）评估规划，具体如下：

1. 短期目标

大一期间，获得计算机等级证、熟练掌握 Photoshop、AutoCAD、Sketchup 等绘图软件。

大二期间，顺利完成所有课程，获得相关职业资格证，如 Photoshop、AutoCAD；以及获取英语四级证书。

大三期间，到园林公司实习，充分运用所学知识，同时注重积累经验，打好基础。

2. 中期目标

成为助理景观设计师，报读本科课程，获得本科文凭，并进入对口单位，积累工作经验，提高专业水平。

3. 长期目标

(1) 成为景观设计师，能做出成熟的园林景观方案，积累人脉，获得信誉；根据已有的基础，研读有关建筑设计的相关规定和条例，争取考上二级建造师和一级建造师。

大一到大二期间完成学业，课上认真听讲，学好专业知识，多和教师、同学讨论交流。

(2) 课下努力学习，多阅读关于设计方面的书籍，除了多读，还要开阔自己的眼界，增加见识积累经验，积极参加各种活动和比赛，做到不浪费课余的时间。

(3) 广交朋友，积极参加课余活动，建立良好的人际关系；工作中积极与上司、同事沟通交流，锻炼自己的交际能力。

当出现特殊情况时，我会随时评估并进行相应的调整。

（三）规划调整的原则

根据实际，合理调整；面临变故，及时选择；抛弃死板，与时俱进。

职业生涯道路的选择、人生目的的修正都是伴随着个体的不断成长而进行的，这种评估贯穿职业生涯的整个过程，使之更加符合个人的长期发展，更加有利于一个人聚集智慧、发挥优势，获得职场的成功。

【学徒任务】

请借鉴上述内容，制定本人的职业规划。

1. 职业环境分析和职业定位

职业环境分析	
优势因素(S)	
弱势因素(W)	
机会因素(O)	
威胁因素(T)	

2. 职业生涯规划

类型	主要内容	实现途径	备注
短期目标			
中期目标			
长期目标			
规划调整情况			

入职培训专题四
园林工程企业财务管理

第一节 园林工程公司的财务制度
——以某公司财务制度为例

一、财务管理

（一）报销票据使用及粘贴

采用公司统一印制的“费用报销单”规范粘贴，粘贴过程中应按项目名称、费用性质（如交通费、住宿费、餐饮费、招待费、办公费等）分类粘贴，经办人在填写“费用报销单”时，应遵照“实事求是、准确无误”的原则，将费用的发生原因、发生金额、发生时间等要素填写齐全，并签署自己的名字，有共同参与人员的由参与人共同签署。“费用报销单”一律不允许涂改，并保证费用金额的大、小写必须一致，否则无效。财务报销流程见表 1-4，借款 / 借支单流程见表 1-5。

（二）报销程序

费用报销人申请报销→报销人部门负责人确认签字→会计审核→财务负责人审核→公司总经理审批→出纳复核并履行付款。

上述流程为公司各项费用报销的既定程序，各项事务的报销均需要遵照上述流程操作，否则财务部有权拒绝签字和付款。

当月发生的费用必须在次月 2 日前报销完毕，对超过期限仍未办理报销的费用按下述情况处理，如有借款则在发放工资的当月进行扣除，如无借款则必须写明原因并经总理批准后方可办理费用报销手续。任何部门和个人没有收取款项的权利，更不得坐收坐支。

表 1-4 财务报销流程

流程图	说明	权责部门
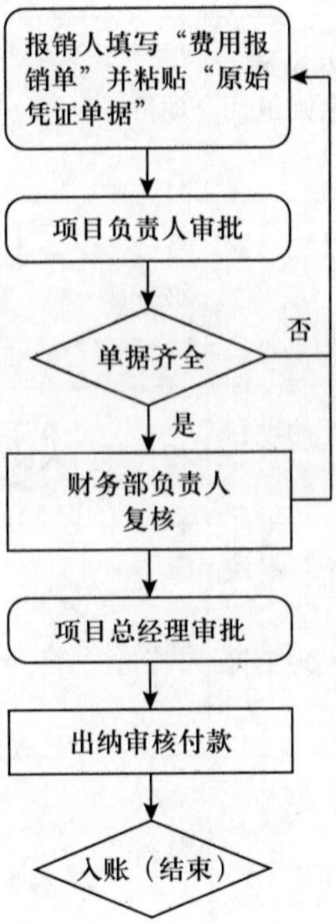	1. 如果没有特殊原因,在取得票据三天内填写“费用报销单”进行报销。 2. 报销人要按照规定认真填写“费用报销单”。所填写的项目为日期、用途、金额、报销人等。 3. 如果是报销交通费的,在“费用报销单”上注明乘车路线。 4. 发票、报销原始单据贴在“粘贴单”上,最后粘贴“费用报销单”。 5. 若有要事说明则备注填写。	相关部门人员
	1. 相关人员提交给项目负责人审核签字。 2. 项目负责人必须对以下方面进行审核: (1)费用产生的原因及真实性; (2)费用的合理性; (3)票据及单据的规范性。 若发现不符合要求,立即退还给相关报销人员重新整理提报。 3. 若有要事说明则备注填写。	项目负责人
	1. 财务部门人员要仔细审核报销人填写格式是否符合要求。 2. 仔细审核报销的金额和计算是否正确。 3. 审核有无报销人和负责人的签名。 4. 对不符合上述要求的“费用报销单”则退回报销人。	财务部门
	1. 项目总经理接到“费用报销单”后首先关注是否有直线负责人和财务人员的签名。 2. 若有直线负责人和财务人员签名则审阅内容。 3. 若同意报销则在报销单上写“同意报销”并签字。不同意则退回给财务人员。	项目总经理
	1. 出纳需要先关注有无项目总经理签字同意报销。 2. 仔细审核报销人金额填写、计算是否正确。 3. 出纳随后签名,根据“费用报销单”总金额支付给报销人。	财务部出纳

二、工程用款管理制度

(一) 分包工程用款

分包工程款项原则上采取中途预借,竣工后一次结算。

1. 中途预借款项支付程序

(1)承包单位提出借款申请,并填写工程预借款审批表;

表 1-5　借款 / 借支单流程

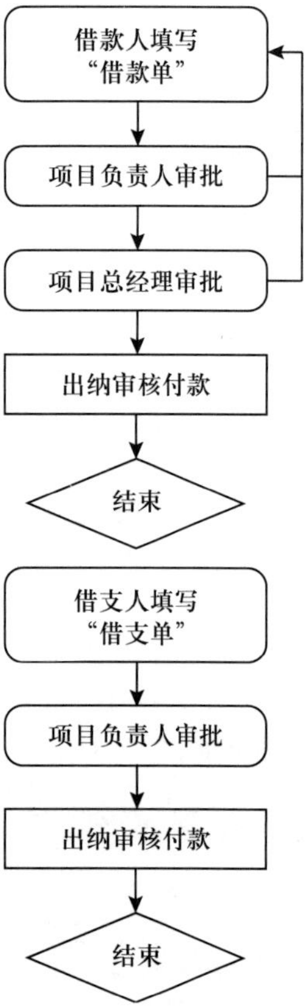

流程图	说明	权责部门
	借款人要按照规定认真填写“借款单”。所填写的项目为日期、部门、借款原因、金额、供款人等。	相关部门人员
	(1)相关人员提交给项目负责人审核签字。 (2)项目负责人必须对借款原因进行审核。若发现不符合要求，立即退还给借款人。	项目负责人
	(1)项目总经理接到“借款单”后审核借款原因及金额。 (2)若同意借款则在“借款单”上签字。不同意则退回给借款人。	项目总经理
	(1)出纳需要先关注有无项目总经理签字同意借款。 (2)仔细审核借款人金额填写是否正确。 (3)出纳随后签名并根据“借款单”金额支付给借款人。	财务部
	借支人要按照规定认真填写“借支单”。所填写的项目为日期、部门、借支事由、金额、供支人等。	相关部门人员
	(1)相关借支人员提交“借支单”给项目负责人审核签字。 (2)项目负责人必须对借支事由进行审核。若发现不符合要求，立即退还给借支人。	项目负责人
	(1)出纳需要先关注有无项目负责人签字同意借支。 (2)仔细审核借支人金额填写是否正确。 (3)出纳随后签名并根据“借支单”金额支付给借支人。	财务部

(2)项目部工程人员根据承包单位的进度情况审核借款额度，签注意见后报项目经理复核；

(3)项目经理签注意见后报预算部复核；

(4)预算部复核后报主管副总经理审核；

(5)主管副总经理审核签署意见后报总经理审批；

(6)财务部根据最终审批情况进行款项支付。

2. 竣工结算程序

(1)分包工程竣工后由项目经理确认工程量并提出竣工结算申请，报工程部经理；

(2)工程部经理报主管领导同意后会同财务部、预算部、采购部共同进行工程量复核；

(3)工程量复核后由参与部门人员及承包方共同填写工程验收决算单。此决算单一式五份，分别由工程部、财务部、预算部、采购部及承包方留存；

(4)财务部根据工程决算单及施工合同核算其工程款项，并依据前期所预借款项编制付款计划报主管领导审核；

(5)财务主管领导审核后呈报总经理进行审批,财务部依据总经理审批意见按照工程款项支付程序进行付款。

此验收单分别由工程部、财务部、预算部、采购部及分包施工队留存,坚决杜绝事后补签行为。

（二）工程物资采购用款

由公司总经理批准支付,其程序按以下“工程物资采购用款支付审批工作流程”执行。

1. 采购部提出付款申请,并填写工程物资支付审批表;

2. 项目经理根据工程物资验收入库单签署意见;

3. 工程部经理根据现场施工情况进行复核并签署意见;

4. 预算部审核并签署意见;

5. 财务部根据工程物资采购合同和验收单进行票据及金额的审核后,报公司总经理审批;

6. 公司总经理审批同意后由财务部对外付款。

工程物资必须严格验收并填写验收入库单,一式四份,分别由项目部、采供部、财务部、供货商留存。坚决杜绝事后补签的行为。

（三）机械使用费

由公司总经理批准,按以下程序执行。

1. 由项目部提出付款申请,填写“机械使用费支付申请表”;

2. 项目部经理根据项目部相关人员所做的机械使用记录签署意见;

3. 工程部经理根据施工实际情况进行复核并签署意见;

4. 工程部经理提交预算部复核;

5. 对所提供的机械使用记录、票据及金额审核后报公司总经理审批;

6. 公司总经理审批同意后由财务部对外付款。

机械使用记录由项目部按照规定期限进行备案登记汇总并报财务部作为日后支付款项的依据。

（四）劳务费（非分包项目）

由公司总经理批准,按以下程序执行。

1. 由项目部编制劳务费工资明细表,在工资发放前五日将工资明细表报公司工程部进行核对(如项目部离公司总部较远可用电子邮件的形式上报);

2. 工程部核对后将工资表传递至预算部进行复核;

3. 预算部审核后报总经理审批;

4. 财务部根据总经理批示将款项划拨至项目部;

5. 项目部在工资发放后将签字后的工资表报财务部;

6. 对于中途离职的劳务工,劳务费可由项目经理批准后暂行垫付,并在当月工资表中注明情况。

三、公司差旅费管理制度

(一)公司员工因公司业务需要到本市范围以外地区执行公务可享受出差补贴。

（二）公司员工出差交通工具选择按照下述原则执行：公司员工出差单程时间在6小时以上的乘坐火车（硬卧），其余情况乘坐公共汽车。

（三）公司员工出差期间，住宿费用及补贴按以下规定执行。

1. 住宿标准

一般员工250元/日，公司部门经理350元/日，公司总经理及副总级别人员450元/日。住宿费未达到公司规定标准的按照实际支出进行报销。

2. 出差补贴

在新疆出差，一般员工补贴60元/日，公司部门经理及以上领导人员补贴80元/日；在新疆以外地区出差，一般员工补贴80元/日，公司部门经理及以上领导人员补贴100元/日。

3. 公司员工出差来回车费实报实销，出差地的城区交通费不再单独报销，一并含入出差补贴中。

4. 公司员工出差可根据实际情况经财务部负责人审批同意后先行到财务部预借差旅费，出差返回后必须在三日内按照公司规定办理结算手续。

四、办公费、会议费及业务招待费管理制度

（一）办公用品：由各部门提交所需用品名称、数量、规格给公司行政部后勤主管，原则上由后勤主管统一采买，工程类用品由项目经理根据具体采买情况安排购买。费用报销时必须附购买清单。

（二）业务招待费：只有公司领导具有招待权利和费用报销资格。

（三）工程成本管理制度：财务部负责工程成本的总控制工作。

1. 参与有关工程经济合同的谈判工作，及时准确地了解公司各项工程成本的构成及用款计划。

2. 负责工程进度款的复核工作，参与工程造价的确定和最后决算的审定工作。

（四）财产管理制度

1. 公司财产范围

凡公司购入或自制的机器设备、动力设备、运输设备、工具仪器、管理用具、房屋建筑物等，使用年限在一年以上的应列为固定资产。

2. 公司财务负责公司所有财产的会计核算。

(1)公司各施工工地使用机器设备、动力设备、工具仪器等由采购部归口管理

(2)行政部和采购部应指定专人负责公司财产的业务核算，应设立台账，登记公司财产的购入、使用及库存情况，负责组织公司财产的保管、维修并制定相应的措施、办法。

3. 财产的购置与调拨

(1)行政部根据公司发展需要编制财务采购计划及进行市场询价工作，经财务部会签，报公司总经理批准后方可采购。

(2)财产购回后，应填写财产入库验收单，财产入库验收单一式三联，财务部凭财产入库验收单、财务发票及采购计划办理报销手续，财产归口管理部门凭财产入库验收单登记台账。

(3)各部门需领用固定资产时,应填写领用单,领用单需经部门经理同意,报行政部审核,主管领导批准。

第二节　工程部财务一般流程

一、工程部项目施工流程

1. 工程部助理根据门店发送的工程施工申请单,生成工程施工确认单、工程收方验收单。确认单与验收单在施工前交施工小组,施工小组到达施工现场需与客户确认施工方案,并要求客户在施工确认单甲方栏签字确认。

2. 工程部助理根据工程施工确认单与公司施工用料标准填制材料出库单(注明提货车辆信息)。制单人签字后交由库管发货。送货司机在出库单收货人处签字确认货物明细。工程部助理根据库管、司机签字后的出库单登记工程部项目领料明细表后交公司财务。

3. 工程部助理应根据门店工程施工申请单上注明收进度款的金额,填开收据,一式三联,一联留底、一联交由司机送至客户处收款。收款方式尽量采取刷卡收取,司机将客户签字后的POS单交回工程部助理处,工程助理将收据的财务联与POS单一同交至公司财务。如收取现金的,应将现金交回工程部助理处,由工程部助理统一存入指定账户并及时通知出纳查收。收据财务联与现金存款凭条一同交至公司财务(可多张收据一起存款)。

4. 施工小组施工完毕后,需按实际施工面积进行收方验收,在填写收方验收单时,严格按照施工的区域、位置、色号肌理、面积、单价、金额填写,有减项要注明减项位置。计算出合同总款后,收取客户尾款。尾款收取方式尽量采取刷卡收取,施工小组将客户签字后的POS单交回工程部助理处,工程部助理补开收据,将收据财务联与POS单交至公司财务。如收取现金的,施工小组应将现金交回工程部助理处,由工程部助理补开收据,现金统一存入公司指定账户并及时通知出纳查收。收据财务联与现金存款凭条交至公司财务(可多张收据一起存款)。

5. 工程部助理应于每个项目施工完毕后编制工程部施工小组工资明细表、施工项目统计表,并将客户签字确认后的工程施工收方单扫描件在2天内送至公司财务。按月将施工项目统计表报送至各门店店长。

6. 施工小组施工完毕如有未使用的材料,应将未使用的材料退回库房,由工程部助理填写材料入库单。

7. 工程部助理应于每月8日前与财务核对施工项目统计表、工程部项目领料明细表。

二、工程部支出流程

1. 工程部的支出包括办公费用、业务费用、工资三个大类。

2. 工程部的大额项目费用支出需向公司申请借款的,应提前告知公司财务,由经办人填写借支单,借支日期、借支人姓名、借支事由、金额必须填写清楚,交工程部经理审核。工程部经理同意后交公司财务复核,总经理最终审核。严禁使用项目款支付工程部费用。

3. 工程部办公费用包括:办公用品、房租、物管、水电网络、装修摊销。业务费用包括:差旅费(异地项目住宿、餐饮、交通)、交通费、招待费、机器维修费、租赁费、辅料费、人工费。

4. 办公费用与业务费用都通过费用报销单报销,按照费用的类别分开填报费用报销单。

5. 工程部费用应按真实合理的原则报销,尽量索取正规发票,发票抬头写明公司名称;如无发票,应索取加盖收费章的收据。发票或收据上一定要注明购买物品的名称、单价、数量、金额,如有零星人工费,应要求工人打收条。

6. 费用原始票据应用胶棒粘贴在原始凭证粘贴单的框线内,粘贴整齐。

7. 费用报销单与原始凭证粘贴单对齐粘贴,书写规范。报销部门栏填写工程部,报销项目栏填写费用名称,摘要栏填写费用发生的具体内容。金额栏要与原始凭证金额一致,日期、金额大写、报销人必须填写。

8. 工程部助理在将费用报销单交至公司财务前应对本部门费用项目做登记,即工程部支出汇总表。

9. 工程部有借款的费用报销单,应在借款当月报销,跨月不做报销处理。

10. 工程部应于每月 8 日前与公司财务核对工程部支出汇总表。

三、工程部工资支付流程

1. 工程部助理根据项目施工确认单、收方单、材料出库单、材料入库单,编制合同测评表,由部门经理签字审核。

2. 合同测评表是反映施工小组的施工用料、施工质量、款项回收的重要情况表,对用料不符合标准的要注明不符情况(超料、节料)及解决办法。

3. 施工项目统计表是反映当前已施工项目未收取尾款的汇总统计表,该表需要对施工负责人、未收款原因进行详细的说明,工程部助理应及时向门店与总经理办公室反馈施工项目尾款收取情况。

4. 施工小组工资明细表,工程部助理根据项目施工完毕验收的面积、施工单价、技工等级标准计算施工费与维修打样人工单编制工资明细表。按月编制工程部工资汇总表。

5. 施工人员的奖金、扣款由公司总经办核定。总经办根据施工人员合同测评表、应收款汇总表核定其实发工资。

6. 工程部应于每月 10 日前将工资表交至公司财务复核。

四、公司总经办财务按月报送工程部收支汇总表、工程部经营状况表。

五、工程部交单时间及交接手续

财务部于每周五到工程部统一收取票据,填制票据传递单,双方确认签字。

六、以上流程如有未尽事宜,在实际工作中加以完善。

七、部门人员自愿接受以上流程。

第三节　工程部施工费及费用结算原则

一、项目施工人工费结算原则

（一）计件计算人工费

根据施工面积、材料、肌理（工艺标准）、单价列表计算人工费。

（二）按相应施工条件 / 难度进行补贴

根据面积大小、难度高低、路程远近、过程长短计算补贴。

二、项目施工费用报销原则

（一）运输费用

根据车辆、燃油、路桥、停车费分区报销。

（二）成品保护（辅料）

根据保护规范、保护辅料要求报销。

（三）交通费 / 住宿费（生活费不予补贴）

1. 远程交通费

(1)按标准对汽车票、火车票报销；

(2)出租车费在公司事前认可的情况下予以报销。

2. 远程住宿费补贴

新疆：每间房 200 元 / 晚；新疆以外区域：每间房 300 元 / 晚（同性两人计一间房，夫妻计一间房，异性非夫妻计两间房）。

3. 特别注意

(1)异地不准工人私自驾车或搭乘非官方认可的营运交通工具；

(2)公司支付的交通费按火车或汽车对应的实际普票价格支付，若短程需二次交通转运的，按实际发生的公交车或出租车合理价格报销。

三、施工工具及易耗工具补贴原则

(一)所有工人的施工工具一律按公司标准的施工工具包配置，工作状态时由工人自行管理，非工作状态时，由公司及工程部统一归库管理。

(二)公司施工结算单价中已包含施工人工费及相应常规的施工工具耗损费；针对公司施工效果使用特殊工具的，公司采取定量“以旧换新”的模式予以补贴。

(三)针对施工工具箱的管理，公司及工程部随时具有抽查权，原则上工具箱在施工状态下伴随工人，在非施工状态下或工人休假状态下工具箱及施工工具放置于工程部指定管理仓库，严禁工人私自在非施工状态下携带公司标准施工工具及核心施工工具。

四、工人施工费结算原则

(一)当月 1～10 日必须按项目施工验收凭据及参照相应施工单价由工程部办公室自行

提单，并同相应收方验收原始凭证交由公司财务审核。

(二)提单同时就单项施工人工费，将参与的施工技师二次分配随同附上，相应分配数据须由对应施工技师签字认可。

(三)公司在结算日只针对已经完全符合结算程序、资料签证齐全、数据计算无异议的项目人工费予以发放，对资料凭据不全、计算分配有异议或客户有投诉争议的项目当月不予结算。

(四)由工程部或施工小组自身原因导致项目完工未结算，资料凭据不全，单项人工费计算或二次分配意见不统一或有相应重大违规违纪、隐报处罚等因素，导致当月结算逾期的，由相应责任方补齐相关手续后在下月一并结算。

The second part

The second part

第二部分

认识岗位

The second part

The second part

入职培训专题五

认识学徒业务岗位

园林工程技术专业培养德、智、体、美、劳全面发展，践行社会主义核心价值观，具有一定的文化水平、良好的职业道德和人文素养，掌握本专业的基本知识和主要技术技能，能够从事园林工程施工与管理、园林景观设计、园林植物栽培养护、园林经营管理等职业，具有良好的职业素养、较强专业技能和可持续发展能力的技术技能人才。

园林工程资料员承担着熟悉施工图纸，掌握建筑行业施工规范、要求、验收标准等，做好工程资料的收集、整理等相关工作，能够深入施工现场，详细了解工程进度，做好各项工程的隐蔽记录和质检记录，熟悉资料规程，重视资料的同步性，做好分项、分部、单位工程技术资料的签证、整理、立卷和归档工作。

要求资料员在编制资料过程中能够做到对资料的书写准确、真实，掌握基本的办公软件，对专业的资料软件能熟练应用，除具备专业的知识技能外，还需具备较好的沟通能力，有团队合作精神，具备一定的吃苦耐劳的精神品质。

1. 园林工程资料员学徒岗位标准（详见附录一）；
2. 园林工程资料员学徒岗位课程标准（详见附录二）；
3. 园林工程资料员学徒师傅聘任标准与教学指导工作规范（详见附录三）；
4. 园林工程资料员学徒选拔标准与学习守则（详见附录四）。

入职培训专题六
岗位工作技术设备与安全生产

一、岗位工作技术设备

计算机和办公软件、施工图纸、定额手册以及 AutoCAD、天正、广联达、筑业等专业软件。

二、园林工程资料员学徒岗位安全生产要求

（一）业务安全

1. 学徒在企业期间不得将单位的任何保密资料进行转存携带。

2. 未经授权或批准，不得对外提供涉密的公司文件或其他未公开的经营状况、财务数据等。

3. 管理好持有的公司涉密文件，对非本人职权范围内的公司机密，应做到不打听、不猜测、不传播。

4. 发现了有可能泄密的现象应立即向有关上级报告。

（二）自身安全

1. 学徒在校或在学徒企业期间不论有无驾照均不允许驾驶机动车辆。

2. 上下班期间严格遵守交通规则，避免发生人身意外。

3. 在施工场地戴好防护用具，注意个人及他人安全。

4. 坚决杜绝夜不归宿，有一次夜不归宿立刻终止学徒阶段，并按照学院管理规定处理。

5. 学徒在企业期间注意水、电、暖安全，上班前、睡觉前检查水、电，确保安全。

6. 做好防火工作，不使用大功率电器。

入职培训专题七

岗位业务能力要求和培养目标

一、岗位知识要求

1. 能看懂市政施工图，了解施工材料以及施工技术。

2. 了解各种建筑结构、施工技术和方向，能正确填写各种施工记录、隐蔽工程记录及竣工技术资料表格。

3. 了解工程、测量有关知识，熟悉工程定位、测量，施工测量，竣工测量，并能填写相应的工程测量技术文件以及表格。

4. 了解文秘基础知识，熟悉城市建设中的报告、批复、通知、纪要等公文的撰写；熟悉城市建设档案的内容，范围，掌握档案的收集、编辑、整理方法。

5. 了解计算机在档案管理中的作用及计算机基础知识。

二、岗位能力要求

1. 必须具有一定的文书处理能力。

2. 必须具有工程识图及结构构造的相关知识，了解现场施工程序及各种关键数据。

3. 除具有一定的计算机应用能力外，还应了解国家和项目所在地各级政府有关档案管理的规定。

4. 了解与工程项目设计、施工验收和安全生产有关的法律法规及规范。

5. 必须了解施工企业承包方式、合同签订、施工预算、现场经济活动分析管理的基本知识。

6. 工程资料的收集与登记。

7. 工程资料的分类与保管。

三、岗位技能要求

1. 能够参与编制施工资料管理计划。

2. 能够建立施工资料台账。

3. 能够进行施工资料交底。
4. 能够收集、审查、整理施工资料。
5. 能够检索、处理、存储、传递、追溯、应用施工资料。
6. 能够安全保管施工资料。
7. 能够对施工资料立卷、归档、验收、移交。
8. 能够参与建立施工资料计算机辅助管理平台。
9. 能够应用专业软件进行施工资料的处理。
10. 能编制资格预审文件、商务文件、技术文件和价格文件,准备和编制开工资料、进度计划资料、竣工资料。

四、岗位职责要求

1. 认真审查施工图纸,熟知设计内容与要求。
2. 有一定的绘图能力。
3. 有耐心、细心的工作态度。
4. 熟悉规范、规程要求。
5. 具备一定的施工现场管理经验。
6. 新资料员上岗,必须经过专业培训,并应指定技术负责人"传、帮、带"。
7. 资料员的岗位职责仅限收集、整理相关技术资料,不能替代技术员、质检员。

入职培训专题八

资料过程管理基本要求

一、岗位知识要求

能够掌握资料过程管理的基本要求。

二、资料管理基础知识

建设项目资料是有关各方在建设管理、质量控制以及技术措施方面的原始记录，也是工程竣工验收的重要依据。建设工程企业要纠正工程资料送档案馆归档仅是为办理后期竣工验收备案的错误观点，充分认识工程资料与项目管理、工期顺延、造价索赔之间的紧密关系。做好建设项目资料管理是企业提高管理水平的重要方面，也是进行谈判、解决争议纠纷的有力支撑。

在整个施工过程中形成的管理、技术、质量、物资等各方面的文件和记录，种类繁多，数量庞大，本着有利于整理、查询和组卷归档的原则，工程文件的编号必须科学、规范，类别分明但不宜层次太多。

（一）基本原则

1. 提高有关单位的重视程度及人员素质，要从根本上解决资料存在的问题，提高对资料的重视程度，就应派专人负责资料的管理和跟踪。

2. 提高专业技术人员的业务水平，采取“持证上岗”的制度，定期派人参加培训及学习规范。

3. 统一按要求使用表格，熟练掌握工程项目资料表格内容的填写、编制等。

4. 资料应及时形成，反映施工现场真实情况，对于现场资料、检查记录，要在施工前就准备好，现场填写施工日期、实测数据等并在现场签字确认，及时提交，避免拖延时间过长造成遗漏等问题。

5. 认真填写验收记录。

6. 对材料加强控制，按要求进行材料送检。

7. 以合同为单位立卷，一合同一档，档案盒脊背标签清晰，按序号排列，与一级目录呼应，方便管理与使用；负责人要对项目工程文件形式、保存，立卷、归档反复进行监督、检查并及时将检查结果进行综合、分类、整理，对在工程资料中出现的问题，举一反三，制定整改措施，并检查整改成效。

8. 对于资料过多(需两个及以上的档案盒存放)的合同，在标签上注明每个档案盒里文件的内容，这样可以大大提高工作效率。

9. 视资料情况建立卷内总目录、分级目录。

10. 要有支持性的附件(如图、表格、照片、影像等资料)。

11. 参加人的签名、日期要清晰，所有的工程检验都具备可追溯性和明确的责任人。

12. 在不能获取原件时，应将原件复印，然后在复印件上加盖留存单位公章，并注明原件储存处。

（二）存档要求

1. 合同(电子版 + 纸质版)：中标通知书、洽商表、合同文本、补充协议一、补充协议二等(合同正本必须入档，其余视实际资料情况进行归档)。

2. 进度款(电子版 + 纸质版)：电子版为请款资料、发票、完税证明；纸质版为管理系统上打印的审批表。

3. 必检点评审(电子版 + 纸质版)：评审通知、签到表、照片(会议、现场)、会议记录、会审表(签字版)。

4. 现场签证(电子版 + 纸质版)：增减工程审批表、增减工程通知单、实测表、现场签证单。

5. 联系函(电子版 + 纸质版)：需检查签章、日期等内容是否齐全。

6. 施工现场需经常查用的报建文件或证照复印件。

7. 工程技术资料中的施工管理记录和现场检测报告。

8. 施工单位来往函件。

9. 各种周报、月报、进度计划及其他文件等。

（三）图纸整理、存放要求

1. 以专业立卷，占地小、方便拿取(呈阶梯状摆放，抬头可见)。

2. 常用的分项工程的图纸存在易拿取的层数；图纸架上做好标签设置，清晰明了，便于查找和使用。

3. 存放图纸做到防火、防尘、防水。

入职培训专题九

工程资料分类编码与编号

一、一般规定

1. 工程资料编制、收集、整理的主要单位由建设单位、勘察单位、设计单位、监理单位、施工单位完成；工程资料按工程类别划分为房屋建筑建设工程资料和市政基础设施建设工程资料。

2. 工程各参建单位填写、收集、整理的工程资料，应以工程项目批准文件、施工质量验收规范、材料检验及检测标准、合同文件、勘察设计文件等为依据，按单位工程编制整理。

3. 工程资料应与工程进度同步，由各责任单位及时编制、收集、整理，实行分级管理，并应按本规程归类，资料项目内容应完整、准确、真实，书写认真、字迹清楚，签章齐全。

4. 各单位技术负责人负责本单位工程技术资料全过程的管理工作，工程资料的收集、整理、立卷工作应设专人负责。

5. 工程施工质量验收前，应对工程资料进行核查；工程资料填报应符合本规程要求，并且内容与实际相符时，方可进行工程验收。

6. 表格填报应采用本规程配套的表式，按照本规程的要求认真填写。本规程未做规定的，可自行制定相应表式，并按本规程的规定分类与编码。使用本规程的通用表表式时，应根据记录的项目将表头名称补充完整。

7. 归档的纸质工程文件依据《建设工程文件归档技术规程》(XJJ 071—2016)附录 A、附录 B 处理，其中，复印件须按 1∶1 比例文件原样复印，需加盖建设单位公章；标明原件存于何处、抄件人及日期。

8. 工程文件应采用碳素墨水、蓝黑墨水等耐久性强的书写材料，不得使用红色墨水、纯蓝墨水、圆珠笔、复写纸、铅笔等易褪色的书写材料。

9. 工程文件应字迹清楚，图样清晰，图表整洁，签字盖章手续应完备。不得使用未经国家颁布实施的简化字，禁止使用涂改液。

10. 工程文件中文字材料幅面尺寸规格宜为 A4(297 mm × 210 mm)。

11.《建设工程文件归档技术规程》附录 A、附录 B 已对相关资料做了基本份数和存放单位要求，需增加份数的应另行协商确定。

12. 工程资料形成的记录中，对盖章和签字提出如下要求：

(1) 记录要求盖章时，只有单位(机构)和项目两枚印章可以使用。表式中要求单位(机构)盖章时，必须是与施工(建设、勘察、设计、监理)合同盖章单位名称一致的法定代表人单位印章；表式中要求项目经理部(项目监理机构)盖章时，是施工(监理)单位承包工程备案的项目印章；项目印章必须由施工(监理)单位出具项目印章章样证明，报建设单位备案后，方可使用。

(2) 记录要求签字时，项目负责人是指施工(承包)单位法定代表人委派在工程项目经理部的负责人或项目经理；单位负责人和单位技术(质量)负责人是指施工(建设、监理、设计、勘察、监督等)单位的法定代表人(由单位的法定代表人或法人委托的代理人)和单位注册登记的技术(质量)负责人。

(3) 工程资料的签认者应是各岗位责任人，同时是相对应的备案责任人，必须本人亲笔签字，且不得事后补签。凡是要求项目经理(总监理工程师)签字处，均应是项目经理(总监理工程师)亲笔签名并加盖其本人注册印章。

(4) 本规程中所涉及的专业工长、施工员或专业工程师泛指分项工程负责人、分部工程负责人；较大工程分段负责时，指某段的负责人；群体工程中按栋负责时，指某栋楼的负责人。

13. 建设工程文件归档有如下规定和要求：

(1) 勘察、设计、施工、监理单位应在工程竣工验收合格后 2 个月内，将各自形成的工程电子、纸质、声像等文件立卷后向建设单位移交归档。

(2) 建设单位应对勘察、设计、施工、监理单位提供的建设工程文件进行审核，在审核合格后方可接收。

(3) 勘察、设计、施工、监理等单位向建设单位移交档案时，应编制建设工程档案移交目录(目录按《建设工程文件归档技术规程》附表 K.0.4 编制)，办理资料记录移交书，双方签字、盖章后方可交接。

(4) 移交归档的文件(资料)，应按国家有关规定、《建设工程文件归档技术规程》附录 A 和附录 B 及甲方要求内容立卷归档。

(5) 勘察、设计、施工、监理等单位移交归档至少有三套资料。一套是按规定向本单位档案室移交归档，另两套是按规定向建设单位移交归档；向建设单位移交归档的两套资料，一套由建设单位按规定向本单位移交归档，另一套向城建档案馆(室)移交归档。

二、施工单位资料管理

1. 施工单位应建立健全工程档案资料管理制度，对本单位所属的工程项目经理部施工资料的形成、收集、整理和归档工作进行指导、检查。

2. 施工单位应随工程进度负责工程建设项目施工阶段资料(C 类)的编制、收集、整理、立卷，保证工程资料的及时、真实、完整、准确，能够反映工程建设活动的全过程。

3. 施工单位对报审、报验的施工资料应进行自审、自检、自验，合格后报监理单位(建设单位)审核、验收。在工程竣工自验收合格后，填写表 E0105(表 C0401)单位(子单位)工程竣工预验报验表附表 E0101 施工单位工程竣工报告，总监理工程师组织工程竣工预验收。

4. 建设工程实行总承包的，施工总承包单位应负责指导和汇总各分包单位编制的施工资料。分包单位应负责其分包范围内施工资料的编制、收集、整理、立卷，对所分包项目施工资料的真实性、完整性和有效性负责。在分包工程完成并验收合格后，将施工资料按《建设工程文件归档技术规程》规定立卷后移交总承包单位，并办理表 C0301（表 C0406）施工资料移交书。

5. 专业承包的施工项目，如通风与空调、电梯安装、智能建筑、消防等工程，专业施工单位应按合同约定将施工资料按《建设工程文件归档技术规程》收集、整理、立卷后向约定方移交，并办理施工资料移交书和承担相应的责任。

6. 工程竣工验收合格后，施工单位应将已形成的施工资料按《建设工程文件归档技术规程》规定立卷后移交建设单位，并办理施工资料移交书。

7. 工程资料宜按表 2-1 中主要步骤形成。

表 2-1　文件资料的形成过程

主要步骤		文件资料
项目申请		项目建议书编制及批复意见
可行性研究立项		可行性研究报告及批复规划意见书等
列入年度建设计划		列入年度计划的申报文件及批复文件或年度计划项目表
办理征地手续、拨地测量		规划意见书、建设项目用地预审意见、建设用地规划许可证及附件、建设用地批准书、国有土地划拨决定书、地形测量和拨地测量成果报告、建筑用地打桩通知单等
勘察招标		勘察招标文件及建设工程勘察合同、工程地质勘察报告、水文地质勘察报告
设计招标		设计招标、建设工程设计合同 / 设计概算、初步设计图及设计说明
组织施工图编制		施工图及设计说明
建设规划及相关部门申报		审定设计方案通知书及审查意见、审定设计方案通知书要求征求有关部门的审查意见和有关协议、建设工程规划许可证
施工图报审		施工图设计文件审查通知书、施工图审查报告、建筑工程消防设计审核意见
监理招标		监理招投标文件：监理中标通知书、建设工程委托监理合同
施工招标		施工招投标文件：施工中标通知书、建设工程施工合同
办理开工手续		建设工程开工审查表、建设工程施工许可证、工程质量、安全监督手续施工现场移交单
组织施工		
组织专项验收		专项验收文件
列入城建档案馆接收工程	工程档案预验收	建设工程档案预验收意见
竣工验收准备		单位工程竣工预验收报验表、单位（子单位）工程质量控制资料核查记录 、单位（子单位）工程安全和功能检验资料核查及主要功能抽查记录、单位（子单位）工程观感质量检查记录、工程竣工报告（施工单位）工程质量检查报告（勘察单位、设计单位、监理单位）

续表 2-1

主要步骤	文件资料
组织竣工验收	工程竣工验收报告、单位工程质量竣工验收记录
工程接收	竣工移交证书、房屋建筑工程质量保修书
办理竣工备案	建设工程竣工验收备案表等
工程资料移交	城市建设档案移交书

8. 工程资料宜采用信息化技术进辅助管理。

三、分类编码与编号规则

（一）分类依据

建设工程资料应根据《建筑工程施工质量验收统一标准》(GB 50300)、《建设工程文件归档规范》(GB/T 50328)和《建设工程文件归档技术规程》(XJJ 071)的规定，按照单位工程参建单位资料的收集范围、性质和专业进行分类。

（二）编码与编号规则

根据《建设工程文件归档技术规程》(XJJ 071)及工程建设参与方撰写、收集、整理资料的要求，将建设工程文件分为：A类工程准备阶段资料、B类监理资料、C类施工资料、D类竣工图、E类竣工验收及备案文件、F类工程声像文件六大类。其中房屋建筑建设工程与市政基础设施建设工程中，相同类别有：A、B、C01 施工管理资料、E、F 四类一子类；不同类别有：房屋建筑建设工程 C02 类至 C08 类(C18 至 C27、C11 至 C17、C09、C10)是按专业分部赋予编码和编号；市政基础设施建设工程 C02 质量控制资料类为通用部分，C03 类至 C11 类(C1-03 至 C1-11)是按专业项目分类并赋予编码和编号。

1. A类

A类属于建设工程前期关于工程项目立项、工程建设相关的专项报建与审批、工程招标与发包和建设项目管理等形成的文件；建设单位在工程建设过程中形成的文件，分为工程准备阶段文件和竣工验收等文件，包括 A1～A8 共 8 个子类。

(1)工程准备阶段文件：建设单位在工程开工前期准备阶段形成的文件，如项目立项批复文件、初步设计批复、规划许可证、用地许可证、环境、交通影响报告、地勘报告等。

(2)工程竣工文件：工程竣工验收过程中形成的文件材料，竣工报告、竣工验收报告、竣工总结、竣工备案等。

2. B类

B类属于工程建设过程中监理单位形成的资料，包括 B1～B5 共 5 个子类。

3. C类

C类属于施工过程中施工单位关于工程施工管理、工程质量控制、工程安全和功能检验及主要功能抽查等形成的资料，包括以下几类文件。

(1)施工管理文件：如单位资质、施工日志、会议纪要等管理文件。

(2)施工技术文件：施工方案、方案交底、图纸会审、设计变更等由技术部编制的文件。

(3)进度造价文件：进度计划、延期申请等。

(4)施工物资出厂质量证明及进场检测文件:由供应商提供的施工材料、设备、半成品进场提供的产品合格证、质保书及性能检测报告、由物资管理部门收集整理、做好台账汇总;需要进场复试的材料,材料部门提供取样委托单,报送技术部门由实验员取样送检;复试合格的材料,技术部进行汇总、组卷、归档。

(5)施工记录文件:隐蔽工程验收记录、测量记录、混凝土浇筑申请记录、测温记录等,由专业工程师编制,管理部门对其真实性、准确性进行审核,并报送监理签字确认,之后方可进行下道工序施工。

(6)施工试验记录及检测文件:混凝土抗压检测报告、砂浆、土壤密度检测等,由试验员编制见证取样记录及监理员见证的第三方检测报告。

(7)施工质量验收文件:分部工程验收记录、分项工程验收记录、检验批验收记录、由责任工程师编制,并报送监理签字确认。

(8)施工验收文件:分部验收及专项验收。

4. D类

D类为工程竣工验收后真实反映建设工程项目施工结果的图样,由施工单位编制整理。在施工过程中,各专业分包收集整理各自施工范围内所形成的全部施工文件→自检合格→报总承包单位审核确认→监理单位审核确认→建设单位审核→归档装订→移交。

5. E类

E类为建设单位组织竣工验收形成的建设工程竣工验收资料和竣工备案归档文件。

6. F类

F类为工程开工前、施工过程、竣工后三个阶段形成的声像文件。

施工过程中工程资料的分类、整理和保存,除执行本规程规定外,尚需执行国家及行业、地方现行法律、法规、规范、标准的有关规定。

对于未做规定的文件、资料,应根据其性质归入相应的类别;不能判别其类别的,可归入相关类资料的其他项中,并进行编码与编号。

原材料检(试)验、施工试验及见证检测报告由第三方检测单位出具。本规程中只做分类,其编码和编号按工程质量检测机构的要求执行。

四、工程资料的分类编码

1. 为便于建设工程资料的整理和检索,根据各类文件资料中所包括的项目、专业系统和相关记录的不同,对建设工程的工程资料进行归类并规定分类编码。

2. 建设工程从前期立项、勘察设计、施工建设到竣工验收全过程以及监理、检验检测、监督中形成的资料,应按照分类编码的规则进行归类整理。

3. 按照各类工程资料的性质进行分类编码,分别是:工程准备阶段资料(A类)、工程监理资料(B类)、施工资料(C类)、竣工图(D类)、竣工验收及备案文件(E类)、工程声像文件(F类)。

4. 市政基础设施工程施工资料(C类)包括:施工管理资料(C01),工程质量控制资料(C02)、道路工程质量控制资料(C03)、桥梁工程质量控制资料(C04)、给排水管道工程质量控制资料(C05),给排水构筑物工程质量控制资料(C06)、园林绿化工程质量控制资料(C07)、城镇燃气输配工程质量控制资料(C08)、城镇供热管网工程质量控制资料(C09)、路灯及夜景照明工程质量控制资料(C10)、城市污水处理厂工程质量控制资料(C11),工程安全和功能检验资料及主要功能抽查记录(C1-03～C1-11)。

5. 市政基础设施工程资料分类编码见附录五市政基础设施工程资料分类编码表。其中第三方出具的检验(试验、检测)报告、出厂质量证明文件、材料及设备进场检(试)验报告,可以根据施工现场实际、施工图设计文件、相关现行规范标准进行选择和增减。

五、工程资料的编号

1. 基建文件可按文件形成时间的先后顺序和类别,由建设单位确定编号原则。

2. 监理资料可按资料形成时间的先后顺序编号。

3. 施工资料应按以下形式编号:

××—××—××—×××
(1)　(2)　(3)　(4)

(1)为分部工程代号(2位)。

(2)为子分部工程代号(2位)。

(3)为资料的类别代号(2位)。如某施工资料编号为02-04-C1-001,其中C1是资料的类别代号。

(4)为顺序号,相同表格、相同检查项目可按形成时间顺序编制。

4. 分部工程中的每个子分部工程,应根据资料属性不同按资料形成的先后顺序分别编号;使用表格相同但检查项目不同时应按资料形成的先后顺序分别编号。

5. 对按单位工程管理,不属于某个分部、子分部工程的施工资料,其资料编号中分部、子分部代号用“00”代替。

6. 同一厂家、同一品种、同一批次的施工物资用在两个以上分部、子分部工程中时,其资料编号中的分部、子分部工程代号按主要使用部位的分部、子分部工程代号填写。

7. 资料编号应填写在资料专用表格右上角的资料编号栏中;无专用表格的资料,应在资料右上角的适当位置注明资料编号。

8. 由施工单位形成的资料,其编号应与资料的形成同步编写;由施工单位收集的资料,其编号应在收集的同时进行编写。

入职培训专题十

制订学徒培养计划

一、认识园林工程资料员岗位

（一）工程资料的概念及意义

工程资料是体现工程实体性结果形成的最终版的文字材料，是记录施工前期准备、施工过程以及竣工验收的重要文件材料。工程资料是工程施工中的一项重要组成部分，是工程竣工验收的必要资料，也是对工程进行检查、维护、管理、使用、改建和扩建的原始依据。资料员是负责工程项目资料的编制、收集、整理、档案管理等内业管理工作的技术人员，资料的形成贯穿于施工的全部过程，在资料的形成过程中，资料员要及时、真实记录并反映施工过程中的详细情况，技术资料不仅要遵循标准规范，在收集、管理和存档过程中也要做到规范性、标准化和系统化。

（二）工程资料管理

1. 工程资料的编制、收集、整理、立卷应当遵循相应的管理规定。

2. 完整的工程资料由建设单位、勘察设计单位、监理单位、施工单位共同完成。

（三）园林工程建设程序

园林工程建设程序如图 2-1 所示。

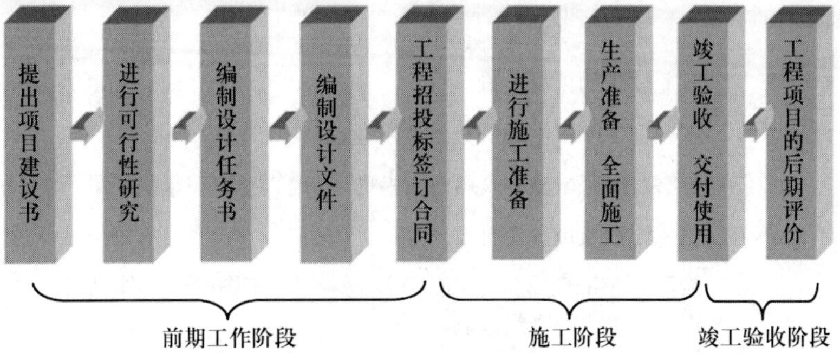

图 2-1 园林工程建设程序

资料员工作流程如图 2-2 所示。

开工前资料 ⇨ 质量验收资料 ⇨ 材料试验资料 ⇨ 材料产品配件资料 ⇨ 施工过程资料 ⇨ 工程竣工资料 ⇨ 质量监督存档资料

图 2-2　资料员工作流程

二、学徒工作和学习计划

表 2-2　学徒工作计划

序号	工作任务	工作具体要求
1	资料员必备基础知识	熟练掌握施工图的识读，对施工项目进行项目结构划分
		明确工程资料管理的一般规定，明确 A 类、B 类、C 类、D 类、E 类、F 类工程资料的分类与编号
		掌握每种类型资料的编制、整理、分类的基本要求
2	筑业软件的使用及实操	能够熟练掌握筑业软件的操作使用方法，并能对项目案例进行软件实操
3	整理市政施工资料（C）类	掌握工程施工资料的管理、施工技术文件、施工物资资料、施工测量检测记录、施工记录、施工实验记录、施工验收资料、质量评定资料等要求
4	整理竣工图资料（D 类）	掌握竣工图的编制以及图纸的整理
5	整理工程竣工验收和备案文件（E 类）	掌握工程竣工验收的条件、工程资料的总目录卷、工程资料的封面和目录、城市建设档案封面和目录、工程资料档案移交条件等
6	整理工程声像文件（F 类）	掌握工程声像文件所含内容以及基本要求

表 2-3　学徒学习计划

序号	工作任务	学习内容与学习要求	活动设计
1	学习公司各项制度	企业的各项规章制度，包括考勤、奖惩、消防、安全制度	企业人事部门负责指导
2	明确资料过程管理的基本要求	资料管理、存档、保密等相关制度，资料过程管理的基本要求	企业师傅指导
3	进行施工资料的分类与编号	施工资料的分类与编号要求	企业师傅指导
4	识读施工图	识读施工图纸	企业师傅指导
5	实操筑业软件	筑业软件的基本使用方法	企业师傅指导
		筑业软件的项目实操	企业师傅指导
6	整理市政施工资料（C 类）	掌握施工资料整理的具体要求、规范	企业师傅指导
		能够对施工阶段的资料进行及时、准确、真实、完整的记录	企业师傅指导
		完成工程质量控制材料	企业师傅指导
		能深入施工现场，根据施工现场实际、施工图设计文件、相关现行标准进行资料编制	企业师傅指导
7	整理竣工图（D 类）	掌握工程竣工的条件	企业师傅指导

续表 2-3

序号	工作任务	学习内容与学习要求	活动设计
8	整理工程竣工验收和备案文件(E类)	掌握竣工资料报告的编制撰写与整理	企业师傅指导
		掌握工程竣工的程序	企业师傅指导
		掌握竣工验收后资料的备案	企业师傅指导
		掌握工程资料的移交程序	企业师傅指导
9	整理工程声像文件(F类)	掌握工程声像文件所含内容	企业师傅指导
		掌握工程声像文件采集的基本要求	企业师傅指导

三、专题研修计划

(一)具体的专题研修计划

1. 市政施工图的读图绘图专题研修计划。
2. 筑业软件的操作专题研修计划。
3. 现场施工材料、工艺及流程研修计划。
4. 施工全过程资料的收集、编制要点研修计划。
5. 施工资料的迎检送验要点的研修计划。
6. 施工项目资料实操的技能训练研修计划。
7. 资料员岗位安全生产专题研修计划。
8. 企业经营管理专题研修计划。

(二)示例:园林工程概、预算专题研修计划

1. 研修目标

通过学习,具有资料员初级工的理论知识与操作技能。

具体要求:理论知识上掌握项目资料的分类编号以及整理的依据,掌握在资料的编制过程中的规范、技术要求,对施工不同阶段的资料的审批流程能够清晰。操作技能上,能够在企业师傅的指导下,掌握筑业软件的使用,在实际项目施工过程中,能够配合企业师傅完成整个项目开工前资料准备、材料合格证资料、试验资料、质量验收资料、施工过程资料、必要增补材料、竣工资料、组卷归档资料等,清楚每个施工环节中资料的内容流程、标准规范等,达到资料规范编制、整理、归档的基本要求。

2. 研修内容

施工图基础知识:提高对施工图纸的专业看图识图能力,逐步提升基础识图能力,对施工过程中的新材料、新工艺有新的了解和认识。

筑业软件操作使用:在企业师傅指导下,完成筑业软件的基本操作应用,为后期项目资料编制提供相应的实操基础。

(1)工程资料的收集、整理、立卷、归档、保管工作;

(2)施工过程中各种质量保证资料的收集、检查、汇总等;

(3)施工中各种会议的记录、整理、会签、复印、分发等;

(4)施工中各种试块、试件的取样、送检、结果回索、上报、分类保管等;

(5)各种工程信息的收集、传递、反馈,必要时及时向领导汇报等。

3. 具体措施及安排

(1)由企业师傅具体指导,深入施工现场,现场学习提升施工知识,加强理论知识的应用,学习并能准确查阅标准、规范。

(2)配合企业师傅完成资料的编制、整理,在资料形成过程中有针对性地提高实操水平,对资料中存在问题的情况,能在企业师傅的指导下及时更正。

(3)配合企业师傅完成定期的过程性考核,向企业师傅定期汇报个人的技能掌握情况,完成技能报告的撰写,由企业师傅完成批阅和指导。

(4)能够做到与各方及时有效地沟通交流,在提高专业技能的同时,提升人际交往能力,培养实事求是、吃苦耐劳的个人品德素质。

课程与学习时间分配如表 2-4 所示。

表 2-4　课程与学习时间分配

课程设置	学习时间 /d	课程设置	学习时间 /d
园林工程施工基础知识	5	竣工验收和备案文件(E 类)的整理	3
筑业软件应用与操作	6	工程声像文件(F 类)的整理	2
市政施工资料(C 类)的整理	6	总学习时间	26
竣工图(D 类)的整理	4		

第三部分

学徒工作学习任务

The third part

The third part
The third part
The third part

项目一

识读施工图、划分项目工程

任务一　识读园林工程施工图

【任务目标与质量要求】

根据建设任务、施工管理和质量评定的需要，使项目工程管理规范化、系统化，应在施工准备阶段按质量检验评定标准将建设项目划分为单位工程、分部工程、分项工程。因此，要熟悉国家工程建设相关法律法规，掌握施工图识读的基本知识，了解工程施工工艺和方法。

【学习产出目标】

1. 熟悉国家工程建设相关法律法规。
2. 了解工程材料的基本知识。
3. 熟悉施工图绘制、识读的基本知识。
4. 了解工程施工工艺和方法。
5. 熟悉工程项目管理的基本知识。
6. 熟悉资料规程，重视资料的同步性，对分项、分部、单位工程能准确理解。
7. 能够对识图知识进行综合应用，培养理论与实践相结合的能力。

【知识储备】

1. 识读工程施工图

读图的方法：一般是先粗后细，从大到小，建筑、结构相互对照。同时，读图者还必须掌握扎实的基本功，即掌握正投影图的原理，熟悉构造知识和施工方法，了解结构的基本概念。（注：部分工程图纸难以在书中清晰展示，读者可扫描二维码查看高清图片）

高清工程图纸

读图的步骤如下。

(1)清理图纸：当我们拿到一套图后，首先的工作是认真清理图样。其方法是根据图样目录清查总共有多少张，各类图样分别为多少张。对有残缺或模糊不清的图纸，应及时查明原因并补齐。

(2)粗看一遍:认真清理图样后,可先粗略地看一遍。一般按图样目录的先后次序进行阅读。

(3)对照阅读:当对本工程有了基本了解之后,就可以进行深入细致的阅读。一般是先看建筑施工图,然后看结构施工图,再看水、电、暖通等施工图样。

2. 施工图纸的组成

总图:表明建筑场地范围内建筑物的布局,道路、绿化及各种管线的布置等。

建筑专业图:建筑平面图、立面图、剖面图、各种详图及材料做法表。

结构专业图:基础、各层顶板的平面、剖面,各种构件详图,构件数量表。

设备专业图:包括给水、排水、采暖、通风的各种图纸。

电气专业图:包括照明、动力和弱电的系统图、平面图等图纸。

3. 施工图纸的分类

施工图纸根据其内容和专业不同分为:总图、节点图、通用大样图、景观水电施工图。

4. 施工图纸的编排顺序

施工图纸应按专业顺序编排,一般应为封面、目录、设计说明、绿化说明、总图、节点详图、通用大样图、景观水电施工图等。

【实践操作】

下面以小游园园林景观工程为例解读整个识图过程。

1. 封面

有工程名称、内容、项目编号、项目负责人、项目设计师、设计院名称、设计时间,如图 3-1 所示。

2. 目录

在目录中可以查看图号、图纸名称、图幅,方便查找,如图 3-2 所示。

3. 景观工程设计总说明

景观工程设计总说明内容包含工程概况、设计依据、定位及竖向、单位及图例、工程技术要求,常见园建工程施工工艺。

4. 绿化施工种植说明

绿化施工种植说明内容包含施工的依据、施工组织与实施、具体实施主要过程及要求、绿化配置图。如图 3-3 所示。

5. 总图

总图包括园林景观设计平面图、园林景观设计铺装图、园林景观设计标高图、园林景观设计绿化图、园林景观设计索引图、消防登高面示意图、园林景观设计网格放线图、园林景观设计尺寸放线图、园林景观设计路沿石范围图、园林景观设计路平石范围图。

总图表明建筑场地范围内建筑物的布局,道路、绿化苗木品种及各种管线的布置等,本案例景观设计平面图中包括:草坪、EPDM 橡胶颗粒园路、休息矮墙坐凳两个、风雨亭,如图 3-4 所示。

种植设计图纸,展示了苗木配置设计以及具体的苗木品种类型和基本要求。如图 3-5 所示。

园林景观设计铺装图纸,展示了小游园中的不同道路的铺装材料。如图 3-6 所示。

详图是在原图纸上无法进行表述而进行详细制作的图纸,也叫节点大样,用来表示建筑物某些细部结构形状、大小以及所用材料等,下面以风雨亭详图为例,讲解具体详图的识读,从风雨亭铺装图中可以看到地面做法是:300 mm × 600 mm × 30 mm 荔枝面卡拉麦里金石材,柱采用 1.35 mm 厚镀锌钢板面饰深咖色金属漆,如图 3-7 所示。

LANDSCAPE DESIGN CONSTRUCTION PACKAGE
景观施工图设计图册

小游园园林景观工程

内 容：园林景观施工图设计
Contents

项目编号：2022-166
Project No.

项目负责人：________
Project Manager

项目设计师：________
Project Designer

图 章:
Stamp

市政园林设计院

2022年 07月

图 3-1 小游园园林景观施工图纸封面

目录

序号	图号	图名	图幅	页码	备注
1	LN-1	封面	A2	01	
2	LN-2	目录	A2	02	
3	LN-3	施工说明	A2	03	
4	LP-1	景观设计平面图	A2	04	
5	LP-2	尺寸定位图	A2	05	
6	LP-3	竖向标高图	A2	06	
7	LP-4	景观设计索引图	A2	07	
8	LP-5	种植设计图	A2	08	
9	LP-6	网格放线图	A2	09	
10	LP-7	园林景观设计铺装图	A2	10	
11	LP-8	景观给水平面图	A2	11	
12	LP-9	景观电路布置图	A2	12	
13	LD-1	风雨亭铺装、顶面、柱大样图	A2	13	
14	LD-2	风雨亭立面图一、二、三、四	A2	14	
15	LD-3	风雨亭基础布置图、主龙骨分布图	A2	15	
16	LD-4	风雨亭剖面图	A2	16	
17	LD-5	烧结砖铺装做法详图	A2	17	
18	LD-6	石材、EPDM橡胶颗粒地面做法大样图	A2	18	

市政园林设计院				工程名称	小游园园林景观工程	工程号	
项目负责		专业负责		建设单位	房地产开发有限责任公司	图别	
专业审定		设计		图名	目录	图号	LN-2
校对		制图				日期	

图 3-2 景观施工图纸目录

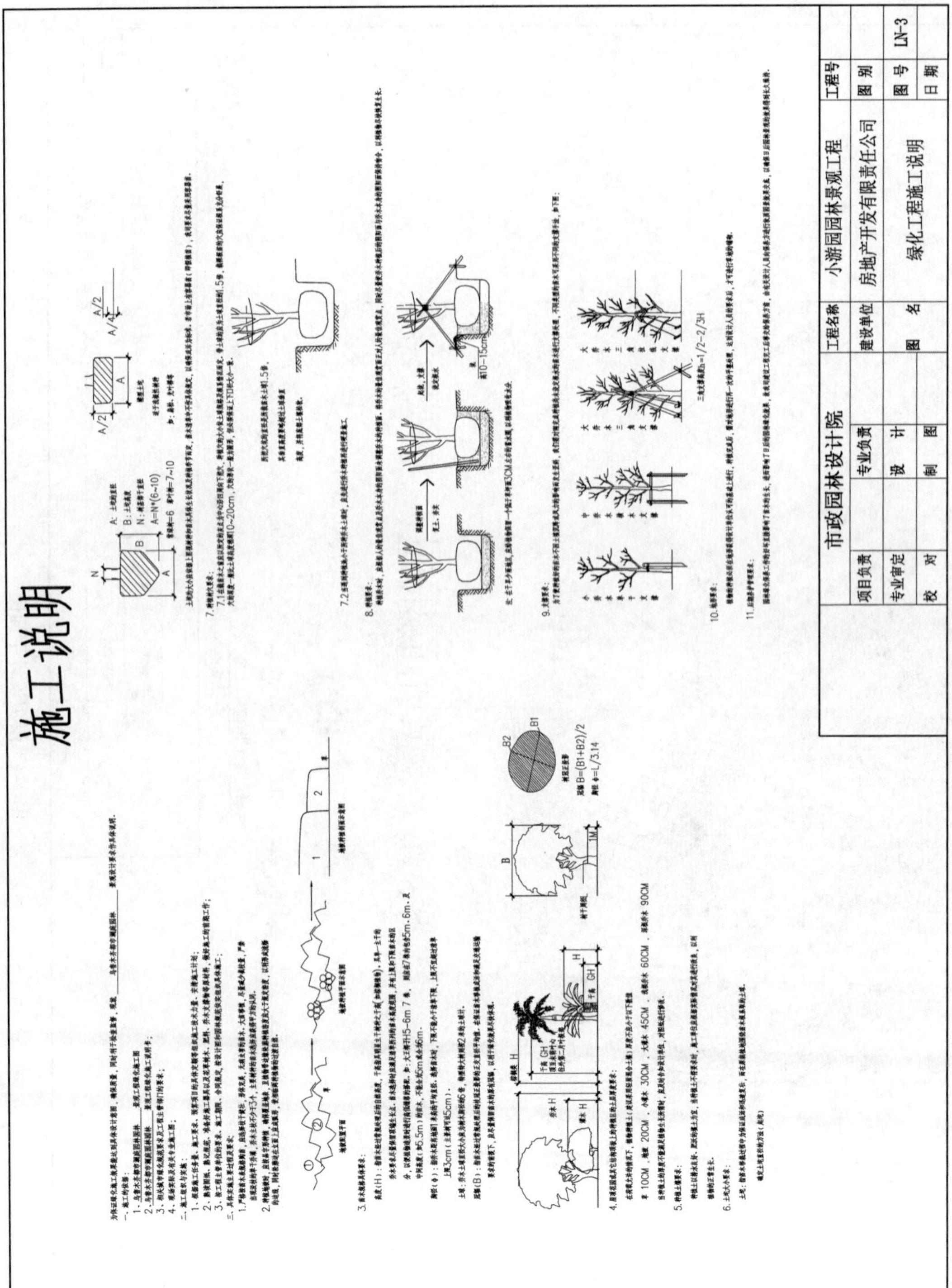

图 3-3 绿化工程施工说明

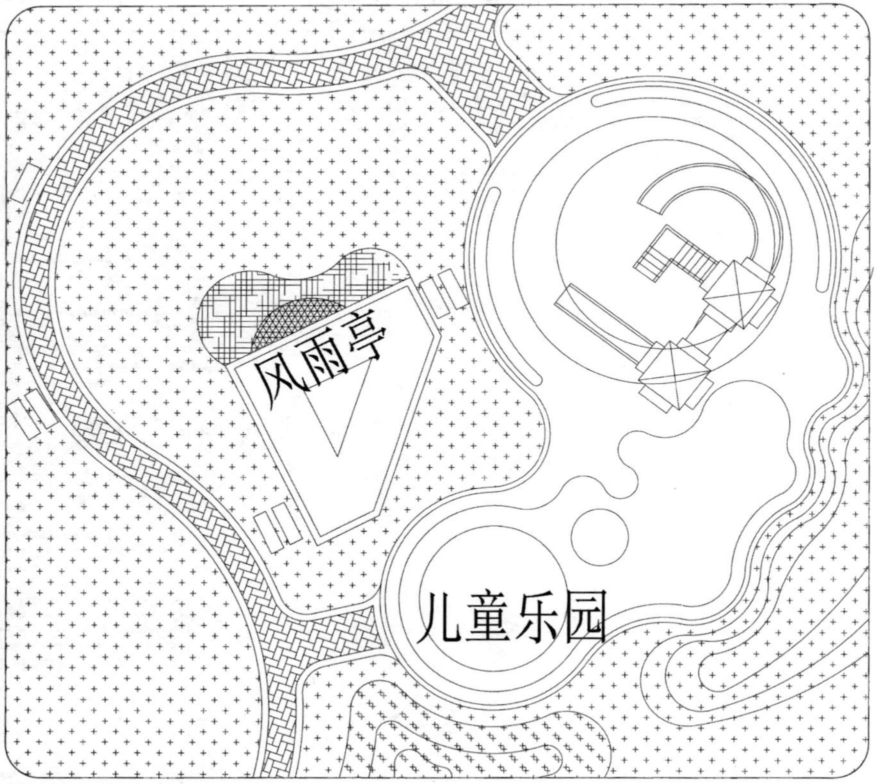

景观设计平面图 1 : 70

市政园林设计院				工程名称	小游园园林景观工程	工程号	
项目负责		专业负责		建设单位	房地产开发有限责任公司	图 别	
专业审定		设 计		图 名	景观设计平面图	图 号	LP-1
校 对		制 图				日 期	

图 3-4　景观设计平面图

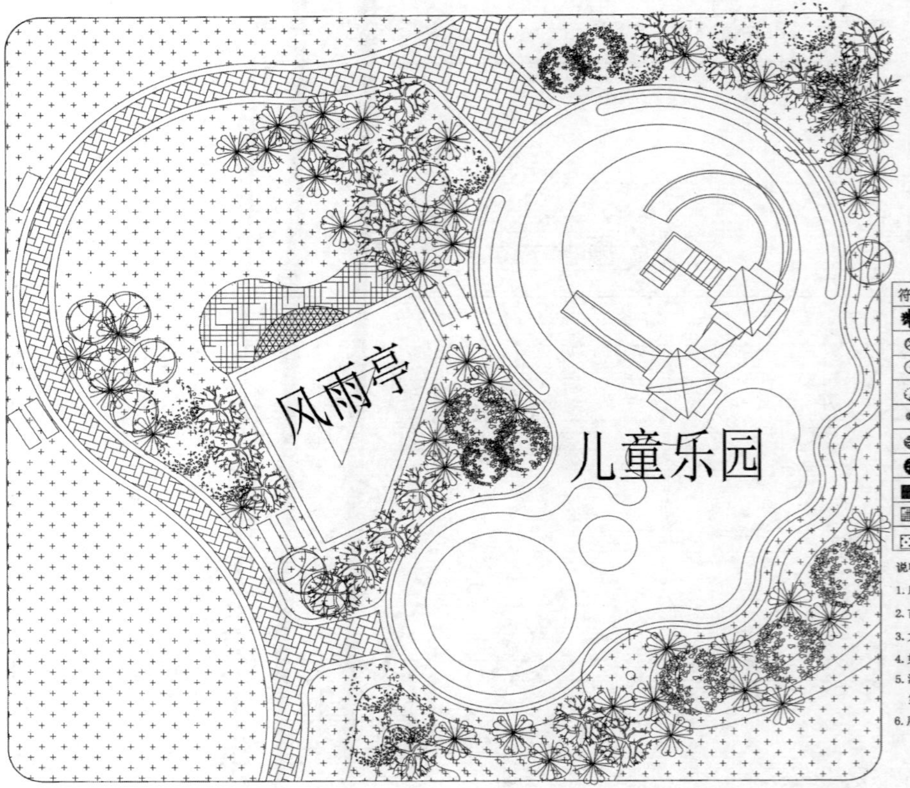

种植设计图 1∶70

苗木表

符号	名称	单位	数量	规格	备注
	红叶李	株	1	胸径8~10 cm	假植两年以上，树型饱满，一级分枝不少于3枝，全冠移植
	接骨木	株	1	冠幅1~1.2 m	从生苗多枝，假植移栽，冠型饱满卵球形
	卫矛	株	9	胸径≥7 cm	假植两年以上，树枝开展，树型饱满，无断头，全冠移植
	四季玫瑰	株	11	冠幅1~1.2 m	从生苗多枝，假植移栽，冠型饱满
	珍珠梅	株	43	冠幅1~1.2 m	从生苗多枝，假植移栽，冠型饱满卵球形
	紫丁香	株	18	冠幅1~1.2 m	从生苗多枝，假植移栽，冠型饱满卵球形
	水蜡球	株	9	冠幅1.2~1.5 m	从生苗多枝，修剪高度80~90 cm
	水蜡	m^2	1.8	16株/m^2	从生苗多枝，修剪高度60~70 cm
	红叶李	m^2	3.6	16株/m^2	从生苗多枝，修剪高度60~70 cm
	混播草坪	m^2	306.6		现场播种，高羊茅80%+早熟禾10%+黑麦草10%，35~40 g/m^2。

说明

1. 所有乔木均应选择一年以上的全冠假植苗，严禁选用截干无冠幅苗木；地被应顺延地形成弧度种植。
2. 苗木具体规格以图中标注为准，胸径4 cm以上乔木加护树架以防倒伏。
3. 大规格苗木及特殊造型苗木应先经甲方、监理和设计单位认可后才能进场种植。
4. 如本苗木表数量统计与图纸实际数量有出入，以图纸数量为准。
5. 混播草坪与道牙接合处应略低于铺装收边面，不宜高出砖面或低于砖底面，混播草种植土需铺河沙（3~5 cm）第一次浇足浇透水后需用滚筒碾压压实．保证混播草块与种植土壤充分贴实。
6. 所有视线所及范围地被的种植密度应以不露泥土为准。

市政园林设计院			工程名称	小游园园林景观工程	工程号	
项目负责		专业负责		建设单位	房地产开发有限责任公司	图别	
专业审定		设计		图名	种植设计图	图号	LP-5
校对		制图				日期	

图 3-5　种植设计图

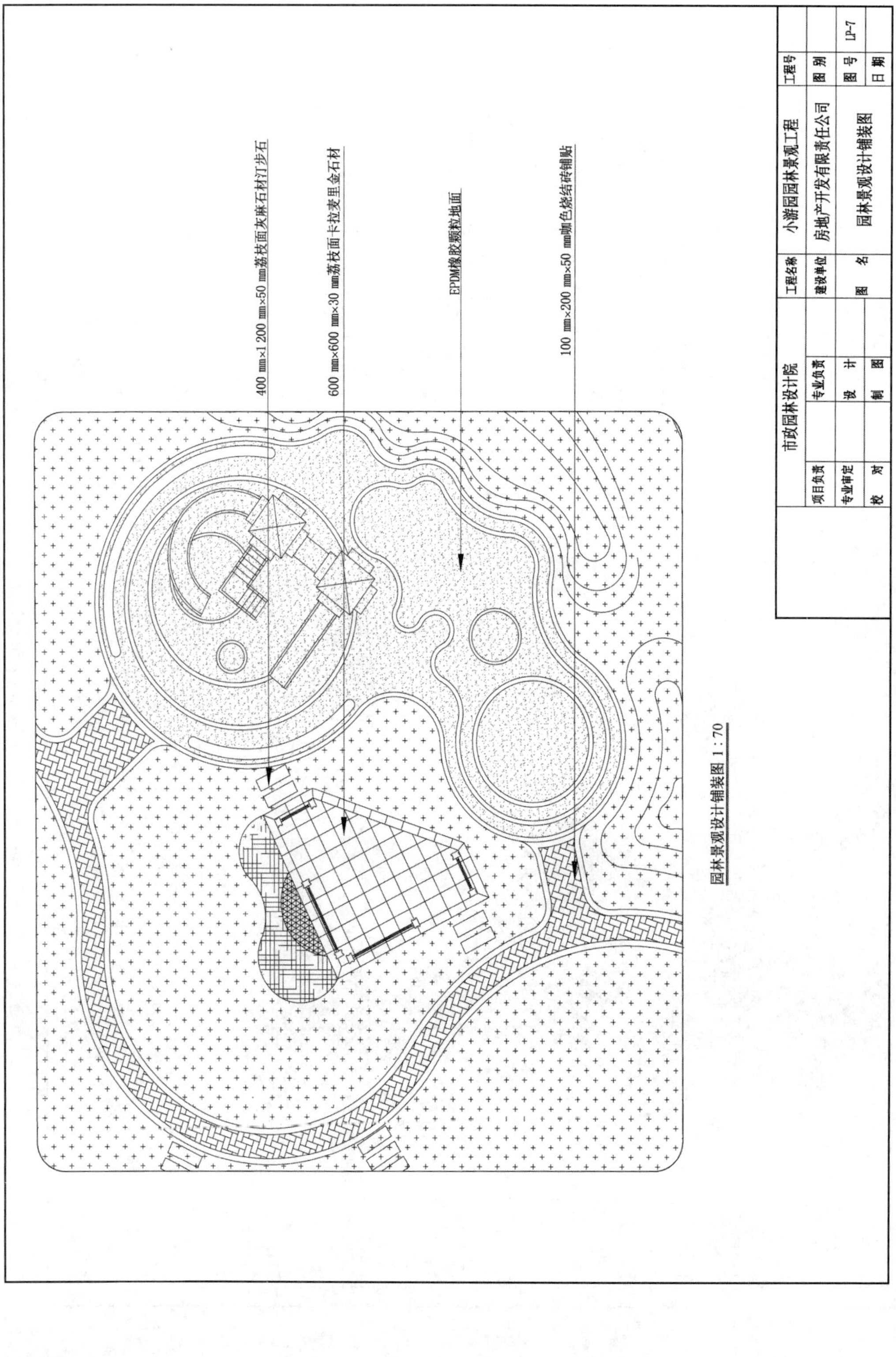

图 3-6 园林景观设计铺装图

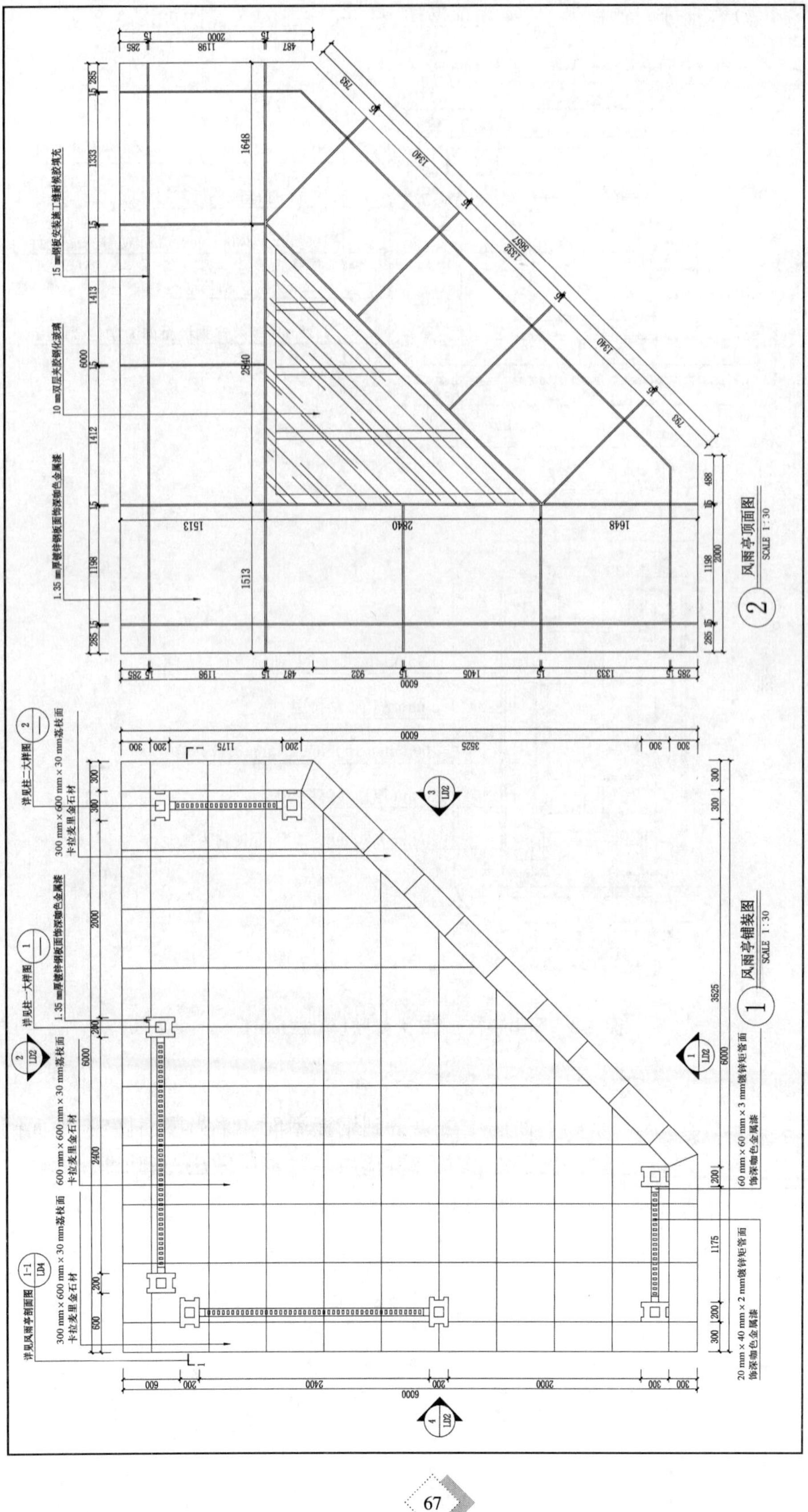

图 3-7 风雨亭铺装图、顶面图(单位:mm)

从图 3-7 可以看到屋面钢板做法、采光顶做法，柱一、柱二的大样图如图 3-8 所示。

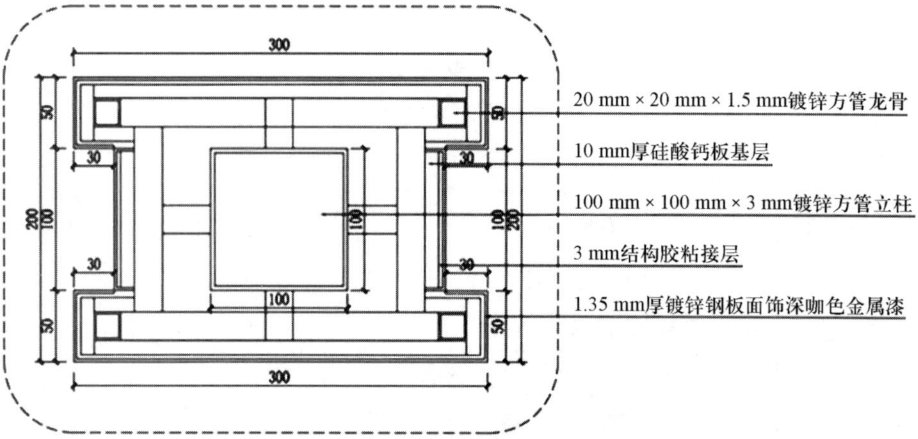

3 风雨亭柱一大样图
SCALE 1∶20

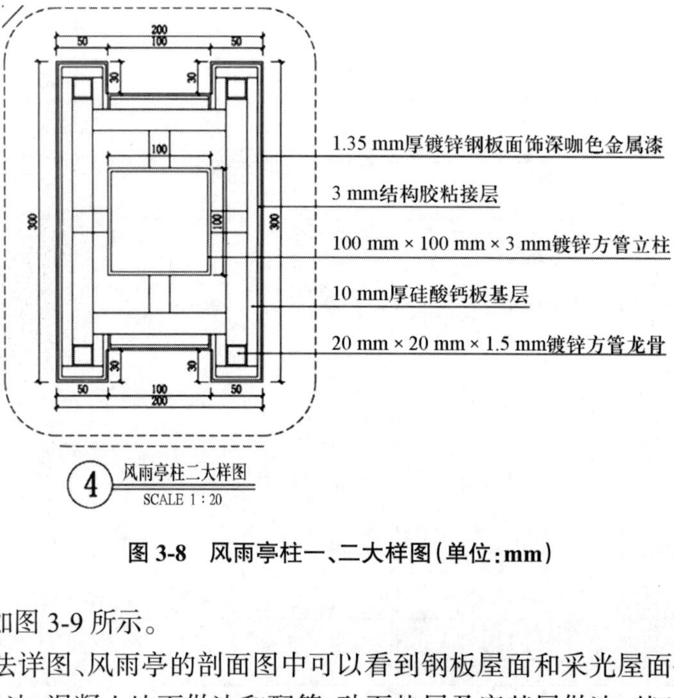

4 风雨亭柱二大样图
SCALE 1∶20

图 3-8　风雨亭柱一、二大样图（单位：mm）

风雨亭剖面如图 3-9 所示。

从风雨亭做法详图、风雨亭的剖面图中可以看到钢板屋面和采光屋面做法、地面铺装做法、立柱预埋件做法、混凝土地面做法和配筋、砂石垫层及底基层做法、基础埋深、截面尺寸、配筋。风雨亭基础布置详图，如图 3-10 所示。

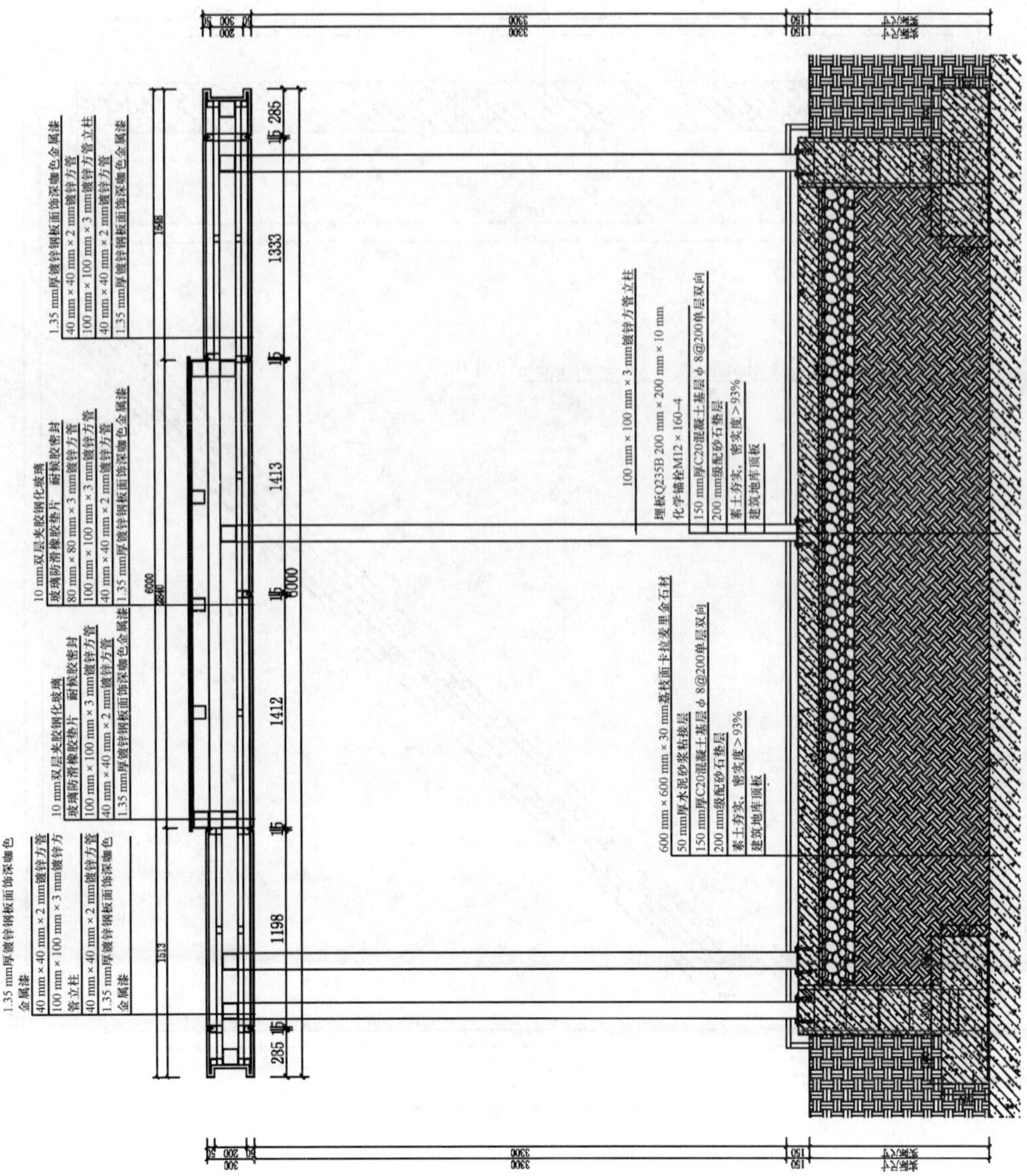

图 3-9　风雨亭剖面图(单位:mm)

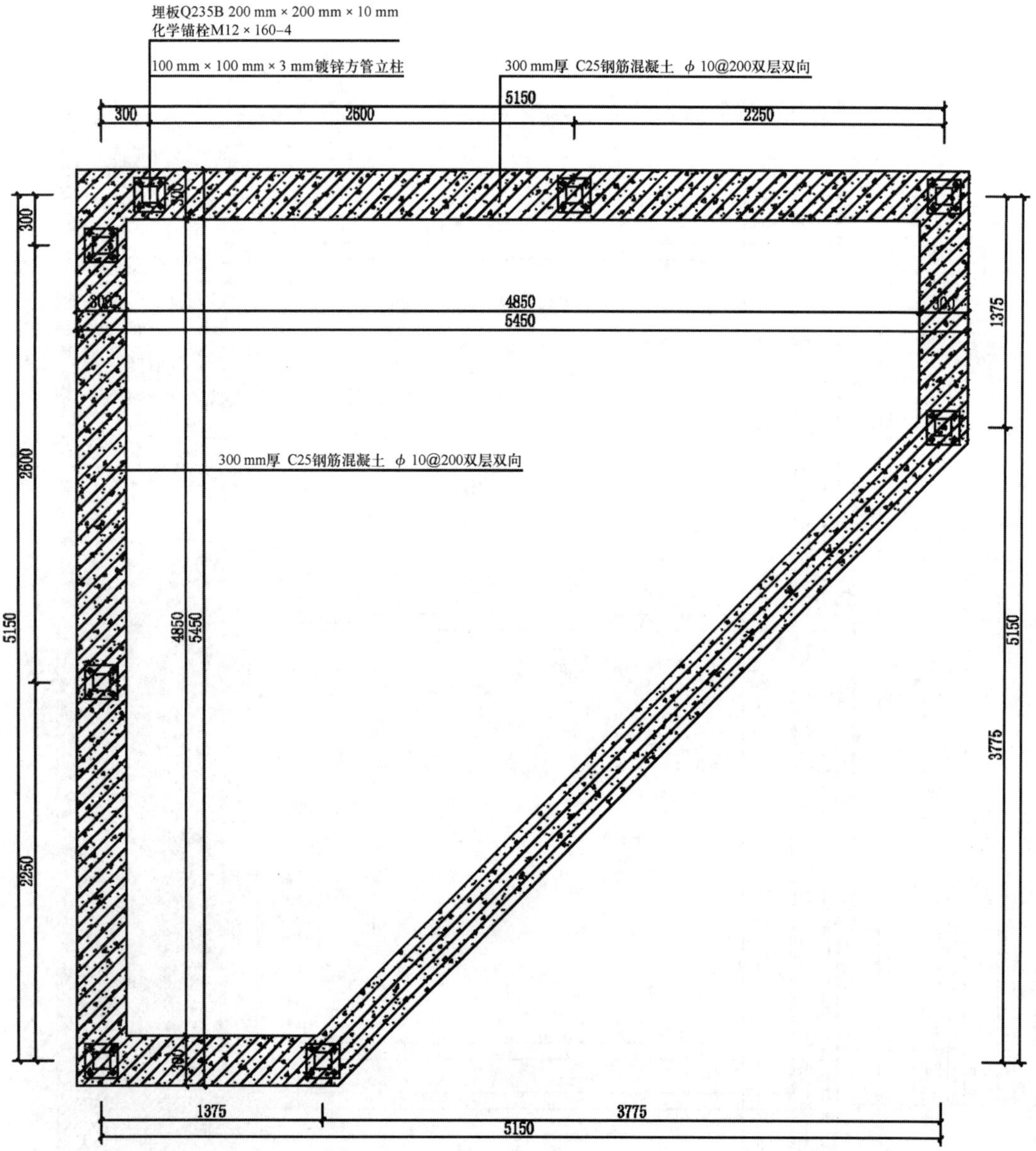

图 3-10 风雨亭基础布置详图(单位:mm)

从图 3-10 中可以看出基础墙截面尺寸、配筋及混凝土强度、埋件位置、预埋件做法;风雨亭屋面龙骨做法详图如图 3-11 所示。

风雨亭(东、南、西、北)外立面做法详图施工图,如图 3-12 至图 3-15 所示。

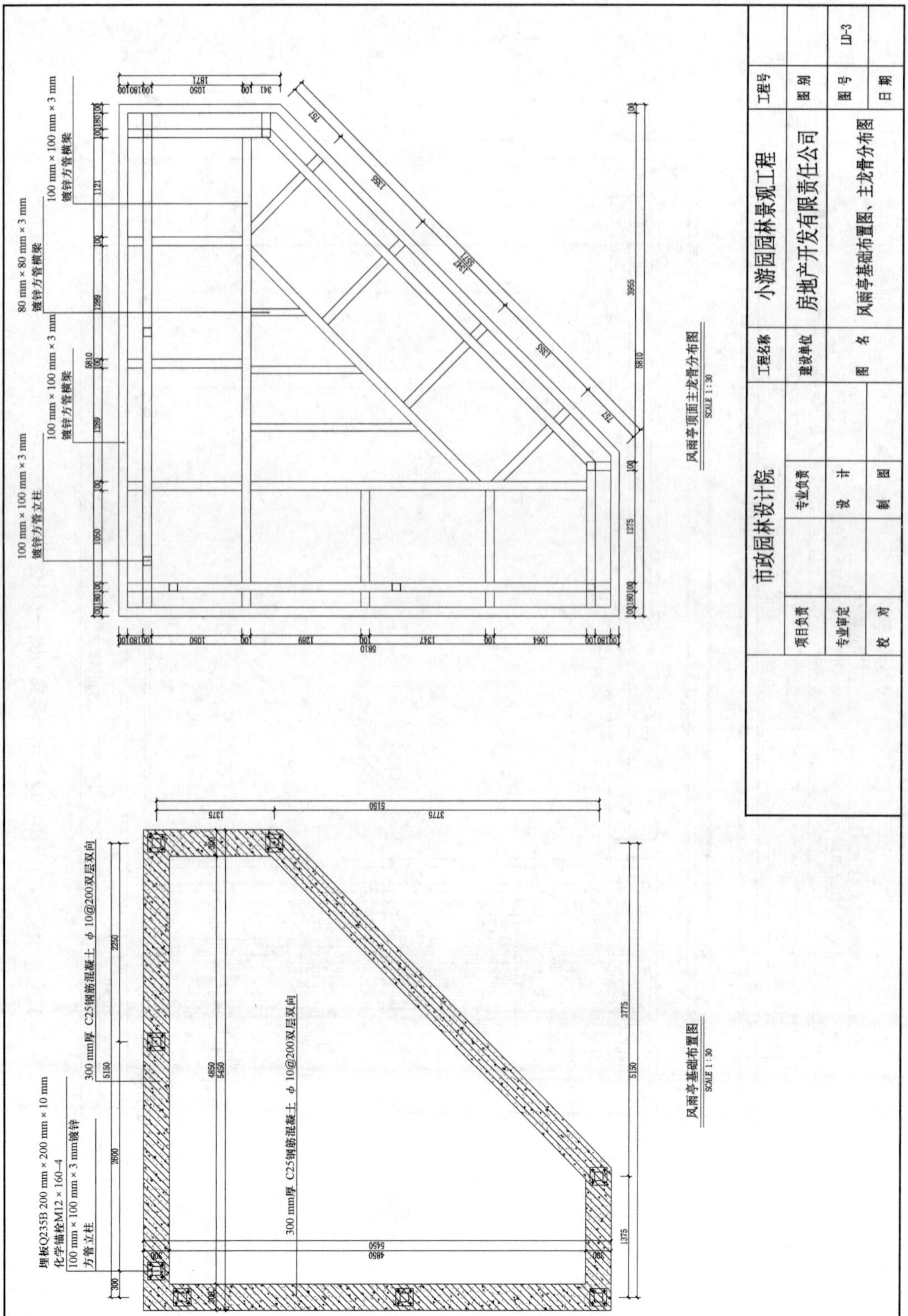

图 3-11 风雨亭顶面主龙骨分布图(单位:mm)

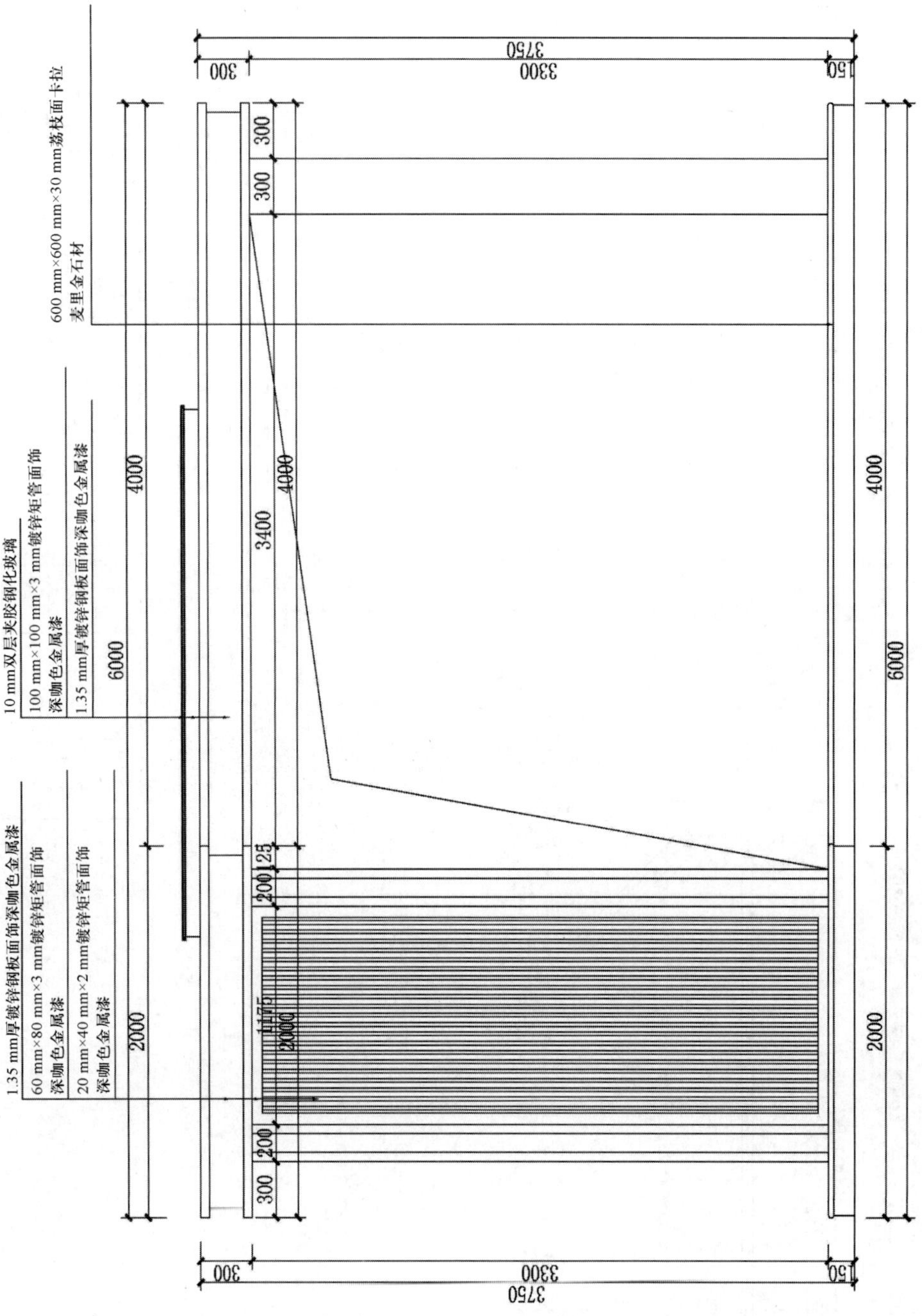

图 3-12　风雨亭立面图一（单位：mm）

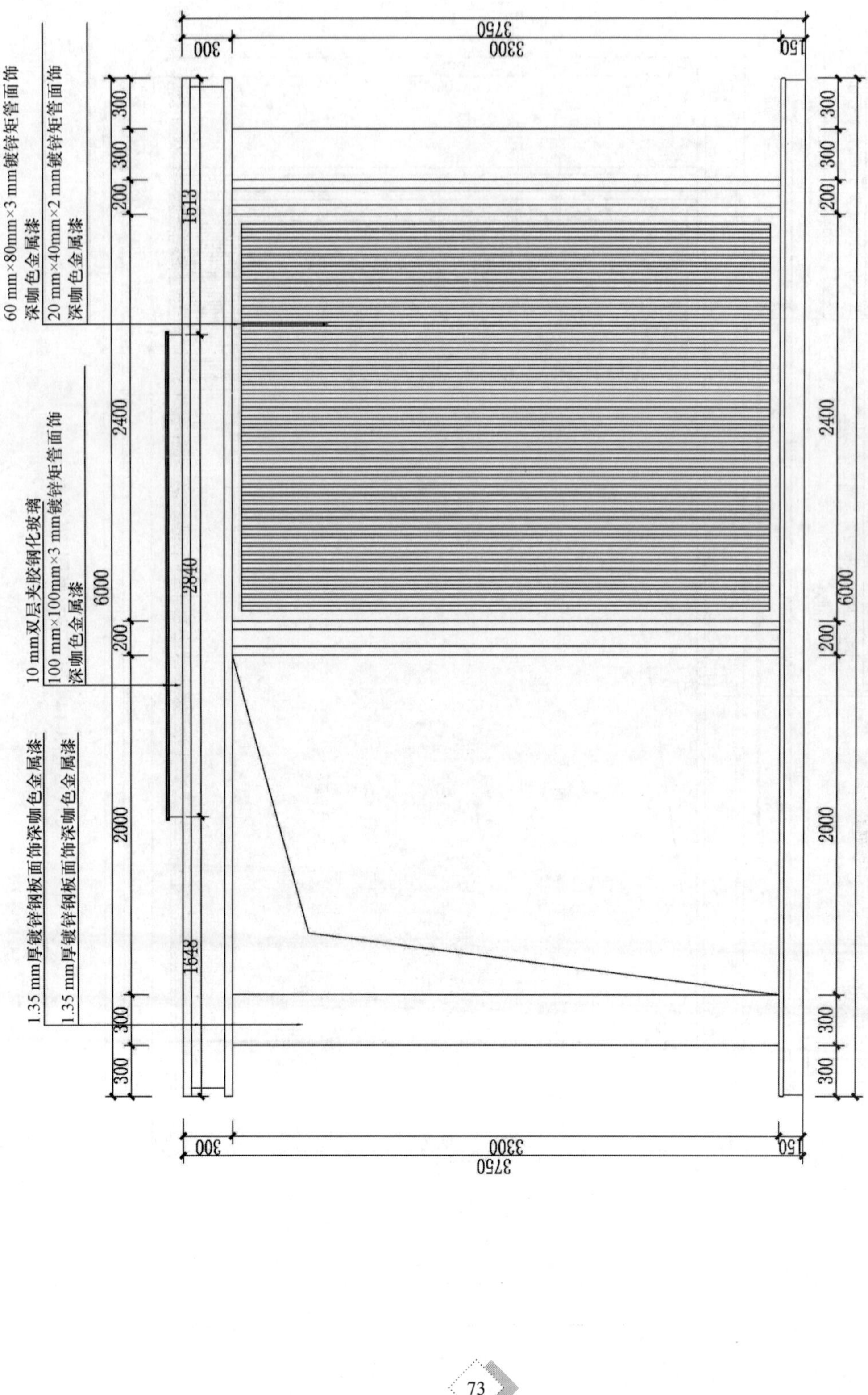

图 3-13 风雨亭立面图二（单位：mm）

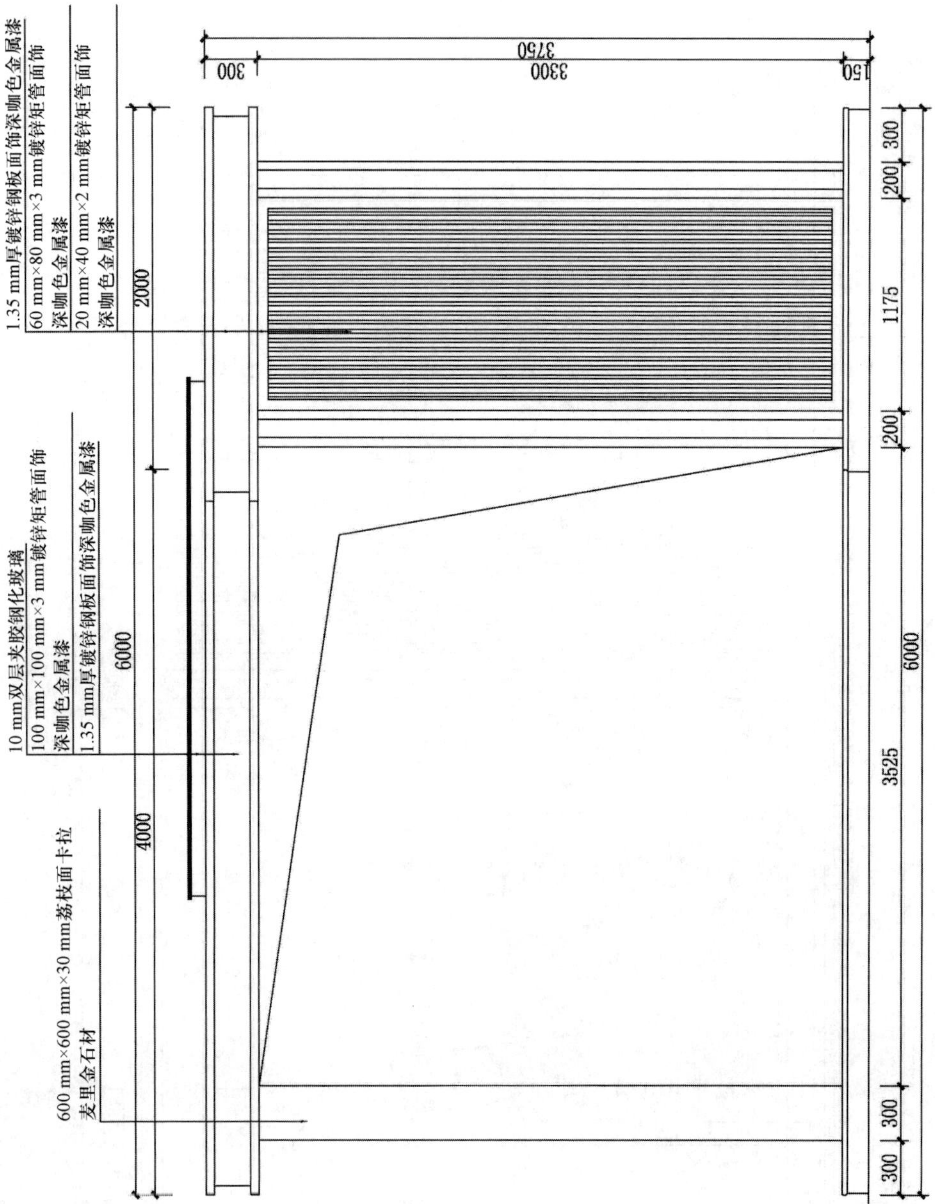

图 3-14 风雨亭立面图三（单位：mm）

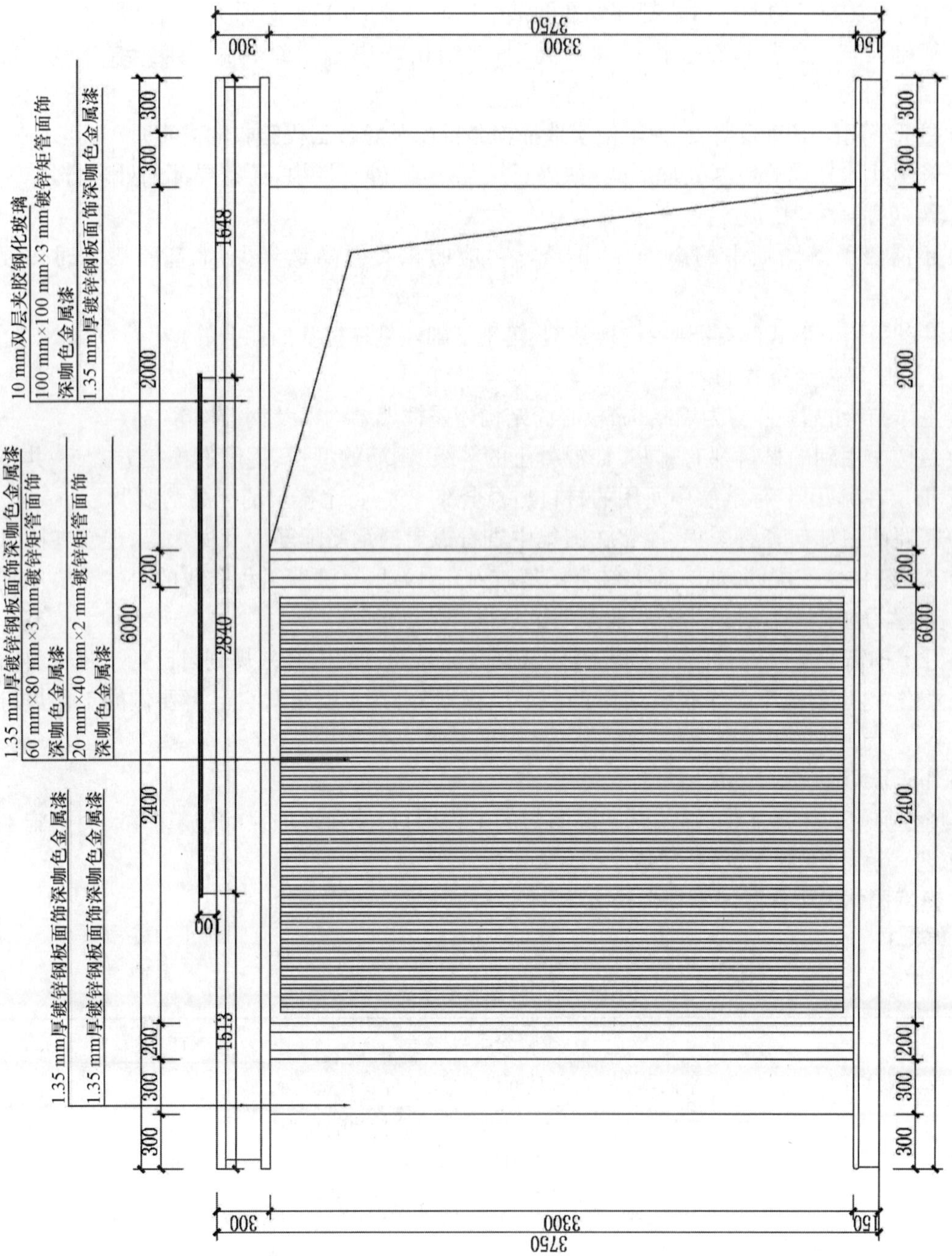

图 3-15 风雨亭立面图四(单位:mm)

这样“风雨亭”这个建筑物在图纸中的所有做法就一目了然了，整个图纸识读后根据施工图内容及施工工艺，就可以进行项目结构划分。

【经验之谈】

1. 资料员在施工的各个阶段都需要在图纸中提取需要的内容，确保资料不漏项。

2. 基础阶段：需要了解基础处理的类型(在结构图中查看结构总说明，结合各分部详图)。

(1)图纸采用的桩基的类型(为了便于选择检验批以及隐蔽工程验收的内容)。

(2)采用其他方式的地基处理形式(如砂石级配换填、碎石换填，还有局部的处理方式等，如有坑、墓穴等)。

(3)还需要了解图纸中的高程点，正负零对应的相对标高是多少(地基验槽的时候要用到)。

(4)基础采用的形式都有哪些(筏板基础、箱型基础还是在桩基的承台等)

3. 主体阶段需要查看的内容：

(1)主体结构的类型，剪力墙结构、核心筒结构还是框架结构以及钢结构等。

(2)结构中用到的材料都有哪些，如混凝土的等级、钢筋的型号、钢筋的连接方式，一共多少层，标准层在哪几层，标准层中所用的材料是否全部一致，每个楼层的标高是多少。

(3)需要明白如何查看图集，能够在图集中查看需要的钢筋配筋以及做法等，能够在图纸中查看梁、板、柱墙的配筋方式(需要结合图集查看)，因为填写隐蔽工程验收的时候需要用到这些内容，学习如何查看对以后的职业规划也是很有帮助的。

4. 开工前需要了解到自己在工程中涉及哪些内容，通过此内容来规划自己的工程资料需要哪些表格，这也就是下一个任务讲解的项目结构划分，其实就是对自己将要做的工作进行规划。

【工作任务实施记录与评价】

在企业师傅的指导下，能够结合实际参与的工程项目，读懂该项目的施工图纸，明确施工技术、工艺、流程以及施工资料，完成学徒任务。

1. 识读园林工程施工图学徒考核方案

见表3-1。

表3-1　识读园林工程施工图学徒考核方案

考核内容	考核要求与标准	自我评分	师傅评分
1. 掌握阅读施工图的一般方法	平面图、立面图、剖面图、详图结合查看(30分)		
2. 可以对照图纸中的建筑进行细化	对图中任何一个构件或配件均可指出其部位和构造做法，对图中局部的构件与整体的连接方法相互关系已了解得一清二楚(30分)		
3. 图纸中涉及的工艺、工序、材料能结合施工资料制订检验计划	对图纸中的工艺、工序、材料进行识读，并以此制订检验计划(30分)		
4. 具备职业精神	工作中认真负责，遵守企业规章制度，良好有效沟通，尊重企业师傅(10分)		

2. 学徒关键职业能力及职业品质、工匠精神评价

见表 3-2。

表 3-2　学徒关键职业能力及职业品质、工匠精神评价

项目	A	B	C	D
工作态度				
吃苦耐劳				
团队协作				
沟通交流				
学习钻研				
认真负责				
诚实守信				

【学徒工作任务】

根据图 3-16 和图 3-17，在铺装平面图中找出所示的铺装材料，将铺装做法详图与平面图结合，掌握平面图中所示材料的具体做法并填写任务单（表 3-3）。

表 3-3　识读园林工程施工图学徒工作任务单

工作任务	工作具体安排	识图要点
掌握施工详图的识别要点，结合做法详图了解施工材料及施工工艺	400 mm × 1 200 mm × 50 mm 荔枝面灰麻石材汀步石做法详图	
	EPDM 橡胶颗粒地面做法详图	
	100 mm × 200 mm × 50 mm 咖色烧结砖铺贴做法详图	

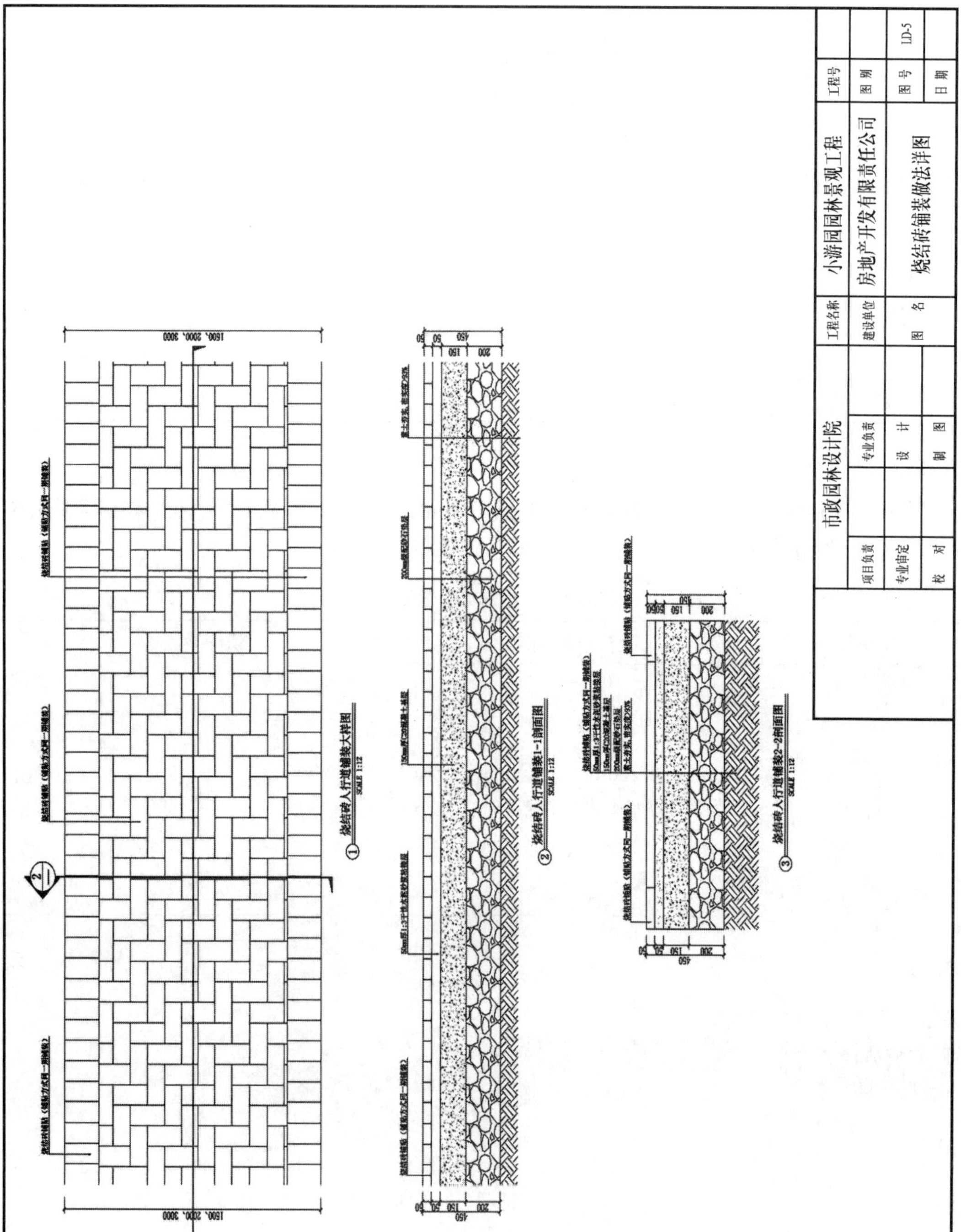

图 3-16 烧结砖铺装做法详图(单位:mm)

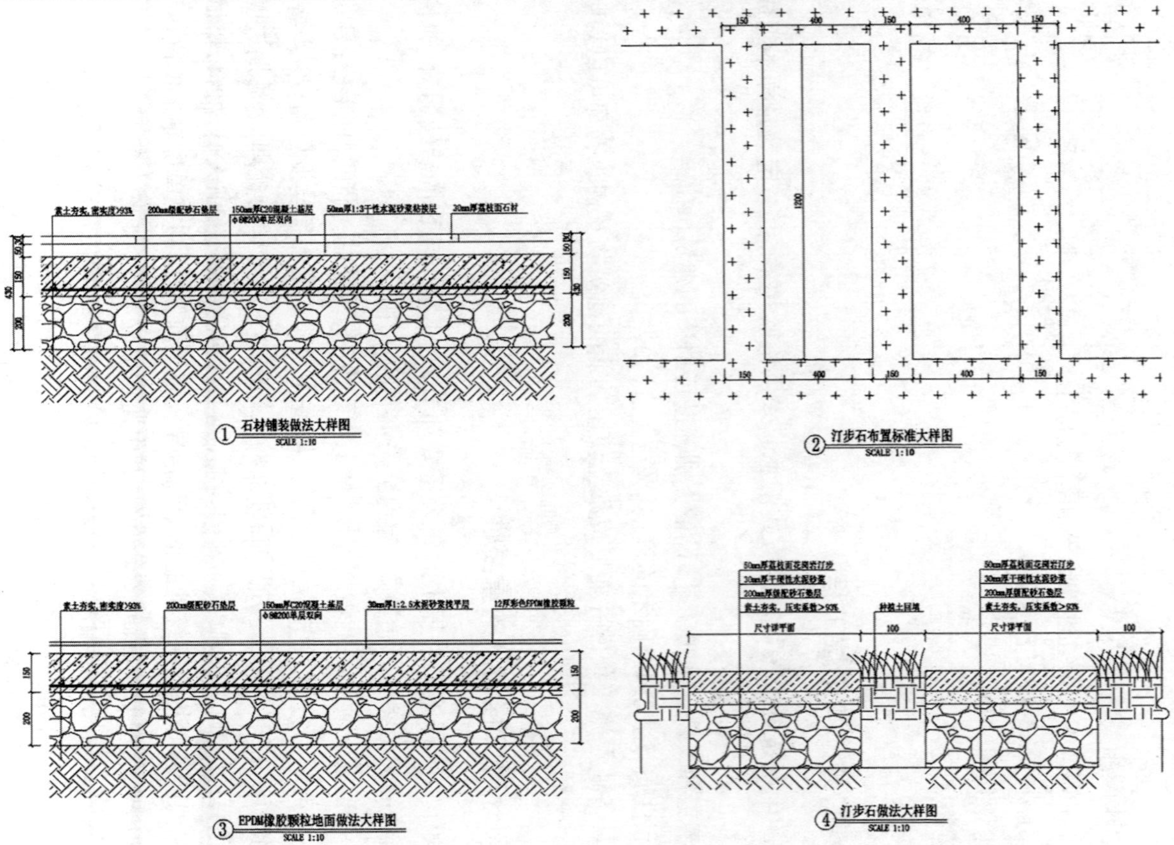

	市政园林设计院				工程名称	小游园园林景观工程	工程号	
	项目负责		专业负责		建设单位	房地产开发有限责任公司	图别	
	专业审定		设计		图名	石材、EPDM橡胶颗粒地面做法大样图	图号	LD-6
	校对		制图				日期	

图 3-17　石材、EPDM 橡胶颗粒地面做法大样图

任务二　划分单位、分部、分项工程

【任务目标与质量要求】

了解项目划分的重要性，掌握规范中的有关规定，结合本工程的实际情况，对分项工程进行细化后形成工程施工质量最小单位检验批。

【学习产出目标】

1. 熟悉国家工程建设相关法律法规。
2. 了解项目划分在施工中的系统性的框架和指导作用。
3. 了解检验批、分项、分部和单位工程。
4. 掌握项目结构划分的知识。
5. 培养学徒的逻辑思维及实事求是的工作态度。

【知识储备】

一、检验批、分项、分部和单位工程

检验批：按同一的生产条件或按规定的方式汇总起来供检验用的，由一定数量样本组成的检验体。

分项工程：按主要工种、材料、施工工艺、设备类别等进行划分的建筑单位。

分部工程：按专业性质、建筑部位确定的建筑单位。

单位工程：只要具备独立施工条件并能形成独立使用功能的建筑物及构筑物都可以划归为一个单位工程。

二、单位、分部、分项工程划分的重要性

工程的施工资料作为工程施工过程中的一个重要环节，对于整个项目的后续运营、养护及作为后续邻近建筑物的施工参照原始数据，起到至关重要的作用。

项目划分作为开工前期一项重要的策划工作，是工程建设中重要的控制和管理手段，是对整个工程一次系统性的梳理与分解工作，是从繁到简，从整体到局部的工程建设思路。从学术角度说，就是采用“组织论”中的组织工具把项目涉及的工作内容进行分解与梳理，为后期进度计划的编制，施工图预算的编制，项目验收计划的编制，施工资料的编制，施工人员、材料、机械的准备，施工技术工作的准备等提供系统性的框架和指导。施工前，应由施工单位制定单位(子单位)、分部(子分部)、分项工程和检验批的划分方案，并由监理单位审核。

项目划分是施工资料、验收计划编制的重要文件。检验批是工程质量验收的基本单元，是工程资料编制的基本对象，做资料最重要的就是弄清检验批的划分和检验批检查的内容，而一个分项工程往往包含多个检验批。因此想要弄清检验批的划分一定是从分项工程入手，所以项目划分是检验批验收和资料编制的基础。

三、建设工程项目的分类

建设工程是为人类生活、生产提供物质基础的各类建筑物与工程设施的统称。其按照自然属性可分为建筑工程、土木工程与机电工程三类，涵盖房屋建筑工程、铁路工程、公路工程、

水利工程、市政工程、煤炭矿山工程、水运工程、海洋工程、民航工程、商业与物质工程、农业工程、林业工程、粮食工程、石油天然气工程、海洋石油工程、火电工程、水电工程、核工业工程、建材工程、冶金工程、有色金属工程、石化工程、化工工程、医药工程、机械工程、航天与航空工程、兵器与船舶工程、轻工工程、纺织工程、电子与通信工程与广播电影电视工程等。

其中园林绿化工程和建筑工程的分项、分部、单位工程的划分如下。

（一）园林绿化工程的分项、分部、单位工程划分

园林绿化工程的质量验收，应按检验批、分项工程、分部（子分部）工程、单位（子单位）工程的顺序进行。园林绿化工程的分项、分部、单位工程可参考《园林绿化工程施工及验收规范》CJJ 82—2012 附录 A 园林绿化单位（子单位）工程、分部（子分部）工程、分项工程划分（表 3-4）。

表 3-4　园林绿化单位（子单位）工程、分部（子分部）工程、分项工程划分

单位（子单位）工程	分部（子分部）工程		分项工程
绿化工程	栽植基础工程	栽植前土壤处理	栽植土、栽植前场地清理、栽植土回填及地形造型、栽植土施肥和表层整理
		重盐碱、重黏土地土壤改良工程	管沟、隔淋（渗水）层开槽、排盐（水）管敷设、隔淋（渗水）层
		设施顶面栽植基层（盘）工程	耐根穿刺防水层、排蓄水层、过滤层、栽植土、设施障碍性面层栽植基盘
		坡面绿化防护栽植基层工程	坡面绿化防护栽植层工程（坡面整理、混凝土结构、固土网垫、格栅、土工合成材料、喷射基质）
		水湿生植物栽植槽工程	水湿生植物栽植槽、栽植土
	栽植工程	常规栽植	植物材料、栽植穴（槽）、苗木运输和假植、苗木修剪、树木栽植、竹类栽植、草坪及草本地被播种、草坪及草本地被分栽、铺设草块及草卷、运动场草坪、花卉栽植
		大树移植	大树挖掘及包装、大树吊装运输、大树栽植
		水湿生植物栽植	湿生类植物、挺水类植物、浮水类植物栽植
		设施绿化栽植	设施顶面栽植工程、设施顶面垂直绿化
		坡面绿化栽植	喷播、铺植、分栽
		施工期养护	施工期的植物养护（支撑、浇灌水、裹干、中耕、除草、浇水、施肥、除虫、修剪抹芽等）
园林附属工程	园路与广场铺装工程		基层，面层（碎拼花岗岩、卵石、嵌草、混凝土板块、侧石、冰梅、花街铺地、大方砖、压膜、透水砖、小青砖、自然石块、水洗石、透水混凝土面层）
	假山、叠石、置石工程		地基基础、山石拉底、主体、收顶、置石
	园林理水工程		管道安装、潜水泵安装、水景喷头安装
	园林设施安装		座椅（凳）、标牌、果皮箱、栏杆、喷灌喷头等安装

（二）园林建筑工程分项、分部、单位工程划分

根据《建设工程资料管理规程》（XJJ 081—2017）、《建设工程文件归档技术规程》（XJJ 071—2016）中有关规定，可以划分为10个分部工程，分别为地基与基础分部、主体结构分部、建筑装饰装修分部、建筑屋面分部、建筑给水排水及供暖分部、通风与空调分部、建筑电气分部、智能建筑分部、建筑节能分部、电梯分部等，各分部又分若干子分部及分项工程，详见表C18G～C27G。（编注：本教材中工程资料表格均按照工程资料编码规则编号，而不采用常规顺序编号，以便于学生学习）

表 C18G　地基与基础分部工程的子分部、分项、检验批划分表

专业质量检查员（签字）	张晓	专业监理工程师（签字）		刘淇	共1页　第1页
子分部工程 C18B		分项工程 C18C		检验批 C18D	
1	地基	1	砂和砂石地基	1	砂和砂石地基检验批
		2	水泥粉煤灰碎石桩复合地基	1	水泥粉煤灰碎石桩复合地基检验批
2	基础	1	钢筋混凝土扩展基础	1	混凝土施工检验批
				2	现浇结构外观及尺寸偏差检验批
		2	筏形与箱形基础	1	模板安装检验批
				2	钢筋原材料检验批
				3	钢筋加工检验批
				4	钢筋连接检验批
				5	钢筋安装检验批
3	基坑支护	1	地下连续墙	1	地下连续墙检验批
4	地下水控制	1	降水与排水	1	降水与排水检验批
5	土方	1	土方开挖	1	土方开挖检验批
		2	土方回填	1	土方回填检验批
6	边坡	1	喷锚支护	1	喷锚支护检验批
7	地下防水	1	主体结构防水	1	防水混凝土检验批
				1	卷材防水层检验批
		2	细部构造防水	1	变形缝检验批
				2	桩头检验批

注：①本教材中涉及的人名及公司名称皆为化用，仅为便于学生学习理解，与真实存在的个人或公司无关。

②表中用楷体字的部分表示实际工作中此处需要相关人员填写或本人签名，后同。

表 C19G　主体结构分部工程的子分部、分项工程、检验批划分表

专业质量检查员(签字)	张晓	专业监理工程师(签字)		刘淇	共1页　第1页	
子分部工程 C19B		分项工程 C19C			检验批 C19D	
1	混凝土结构	1	模板		1	模板安装检验批
		2	钢筋		1	钢筋原材料检验批
					2	钢筋连接检验批
					3	钢筋连接检验批
					4	钢筋安装检验批
		3	混凝土		1	混凝土原材料检验批
					2	混凝土拌合物检验批
					3	混凝土施工检验批
		4	现浇结构		1	现浇结构外观及尺寸偏差检验批
2	砌体结构	1	混凝土小型空心砌块砌体		1	混凝土小型空心砌块砌体检验批
3	钢结构	1	钢结构原材料及成品进场		1	钢材检验批
					2	焊接材料检验批
					3	连接用紧固标准件检验批
					4	焊接球检验批
					5	螺栓球检验批
					6	封板、锥头和套筒检验批
					7	涂装材料检验批
		2	钢结构焊接		1	钢结构构件焊接检验批
					2	钢结构焊钉焊接检验批
		3	钢零部件加工		1	钢零件及部件加工检验批
		4	钢管结构安装		1	钢管结构制作检验批
					2	钢管结构安装检验批
		5	防腐涂料涂装		1	防腐涂料涂装检验批
		6	防火涂料涂装		1	防火涂料涂装检验批

表 C20G　建筑装饰装修分部工程的子分部、分项工程、检验批划分表

专业质量检查员(签字)	张晓	专业监理工程师(签字)		刘淇	共1页　第1页
子分部工程 C20B		分项工程 C20C		检验批 C20D	
1	抹灰	1	一般抹灰	1	一般抹灰检验批
2	门窗	1	金属门窗安装	1	铝合金门窗安装检验批
		2	塑料门窗安装	1	塑料门窗安装检验批
		3	特种门安装	1	特种门安装检验批
		4	门窗玻璃安装	1	门窗玻璃安装检验批
3	吊顶	1	整体面层吊顶	1	整体面层暗龙骨吊顶检验批
4	轻质隔墙	1	板材隔墙	1	板材隔墙检验批
		2	骨架隔墙	1	骨架隔墙检验批
		3	玻璃隔墙	1	玻璃隔墙检验批
5	饰面板	1	石板安装	1	石板安装检验批
6	饰面砖	1	内墙饰面砖粘贴	1	内墙饰面砖粘贴检验批
7	幕墙	1	玻璃幕墙安装	1	玻璃幕墙安装检验批
8	涂饰	1	水性涂料涂饰	1	水性涂料涂饰检验批
9	细部	1	护栏和扶手制作与安装	1	护栏和扶手制作与安装检验批
10	建筑地面	1	基层铺设	1	基土检验批
				2	水泥混凝土垫层和陶粒混凝土垫层检验批
				3	找平层检验批
				4	隔离层检验批
		2	整体面层铺设	1	水泥混凝土面层检验批
				2	水泥砂浆面层检验批
		3	板块面层铺设	1	大理石面层检验批
				2	花岗石面层检验批

表 C21G　屋面分部工程的子分部、分项工程、检验批划分表

专业质量检查员(签字)		张晓	专业监理工程师(签字)	刘淇	共1页　第1页
子分部工程 C21B		分项工程 C21C		检验批 C21D	
1	基层与保护	1	找坡层和找平层	1	找坡层(找平层)检验批
		2	隔汽层	1	隔汽层检验批
		3	保护层	1	保护层检验批
2	保温与隔热	1	板状材料保温层	1	板状材料保温层检验批
3	防水与密封	1	卷材防水层	1	卷材防水层检验批
3	细部构造	1	檐口	1	檐口检验批
		2	檐沟和天沟	1	檐沟和天沟检验批
		3	女儿墙和山墙	1	女儿墙和山墙检验批
		4	水落口	1	水落口检验批
		5	伸出屋面管道	1	伸出屋面管道检验批
		6	屋面出入口	1	屋面出入口检验批
		7	屋脊	1	屋脊检验批
…					

表 C22G　建筑给排水及供暖分部工程的子分部、分项工程、检验批划分表

专业质量检查员(签字)		张晓	专业监理工程师(签字)	刘淇	共1页　第1页
子分部工程 C22B		分项工程 C22C		检验批 C22D	
1	室内给水系统	1	给水管道及配件安装	1	给水管道及配件安装检验批
		2	给水设备安装	1	给水设备安装检验批
		3	室内消火栓系统安装	1	室内消火栓系统安装检验批
		4	消防喷淋系统安装	1	消防喷淋系统安装检验批
		5	室内给水系统管道冲洗、消毒	1	给水管道冲洗、消毒检验批
				2	消防给水管道冲洗检验批
		6	室内给水系统试验与调试	1	给水系统试验与调试检验批
				2	消防给水系统试验与调试检验批

续表 C22G

子分部工程 C22B		分项工程 C22C		检验批 C22D	
2	室内排水系统	1	排水管道及配件安装	1	排水管道及配件安装检验批
		2	雨水管道及配件安装	1	雨水管道及配件安装检验批
		3	室内排水系统试验与调试	1	排水系统试验与调试检验批
				2	雨水系统试验与调试检验批
3	卫生器具	1	卫生器具安装	1	卫生器具安装检验批
		2	卫生器具给水配件安装	1	卫生器具给水配件安装检验批
		3	卫生器具排水管道安装	1	卫生器具排水管道安装检验批
		4	试验与调试	1	试验与调试检验批
4	室内供暖系统	1	供暖管道及配件安装	1	供暖管道及配件安装检验批
		2	供暖辅助设备安装	1	供暖辅助设备安装检验批
		3	散热器安装	1	散热器安装检验批
		4	试验与调试	1	供暖系统试验与调试检验批
				2	电加热供暖系统试验与调试检验批
		5	防腐	1	供暖管道及配件防腐检验批
				2	电加热供暖管道及配件防腐检验批
		6	绝热	1	供暖管道及配件绝热检验批
				2	电加热供暖管道及配件绝热检验批
5	室外排水管网	1	室外排水管道安装	1	室外排水管道安装检验批
		1	室外排水管网试验与调试	1	室外排水管网试验与调试检验批

表 C23G　通风与空调分部工程的子分部、分项工程、检验批划分表

专业质量检查员（签字）	张晓	专业监理工程师（签字）		刘淇	共1页　第1页
子分部工程 C23B		分项工程 C23C		检验批 C23D	
1	送风系统	1	风管与配件制作	1	风管与配件产成品（金属风管）检验批
		2	部件制作	1	风管部件与消声器产成品检验批
		3	网管系统安装	1	风管系统安装（送风系统）检验批
		4	风机与空气处理设备安装	1	风机与空气处理设备安装（通风系统）检验批
		5	风管与设备防腐	1	防腐与绝热施工（风管系统与设备）检验批
		6	系统调试	1	工程系统调试（单机试运行及调试）检验批
2	排风系统	1	风管与配件制作	1	网管与配件产成品（金属风管）检验批
		2	部件制作	1	风管部件与消声器产成品检验批
		3	网管系统安装	1	网管系统安装（排风系统）检验批
		4	风机与空气处理设备安装	1	风机与空气处理设备安装（通风系统）检验批
		5	网管与设备防腐	1	防腐与绝热施工（风管系统与设备）检验批
		6	系统调试	1	工程系统调试（单机试运行及调试）检验批
3	防排烟系统	1	风管与配件制作	1	风管与配件产成品（金属风管）检验批
		2	部件制作	1	风管部件与消声器产成品检验批
		3	风管系统安装	1	风管系统安装（防、排烟系统）检验批
		4	风机与空气处理设备安装	1	风机与空气处理设备安装（通风系统）检验批
		5	风管与设备防腐	1	防腐与绝热施工（风管系统与设备）检验批
		6	系统调试	1	工程系统调试（单机试运行及调试）检验批
4	恒温恒湿空调风系统	1	风管与配件制作	1	风管与配件产成品（金属风管）检验批
		2	部件制作	1	风管部件与消声器产成品检验批
		3	风管系统安装	1	风管系统安装（恒温恒湿空调风系统）检验批
		4	风机与组合式空调机组安装	1	风机与空气处理设备安装（恒温恒湿空调系统）检验批
		5	风管与设备绝热	1	防腐与绝热施工（风管系统与设备）检验批
		6	系统调试	1	工程系统调试（单机试运行及调试）检验批
5	空调（冷、热）水系统	1	管道系统及部件安装	1	空调冷热（冷却）水系统安装（金属管道）检验批
		2	水泵及附属设备安装	1	空调水系统安装（水泵及附属设备）检验批
		3	管道冲洗与管内防腐	1	管道冲洗与管内防腐检验批
		4	管道、设备防腐与绝热	1	防腐与绝热施工（风管系统与设备）检验批
		5	系统压力试验及调试	1	工程系统调试（单机试运行及调试）检验批

表 C24G　建筑电气分部工程的子分部、分项工程、检验批划分表

专业质量检查员（签字）	张晓	专业监理工程师（签字）		刘淇	共 1 页　第 1 页
子分部工程 C24B		分项工程 C24C		检验批 C24D	
1	室外电气	1	导管敷设	1	导管敷设检验批
		2	管内穿线和槽盒内敷线	1	管内穿线和槽盒内敷线检验批
		3	电缆头制作、导线连接和线路绝缘测试	1	电缆头制作、导线连接和线路绝缘测试检验批
		4	专用灯具安装	1	专用灯具安装检验批
		5	建筑照明通电试运行	1	建筑照明通电试运行检验批
2	变配电室	1	成套配电柜、控制柜（台、箱）和配电箱（盘）安装	1	成套配电柜、控制柜（台、箱）和配电箱（盘）安装检验批
		2	梯架、托盘和槽盒安装	1	梯架、托盘和槽盒安装检验批
		3	电缆敷设	1	电缆敷设检验批
		4	缆头制作、导线连接和线路绝缘测试电	1	电缆头制作、导线连接和线路绝缘测试检验批
		5	接地装置安装	1	接地装置安装检验批
		6	接地干线敷设	1	接地干线敷设检验批
3	供电干线	1	梯架、托盘和槽盒安装	1	梯架、托盘和槽盒安装检验批
		2	电缆敷设	1	电缆敷设检验批
		3	电缆头制作、导线连接和线路绝缘测试	1	电缆头制作、导线连接和线路绝缘测试检验批
		4	接地干线敷设	1	接地干线敷设检验批
4	电气照明	1	成套配电柜、控制柜（台、箱）和配电箱（盘）安装	1	成套配电柜、控制柜（台、箱）和配电箱（盘）安装检验批
		2	导管敷设	1	导管敷设检验批
		3	管内穿线和槽盒内敷线	1	管内穿线和槽盒内敷线检验批
		4	电缆头制作、导线连接和线路绝缘测试	1	电缆头制作、导线连接和线路绝缘测试检验批
		5	普通灯具安装	1	普通灯具安装检验批
		6	开关、插座、风扇安装	1	开关、插座、风扇安装检验批
		7	建筑照明通电试运行	1	建筑照明通电试运行检验批
5	防雷及接地	1	接地装置安装	1	接地装置安装检验批
		2	防雷引下线及接闪器安装	1	防雷引下线及接闪器安装检验批
		3	建筑物等电位联结	1	建筑物等电位联结检验批

表 C25G 智能建筑分部工程的子分部、分项工程、检验批划分表

专业质量检查员（签字）	张晓	专业监理工程师(签字)		刘淇	共1页 第1页
子分部工程 C25B		分项工程 C25C		检验批 C25D	
1	室外电气	1	智能化集成设备安装	1	智能化集成设备安装检验批
		2	智能化集成软件安装	1	智能化集成软件安装检验批
		3	智能化集成接口及系统调试	1	智能化集成接口及系统调试检验批
		4	智能化集成系统试运行	1	智能化集成系统试运行检验批
2	用户电话交换系统	1	用户电话交换线缆敷设	1	用户电话交换线缆敷设检验批
		2	用户电话交换设备安装	1	用户电话交换设备安装检验批
		3	接口及系统调试	1	接口及系统调试检验批
		4	用户电话交换试运行	1	用户电话交换试运行检验批
3	火灾自动报警系统	1	梯架、托盘、槽盒和导管安装	1	梯架、托盘、槽盒和导管安装检验批
		2	线缆敷设	1	线缆敷设检验批
		3	探测器类设备安装	1	探测器类设备安装检验批
		4	控制器类设备安装	1	控制器类设备安装检验批
		5	火灾自动报警系统软件安装	1	火灾自动报警系统软件安装检验批
		6	火灾自动报警系统调试	1	火灾自动报警系统调试检验批
		7	火灾自动报警系统试运行	1	火灾自动报警系统试运行检验批
4	安全技术防范系统	1	梯架、托盘、槽盒和导管安装	1	梯架、托盘、槽盒和导管安装检验批
		2	安全技术防范系统线缆敷设	1	安全技术防范系统线缆敷设检验批
		3	安全技术防范系统设备安装	1	安全技术防范系统设备安装检验批
		4	安全技术防范系统软件安装	1	安全技术防范系统软件安装检验批
		5	安全技术防范系统调试	1	安全技术防范系统调试检验批
		6	安全技术防范系统试运行	1	安全技术防范系统试运行检验批
5	防雷与接地	1	防雷与接地装置	1	防雷与接地装置检验批
		2	防雷与接地线	1	防雷与接地线检验批
		3	防雷与接地等电位连接	1	防雷与接地等电位连接检验批
		4	防雷与接地屏蔽设施	1	防雷与接地屏蔽设施检验批
		5	电涌保护器	1	电涌保护器检验批
		6	防雷与接地系统调试	1	防雷与接地系统调试检验批
		7	防雷与接地系统试运行	1	防雷与接地系统试运行检验批

表 C26G　建筑节能分部工程的子分部、分项工程、检验批划分表

专业质量检查员(签字)		张晓	专业监理工程师(签字)		刘淇	共 1 页　第 1 页
子分部工程 C26B			分项工程 C26C		检验批 C26D	
1	围护系统节能		1	墙体节能	1	墙体节能检验批
			2	幕墙节能	1	幕墙节能检验批
			3	门窗节能	1	门窗节能检验批
			4	屋面节能	1	屋面节能检验批
			5	地面节能	1	地面节能检验批
2	供暖空调设备及管网节能		1	供暖节能	1	供暖节能检验批
			2	通风与空调设备节能	1	通风与空调设备节能检验批
			3	空调与供暖系统冷热源节能	1	空调与供暖系统冷热源节能检验批
3	电气动力节能		1	配电节能	1	配电节能检验批
			2	照明节能	1	照明节能检验批
4	监控系统节能		1	监测系统节能	1	监测系统节能检验批
			2	控制系统节能	1	控制系统节能检验批
5	可再生能源		1	太阳能光热系统节能	1	太阳能光热系统节能检验批
			2	太阳能光伏节能	1	太阳能光伏节能检验批

表 C27G　电梯分部工程的子分部、分项工程、检验批划分表

专业质量检查员(签字)		张晓	专业监理工程师(签字)		刘淇	共 1 页　第 1 页
子分部工程 C27B			分项工程 C27C		检验批 C27D	
1	电力驱动曳引式或强制式电梯		1	设备进场验收	1	设备进场验收检验批
			2	土建交接检验	1	土建交接检验检验批
			3	驱动主机	1	驱动主机检验批
			4	导轨	1	导轨检验批
			5	门系统	1	门系统检验批
			6	轿厢	1	轿厢检验批
			7	对重	1	对重检验批
			8	安全部件	1	安全部件检验批
			9	悬挂装置	1	悬挂装置检验批
			10	随行电缆	1	随行电缆检验批
			11	补偿装置	1	补偿装置检验批
			12	电气装置	1	电气装置检验批
			13	整机安装验收	1	整机安装验收检验批

【实践操作】

1. 小游园园林景观工程项目结构划分

表 3-5 中是小游园园林景观工程参照《园林绿化工程施工及验收规范》CJJ 82—2012 中附录 A 进行的园林绿化单位(子单位)工程、分部(子分部)工程、分项工程划分。但是每个工程各有各的特点,图纸中包含的施工内容也不尽相同,具体工程的项目结构划分还要依据规范及本工程施工图内容来划分。

表 3-5　小游园园林景观工程(子单位)工程、分部(子分部)工程、分项工程划分

单位(子单位)工程	分部(子分部)工程		分项工程
绿化工程	栽植基础工程	栽植前土壤处理	栽植土、栽植前场地清理、栽植土回填及地形造型、栽植土施肥和表层整理
	栽植工程	常规栽植	植物材料、栽植穴(槽)、苗木运输和假植、苗木修剪、树木栽植、草坪及草本地被播种、花卉栽植
		大树移植	大树挖掘及包装、大树吊装运输、大树栽植
		坡面绿化栽植	喷播、铺植、分栽
		施工期养护	施工期的植物养护(支撑、浇灌水、裹干、中耕、除草、浇水、施肥、除虫、修剪抹芽等)
园林建筑工程	参考《建筑工程施工质量验收统一标准》GB 50300—2013 及《建设工程资料管理规程》XJJ 081—2017		
园林附属工程	挡墙、座凳		地基、模板、钢筋、混凝土、饰面板
	园路与广场铺装工程		基层,面层(花岗岩、侧石、小青砖、自然石块、水洗石)、整体面层铺设(橡胶颗粒地面)
	室外给水、排水管网		室外给水管道安装、室外给水管网试验与调试、室外排水管道安装、室外排水管沟与井池、室外排水管网试验与调试
	路灯与夜景照明		照明配电箱、电缆敷设、电缆头制作、导线连接和线路绝缘测试、接地装置安装、庭院灯安装、照明通电试运行
	园林设施安装		儿童游乐设施、标牌、果皮箱、栏杆、喷灌喷头等安装

【经验之谈】

建筑物和构筑物的区别

通过小游园园林景观工程(子单位)工程、分部(子分部)工程、分项工程划分可以看出,每个工程各有各的特点,本工程包含了绿化工程、园林建筑工程、园林附属工程三个子单位工程;小游园园林景观工程中园林附属工程包含了挡墙、座凳、园路与广场、园林设施等构筑物,那么风雨亭为什么没有划分到构筑物中呢,这就涉及构筑物与建筑物的区别。

什么是建筑物和构筑物？它们之间的区别是什么？

建筑物指人工建筑而成的资产，属于固定资产范畴，包括房屋和构建物两大类。房屋是指供人居住、工作、学习、生产、经营、娱乐、储藏物品以及进行其他社会活动的工程建筑。构建物指房屋以外的工程建筑，如围墙、道路、水坝、水井、隧道、水塔、桥梁和烟囱等。

构筑物一般是指人们不直接在其内进行生产和生活活动的建筑，如水塔、烟囱、栈桥、堤坝、挡土墙、蓄水池和囤仓等。

建筑物与构筑物的区别：

(1)性质不一样

①构筑物是不具备、不包含或不提供人类居住功能的人工建筑物。

②广义的建筑物是指人工建筑而成的所有东西，既包括房屋，又包括构筑物。狭义的建筑物是指房屋，不包括构筑物。

(2)空间不一样

①建筑物指有基础、墙、顶、门、窗，能够遮风避雨，供人在内居住、工作、学习、娱乐、储藏物品或进行其他活动的空间场所。

②构筑物是没有可供人们使用的内部空间的，人们一般不直接在其内进行生产和生活活动，如烟囱、水塔、桥梁、水坝、雕塑等。

(3)涵盖的内容不一样

①构筑物包括桥梁、堤坝、隧道、(纪念)碑、围墙、招牌框架、水泥杆等。

②建筑物包括工业建筑、民用建筑、农业建筑等。

(4)定义不同

①建筑物的定义：用建筑材料构筑的空间和实体，供人们居住和进行各种活动的场所。

②构筑物的定义：就是不具备、不包含或不提供人类居住功能的人工建造物，比如水塔、水池、过滤池、澄清池、沼气池等。

所以在项目结构划分时要求我们要有一定的园林专业知识、土建专业知识、识图能力，了解大概的施工工序、材料报验程序、试验程序。然后依据相关规范，熟知施工图包含的施工内容，就能将准确明了地将工程项目划分成若干个单位(子单位)、分部(子分部)、分项工程，项目结构划分完毕后报监理审批。在施工过程中依据审批后的项目结构划分，与施工进度同步形成资料，这样就会清晰明了。

须强调的是，单位工程检验批数量的划分不具有唯一性，而往往与施工单位的人员、技术装备、施工方法、合同要求等有关。

不论如何划分分项工程检验批，都要有利于质量控制，能取得较完整的技术数据；而且要防止造成分项工程检验批大小过于悬殊，影响质量验收结果的可比性。

【工作任务实施记录与评价】

1. 工程项目结构划分学徒考核方案

见表3-6。

表 3-6 工程项目结构划分学徒考核方案

学徒任务	考核要求与标准	自我评分	师傅评分
1. 依据相关规范及施工工艺进行分部分项检验批的划分	(1)能够准确参照规范(40 分)		
	(2)按设计图纸内容识图并进行分部分项检验批的划分(50 分)		
2. 具备职业精神	工作中认真负责,遵守企业规章制度,良好有效沟通,尊重企业师傅(10 分)		

2. 学徒关键职业能力及职业品质、工匠精神评价

见表 3-7。

表 3-7　学徒关键职业能力及职业品质、工匠精神评价

项目	A	B	C	D
工作态度				
吃苦耐劳				
团队协作				
沟通交流				
学习钻研				
认真负责				
诚实守信				

【学徒工作任务】

根据企业师傅指导,依据本教材中提供的园路铺装不同材料的施工详图,掌控平面图中所示材料的具体做法及施工工艺。参照《园林绿化工程施工及验收规范》CJJ 82—2012 附录 A 园林绿化单位(子单位)工程、分部(子分部)工程、分项工程划分及本工程施工图内容来划分,完成小游园园林景观工程(园路)工程、分部(子分部)工程、分项工程划分学徒工作任务单(表 3-8)。

表 3-8　小游园园林景观工程(园路)工程、分部(子分部)工程、分项工程划分学徒工作任务单

单位(子单位)工程	分部工程	子分部工程	分项工程	检验批
园林附属工程	园路与广场铺装工程	汀步石园路		

续表 3-8

单位(子单位)工程	分部工程	子分部工程	分项工程	检验批
园林附属工程	园路与广场铺装工程	EPDM 橡胶颗粒地面广场		
		烧结砖园路		

项目二
实操资料软件

【任务目标与质量要求】

资料软件是资料员必须要掌握的一类软件，熟练掌握软件工具的相关操作，能够大幅度提高工作效率。

【学习产出目标】

1. 了解软件工具相关操作。
2. 能掌握常用软件工具的基本知识及主要作用。
3. 能掌握常用软件工具的操作。
4. 能在实际工作中运用软件工具。
5. 培养在软件实操过程中学徒自主学习和探究学习的能力。

【知识储备】

本项目以筑业资料软件为例，进行讲解。筑业资料软件内置了全国的安全规程及规范库，包括大量的文字图片资料。

1. 筑业资料软件的特点

(1) 具备完善的工程资料数据库管理功能，可方便查询、修改、统计汇总、组卷、打印。

(2) 实现了表格数据简单录入、快捷一体的填写方式。

(3) 可以设置软件登录和工程登录两级密码保护，保护用户工程信息。

(4) 软件提供自动备份功能，即便工地用电环境恶劣造成工程文件损坏，也能找回最后一次正确资料进行恢复，最大限度减少损失。

(5) 新建表格，工程信息、验收部位等信息自动填充，省去重复填充的烦恼。

(6) 为表格提供大量填写范例，用户可以参照填写，即使没有做过资料员的人也可迅速掌握。

(7) 一键分部分项汇总和一键报验，操作更简单。

(8) 表格自动计算、自动填充等功能，使填表更快捷。

(9) 软件可根据检验批一般项目和主控项目数据自动判定是否合格。

(10)可以多用户同时做项目,最后将几个工程文件合并成一个文件。

(11)可以同时打开多个工程文件,进行比较做表。

(12)做好的工程文件可以保存起来,下次做相同类型工程时,导入工程后同步工程信息即可。

(13)可以导入自定义模板或编辑模板。

(14)软件可以跨专业跨规范借用表格,一个工程中可以有多个规范的表格。

2. 筑业资料软件快速入门

(1)程序安装:把安装光盘放入光驱,自动弹出安装界面,在安装界面中选择【工程资料管理软件】,点击【筑业资料 XX 版】后开始安装。

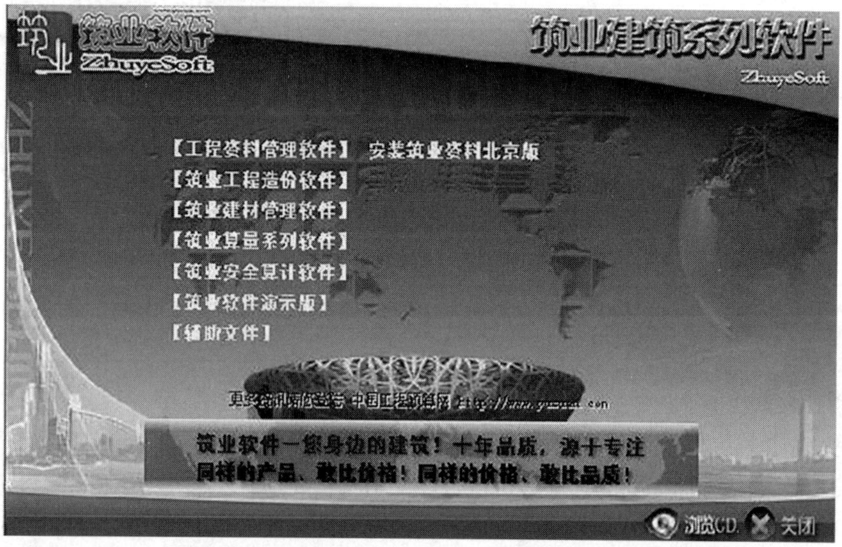

在安装过程中,只需按照提示点击即可。

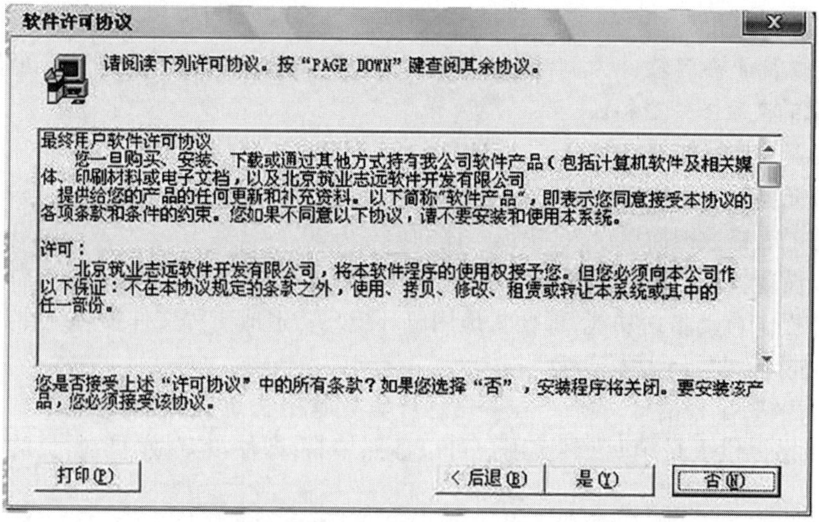

在弹出如下图界面时,可以根据需要将软件安装在指定位置,软件根据选择自动生成软件的安装文件夹。一般默认的安装目录为 D:\筑业建筑系列软件。

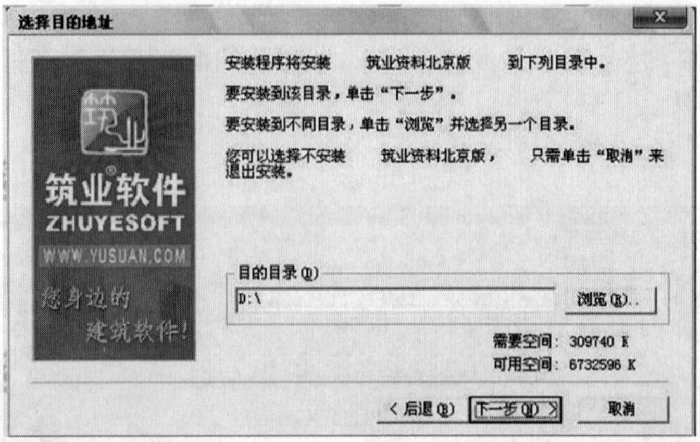

安装运行:在弹出 PDF 阅读器的界面时,点击【下一步】按钮开始安装,安装完成后点击【关闭】按钮。注:PDF 阅读器主要是为了识别软件中的验收规范和规程等特殊格式的文档,所以必须安装。

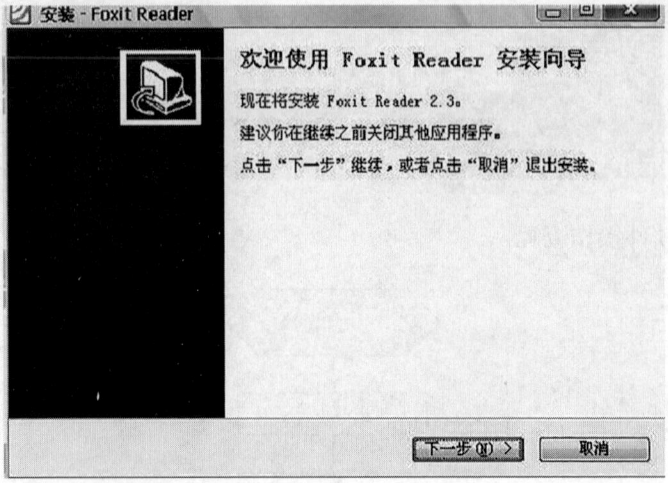

PDF 阅读器安装完成后,点击【关闭】按钮,提示是否重新启动计算机,点击【否】,软件安装完毕,会在系统桌面上生成快捷方式。

⑵软件的运行环境

硬件环境要求：内存 64 MB 或以上，显卡应支持 16 位或以上真彩色和 800×600 或 1 024×768 的显示模式。

软件环境要求：操作系统为中文 Windows 系统。

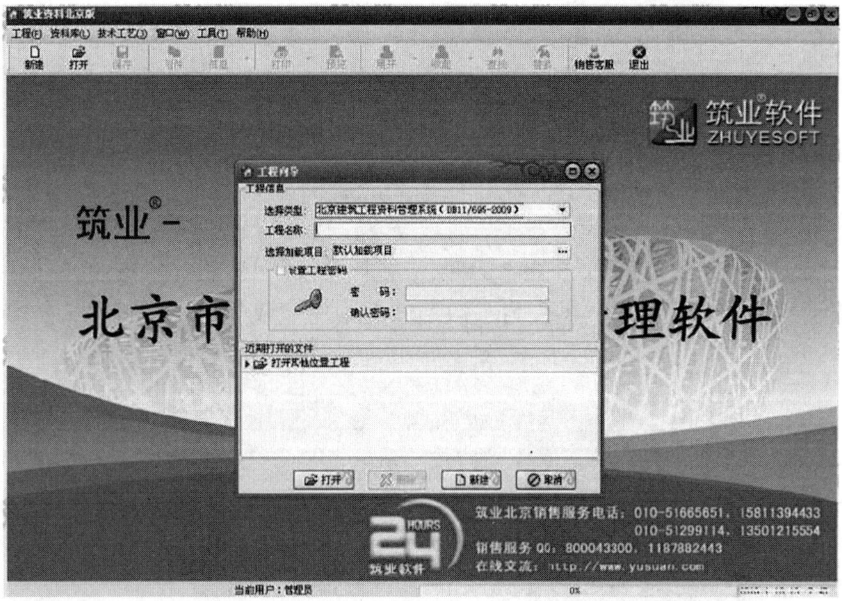

⑶筑业资料软件操作流程

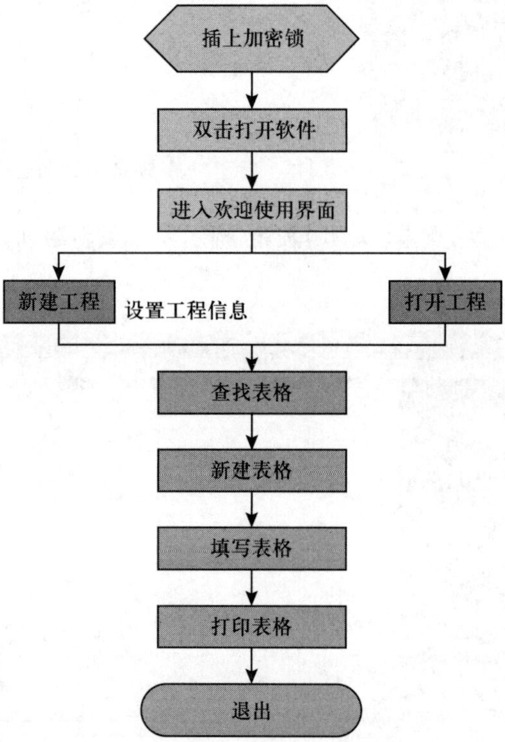

打开软件:先插入加密锁,然后双击打开软件,进入工程向导界面。

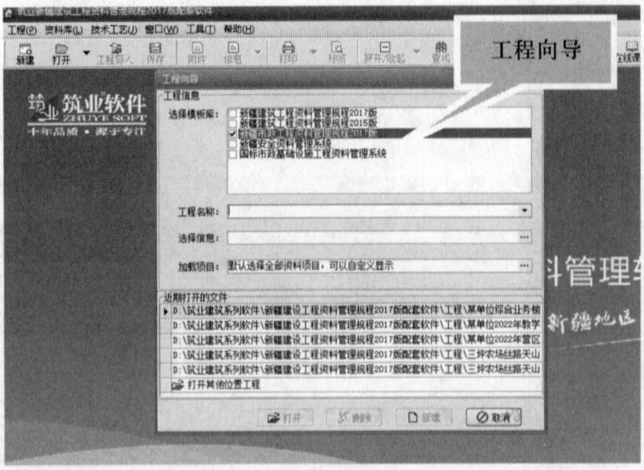

新建工程:在工程向导窗口,首先输入选择库的类型,然后输入工程名称。最后点击【新建】会弹出“设置-工程信息”栏进行设置,设置好后直接点击“确定”即可(可暂时不设置工程信息)。

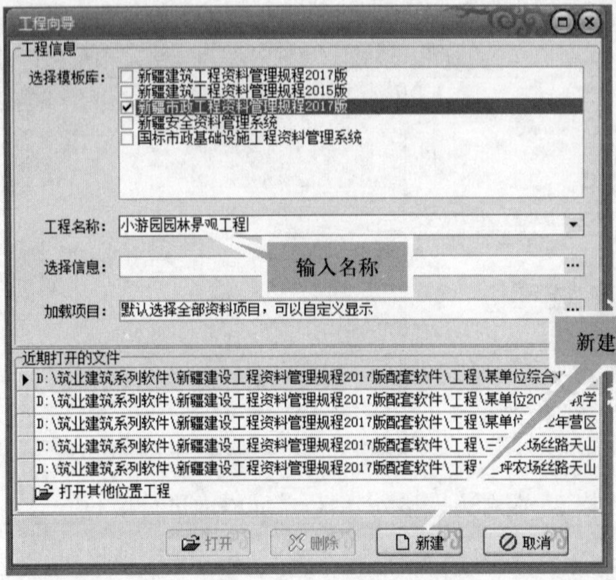

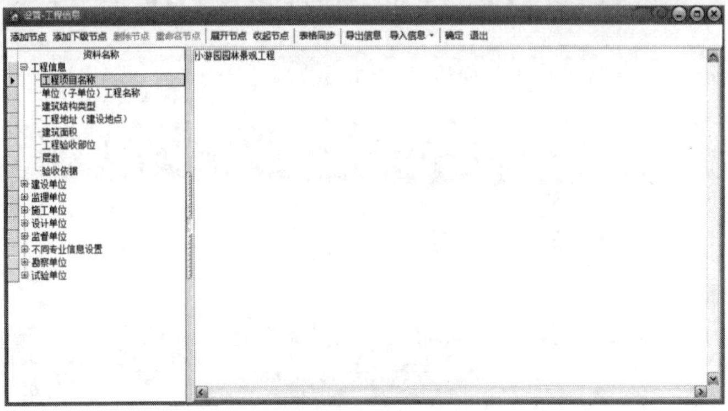

查找表格:软件进入主界面后,在左上角可以看到“表格目录”,点击前面“+”号,找到所需要的表格或点击工具栏“查找”按钮,输入关键字查找表格。

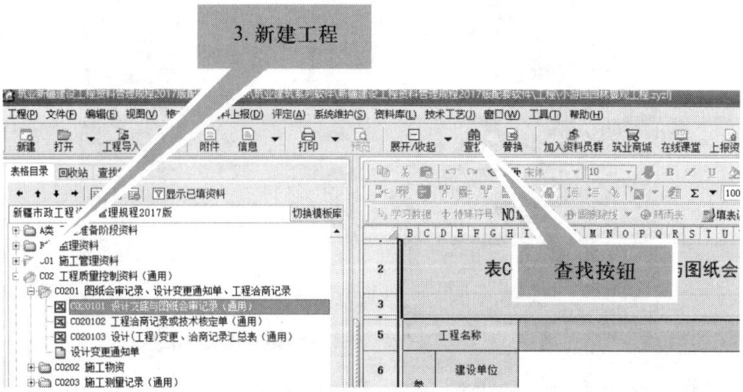

新建表格:找到所需的表格后,双击目录名称或右边表格区域,会弹出新建表格窗口,点击【确定】就可以新建表格了。

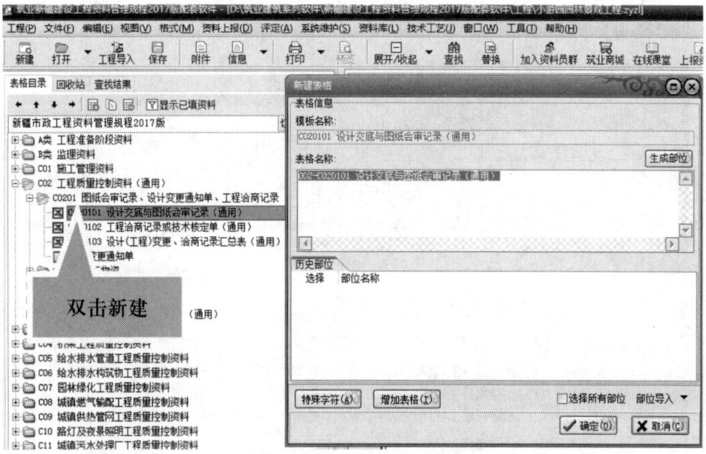

填写表格:新建好表格后,在右边表格处,白色单元格内进行填写。

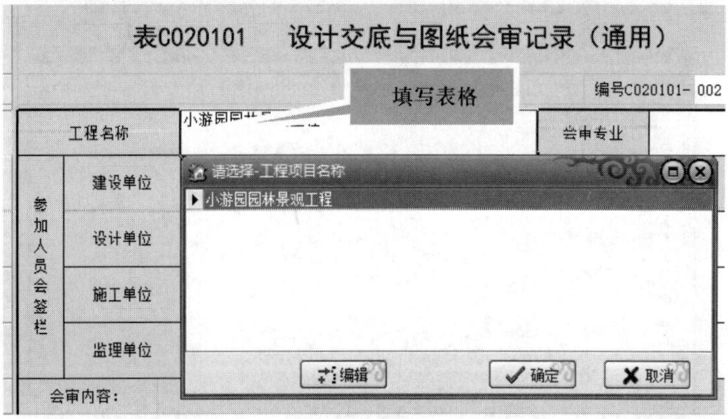

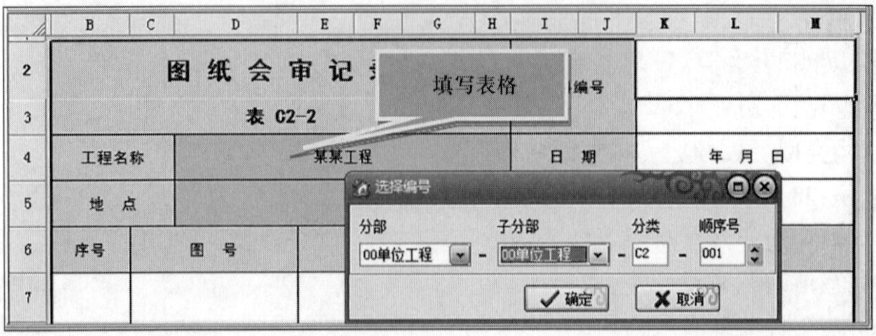

输出表格：填写完表格以后，可直接进行预览或打印，工具栏有表格【打印】和表格【预览】按钮，如下图所示。

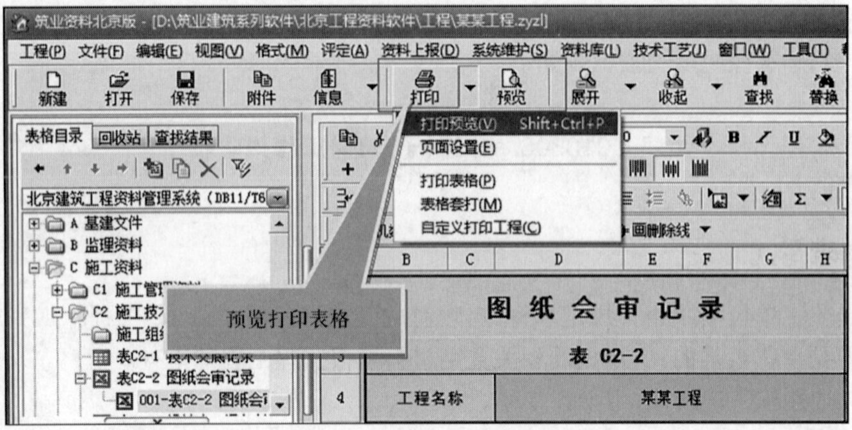

现在的资料员都有相应的工作软件，软件提供了所有的资料表格。所以资料员工作第一步就是掌握筑业资料软件的使用。软件自带使用教程，资料软件是资料员必备的工具，熟练使用，工作才能得心应手。

【实践操作】

资料编辑，以小游园园林景观工程风雨亭为例。

1. 编制依据

小游园园林景观工程施工图设计；

《建设工程资料管理规程》(XJJ 081—2017)；

《建设工程文件归档技术规程》(XJJ 071—2016)；

《建筑工程施工质量验收统一标准》(GB 50300—2013)；

《建筑地基基础工程施工质量验收标准》(GB 50202—2018)；

《混凝土结构工程施工质量验收规范》(GB 50204—2015)；

《钢结构工程施工质量验收规范》(GB 50205—2020)；

《屋面工程质量验收规范》(GB 50207—2012)；

《建筑地面工程施工质量验收规范》(GB 50209—2010)；

《建筑装饰装修工程质量验收标准》(GB 50210—2018)。

2. **工程概况**

工程名称:小游园园林景观工程;

建设地点:昌吉市;

工程结构类型层数:地上1层,钢结构;

建筑面积:28 m^2;

建设单位:房地产开发有限责任公司;

设计单位:市政园林设计院;

监理单位:工程监理有限公司;

施工单位:市政公司。

3. **结构概况**

本工程为园林建筑工程,基础为墙下条基,主体结构为钢结构。

4. **工程质量验收示例**

地基与基础工程质量验收示例如下。

表 C010306　分部(子分部)工程报验表

填表说明:

一、本表用途

本表是施工单位按照相关规定和标准、规范的要求,分部(子分部)工程施工完成后,经建设(监理)单位审查批准的,应形成的相关文字材料填报监理工程师审查。

本表为通用施工记录,适用于各专业。

二、填写依据

施工图设计要求,相关质量验收规范等和施工项目完成情况。

三、填写时机

分项、检验批验收合格,进行分部(子分部)验收前。

四、填写要求

1. 施工单位根据有关标准、规范的规定,对分部进行验收前报监理单位审查。
2. 填写时应根据报验的项目将表头补充完整。
3. 分部(子分部)工程完成后,施工单位按分部(子分部)工程进行报验,填写分部(子分部)施工项目报验申请单,并附分部(子分部)工程相关资料。
4. 监理工程师根据施工单位报来的资料及现场实际施工质量情况,签署审查意见,并签名确认。

五、基本份数及保存单位

本表一式四份,项目监理机构、施工单位、建设单位、城建档案馆各一份。

表 C010306　分部(子分部)工程报验表

编号 C010306-001

<table>
<tr><td>工程名称</td><td>小游园园林景观工程—风雨亭</td></tr>
<tr><td colspan="2">致：工程监理有限公司（项目监理机构）

我方已完成 地基与基础 (☑分部工程或□子分部工程),经自检合格,请予以验收。

附件:分部(子分部)工程质量验收记录

项目经理部(盖章)　市政公司
项目技术负责人(签字)　李小鹏
年　月　日</td></tr>
<tr><td colspan="2">验收意见：

所含分项工程的质量均验收合格,质量控制资料齐全、完整;安全和主要使用功能抽样检验结果符合要求。

专业监理工程师(签字)　刘明哲
年　月　日</td></tr>
<tr><td colspan="2">验收意见：

同意验收。

项目监理机构(盖章)　工程监理有限公司
总监理工程师(签字)　林志明
年　月　日</td></tr>
</table>

表 C18A　地基与基础分部工程质量验收记录

编号 C18

<table>
<tr><td colspan="2">单位(子单位)工程名称</td><td>小游园园林景观工程—风雨亭</td><td>子分部工程数量</td><td>3</td><td>分项工程数量</td><td>4</td></tr>
<tr><td colspan="2">施工单位</td><td>市政公司</td><td>项目负责人</td><td>金源</td><td>项目技术(质量)负责人</td><td>李小鹏</td></tr>
<tr><td colspan="2">分包单位</td><td>/</td><td>分包单位负责人</td><td>/</td><td>分包内容</td><td>/</td></tr>
<tr><td>序号</td><td>子分部工程名称</td><td>分项工程名称</td><td>检验批数量</td><td colspan="2">施工单位检查结果</td><td>监理单位验收结论</td></tr>
<tr><td>1</td><td>土方</td><td>土方开挖</td><td>1</td><td colspan="2">合格</td><td>合格</td></tr>
<tr><td>2</td><td>土方</td><td>土方回填</td><td>1</td><td colspan="2">合格</td><td>合格</td></tr>
<tr><td>3</td><td>地基</td><td>砂和砂石地基</td><td>1</td><td colspan="2">合格</td><td>合格</td></tr>
<tr><td>4</td><td>基础</td><td>钢筋混凝土扩展基础</td><td>17</td><td colspan="2">合格</td><td>合格</td></tr>
<tr><td></td><td></td><td></td><td></td><td colspan="2"></td><td></td></tr>
<tr><td colspan="2">质量控制资料</td><td colspan="5">资料共计 6 项,资料完整</td></tr>
<tr><td colspan="2">安全和功能检验结果</td><td colspan="5">检验资料共计 4 项,抽查 4 项,资料完整</td></tr>
<tr><td colspan="2">观感质量检验结果</td><td colspan="5">☑好　□一般　□差</td></tr>
<tr><td colspan="2">综合验收结论</td><td colspan="5">通过对上述子分部工程、质量控制资料、安功检验结果、观感质量检查等综合验收,结论是该分部工程通过验收。</td></tr>
<tr><td colspan="2">施工单位(盖章)

项目经理:金源

年　月　日</td><td>勘察单位(盖章)

项目负责人:

年　月　日</td><td colspan="2">设计单位(盖章)

项目负责人:高畅

年　月　日</td><td colspan="2">监理单位(盖章)

总监理工程师:林志明

年　月　日</td></tr>
</table>

注:本记录适用于地基与基础分部工程、土方分部工程的验收,应由施工、勘察、设计单位项目负责人和总监理工程师参加并签字。

表 C1805B　土方子分部工程质量验收记录

编号 C1805

<table>
<tr><td colspan="2">单位(子单位)工程名称</td><td colspan="3">小游园园林景观工程—风雨亭</td><td colspan="2">分项工程数量</td><td>2</td></tr>
<tr><td colspan="2">施工单位</td><td>市政公司</td><td>项目负责人</td><td>金源</td><td colspan="2">项目技术
(质量)负责人</td><td>李小鹏</td></tr>
<tr><td colspan="2">分包单位</td><td>/</td><td>分包单位
负责人</td><td>/</td><td colspan="2">分包内容</td><td>/</td></tr>
<tr><td>序号</td><td colspan="2">分项工程名称</td><td>检验批数量</td><td colspan="2">施工单位检查结果</td><td colspan="2">监理单位验收结论</td></tr>
<tr><td>1</td><td colspan="2">土方开挖</td><td>1</td><td colspan="2">合格</td><td colspan="2">合格</td></tr>
<tr><td>2</td><td colspan="2">土方回填</td><td>1</td><td colspan="2">合格</td><td colspan="2">合格</td></tr>
<tr><td></td><td colspan="2"></td><td></td><td colspan="2"></td><td colspan="2"></td></tr>
<tr><td colspan="2">质量控制资料</td><td colspan="6">资料共计 2 项,资料完整</td></tr>
<tr><td colspan="2">安全和功能检验结果</td><td colspan="6">检验资料共计 2 项,抽查 2 项,资料完整</td></tr>
<tr><td colspan="2">观感质量检验结果</td><td colspan="6">☑好　□一般　□差</td></tr>
<tr><td colspan="2">综合验收结论</td><td colspan="6">通过对上述分项工程、质量控制资料、安功检验结果、观感质量检查等综合验收;结论是该子分部工程通过验收。</td></tr>
<tr><td colspan="2">分包单位(盖章)

项目负责人:

年　月　日</td><td>施工单位(盖章)

项目负责人:金源

年　月　日</td><td colspan="2">设计单位(盖章)

项目负责人:高畅

年　月　日</td><td colspan="3">监理单位(盖章)

总监理工程师:林志明

年　月　日</td></tr>
</table>

注:本记录无分包内容时,分包单位盖章和签字栏填写“无”。

表 C180501C 土方开挖分项工程质量验收记录

编号 C180501

<table>
<tr><td>单位(子单位)
工程名称</td><td colspan="2">小游园园林景观工程—风雨亭</td><td>分部(子分部)
工程名称</td><td colspan="3">地基与基础(土方)</td></tr>
<tr><td>分项工程数量</td><td colspan="2">1</td><td>检验批数量</td><td colspan="3">1</td></tr>
<tr><td>施工单位</td><td colspan="2">市政公司</td><td>项目负责人</td><td>金源</td><td>项目技术负责人</td><td>李小鹏</td></tr>
<tr><td>分包单位</td><td colspan="2">/</td><td>分包单位
项目负责人</td><td>/</td><td>分包内容</td><td>/</td></tr>
<tr><td>序号</td><td>检验批名称</td><td>检验批容量</td><td>部位/区段</td><td colspan="2">施工单位
检查结果</td><td>监理单位
验收结论</td></tr>
<tr><td>1</td><td>土方开挖</td><td>挖方面积:30 m²</td><td>土方开挖</td><td colspan="2">合格</td><td>合格</td></tr>
<tr><td></td><td></td><td></td><td></td><td colspan="2"></td><td></td></tr>
<tr><td></td><td></td><td></td><td></td><td colspan="2"></td><td></td></tr>
<tr><td colspan="7">说明:
分项工程包含检验批工程全部合格,分项工程验收合格。</td></tr>
<tr><td>施工单位
检查结果</td><td colspan="6">合格。
项目专业技术负责人:李小鹏
年 月 日</td></tr>
<tr><td>监理单位
验收结论</td><td colspan="6">该分项工程通过验收。
专业监理工程师:刘明哲
年 月 日</td></tr>
</table>

表 C180502C　土方回填分项工程质量验收记录

编号 C180502

单位(子单位)工程名称	小游园园林景观工程—风雨亭		分部(子分部)工程名称	地基与基础(土方)	
分项工程数量	1		检验批数量	1	
施工单位	市政公司		项目负责人	金源	项目技术负责人	李小鹏
分包单位	/		分包单位项目负责人	/	分包内容	/
序号	检验批名称	检验批容量	部位 / 区段	施工单位检查结果	监理单位验收结论
1	土方回填	28 m^2	土方回填	合格	合格
说明： 分项工程包含检验批工程全部合格，分项工程验收合格。					
施工单位检查结果	合格。 项目专业技术负责人：李小鹏 年　月　日				
监理单位验收结论	该分项工程通过验收。 专业监理工程师：刘明哲 年　月　日				

表 C1801B　地基子分部工程质量验收记录

编号 C1801

<table>
<tr><td colspan="2">单位(子单位)工程名称</td><td colspan="3">小游园园林景观工程—风雨亭</td><td>分项工程数量</td><td>1</td></tr>
<tr><td colspan="2">施工单位</td><td>市政公司</td><td>项目负责人</td><td>金源</td><td>项目技术
(质量)负责人</td><td>李小鹏</td></tr>
<tr><td colspan="2">分包单位</td><td>/</td><td>分包单位
负责人</td><td>/</td><td>分包内容</td><td>/</td></tr>
<tr><td>序号</td><td colspan="2">分项工程名称</td><td>检验批数量</td><td>施工单位
检查结果</td><td colspan="2">监理单位验收结论</td></tr>
<tr><td>1</td><td colspan="2">砂和砂石地基</td><td>1</td><td>合格</td><td colspan="2">合格</td></tr>
<tr><td></td><td colspan="2"></td><td></td><td></td><td colspan="2"></td></tr>
<tr><td colspan="2">质量控制资料</td><td colspan="5">资料共计 1 项,资料完整</td></tr>
<tr><td colspan="2">安全和功能检验结果</td><td colspan="5">检验资料共计 1 项,抽查 1 项,资料完整</td></tr>
<tr><td colspan="2">观感质量检验结果</td><td colspan="5">☑好　□一般　□差</td></tr>
<tr><td colspan="2">综合验收结论</td><td colspan="5">通过对上述分项工程、质量控制资料、安功检验结果、观感质量检查等综合验收;结论是该子分部工程通过验收。</td></tr>
<tr><td colspan="2">分包单位(盖章)

项目负责人:

年　月　日</td><td>施工单位(盖章)

项目负责人:金源

年　月　日</td><td colspan="2">设计单位(盖章)

项目负责人:高畅

年　月　日</td><td colspan="2">监理单位(盖章)

总监理工程师:林志明

年　月　日</td></tr>
</table>

注:本记录无分包内容时,分包单位盖章和签字栏填写“无”。

表 C180102C　砂和砂石地基分项工程质量验收记录

编号 C180102

单位(子单位)工程名称	小游园园林景观工程—风雨亭	分部(子分部)工程名称	地基与基础(地基)		
分项工程数量	1	检验批数量	1		
施工单位	市政公司	项目负责人	金源	项目技术负责人	李小鹏
分包单位	/	分包单位项目负责人	/	分包内容	/

序号	检验批名称	检验批容量	部位/区段	施工单位检查结果	监理单位验收结论
1	砂和砂石地基	基槽:27.62 m	砂和砂石地基	合格	合格

说明:

分项工程包含检验批工程全部合格,分项工程验收合格。

施工单位检查结果	合格。 项目专业技术负责人:李小鹏 年　月　日
监理单位验收结论	该分项工程通过验收。 专业监理工程师:刘明哲 年　月　日

表 C1802B　基础子分部工程质量验收记录

编号 C1802

<table>
<tr><td colspan="2">单位(子单位)工程名称</td><td colspan="3">小游园园林景观工程—风雨亭</td><td>分项工程数量</td><td>1</td></tr>
<tr><td colspan="2">施工单位</td><td>市政公司</td><td>项目负责人</td><td>金源</td><td>项目技术(质量)负责人</td><td>李小鹏</td></tr>
<tr><td colspan="2">分包单位</td><td>/</td><td>分包单位负责人</td><td>/</td><td>分包内容</td><td>/</td></tr>
<tr><td>序号</td><td colspan="2">分项工程名称</td><td>检验批数量</td><td>施工单位检查结果</td><td colspan="2">监理单位验收结论</td></tr>
<tr><td>1</td><td colspan="2">钢筋混凝土扩展基础</td><td>17</td><td>合格</td><td colspan="2">合格</td></tr>
<tr><td></td><td colspan="2"></td><td></td><td></td><td colspan="2"></td></tr>
<tr><td></td><td colspan="2"></td><td></td><td></td><td colspan="2"></td></tr>
<tr><td colspan="2">质量控制资料</td><td colspan="5">资料共计 17 项,资料完整</td></tr>
<tr><td colspan="2">安全和功能检验结果</td><td colspan="5">检验资料共计 5 项,抽查 5 项,资料完整</td></tr>
<tr><td colspan="2">观感质量检验结果</td><td colspan="5">☑好　□一般　□差</td></tr>
<tr><td colspan="2">综合验收结论</td><td colspan="5">通过对上述分项工程、质量控制资料、安功检验结果、观感质量检查等综合验收;结论是该子分部工程通过验收。</td></tr>
<tr><td colspan="2">分包单位(盖章)

项目负责人:

年　月　日</td><td>施工单位(盖章)

项目负责人:金源

年　月　日</td><td colspan="2">设计单位(盖章)

项目负责人:高畅

年　月　日</td><td colspan="2">监理单位(盖章)

总监理工程师:林志明

年　月　日</td></tr>
</table>

注:本记录无分包内容时,分包单位盖章和签字栏填写“无”。

表 C180202C　钢筋混凝土扩展基础分项工程质量验收记录

编号 C180202

单位(子单位)工程名称	小游园园林景观工程—风雨亭	分部(子分部)工程名称	地基与基础(基础)		
分项工程数量	1	检验批数量	17		
施工单位	市政公司	项目负责人	金源	项目技术负责人	李小鹏
分包单位	/	分包单位项目负责人	/	分包内容	/

序号	检验批名称	检验批容量	部位/区段	施工单位检查结果	监理单位验收结论
1	模板安装	条基:1 间	垫层	合格	合格
2	模板安装	条基:1 间	条基	合格	合格
3	模板安装	墙:1 间	基础墙	合格	合格
4	钢筋原材料	钢筋:1 批	条基	合格	合格
5	钢筋原材料	钢筋:1 批	基础墙	合格	合格
6	钢筋加工	1 种	条基	合格	合格
7	钢筋加工	1 种	基础墙	合格	合格
8	钢筋连接	条基:1 间	条基	合格	合格
9	钢筋连接	墙:1 间	基础墙	合格	合格
10	钢筋安装	条基:1 间	条基	合格	合格
11	钢筋安装	墙:1 间	基础墙	合格	合格
12	混凝土施工	1.8 t	垫层	合格	合格
13	混凝土施工	5.3 t	条基	合格	合格
14	混凝土施工	5.3 t	基础墙	合格	合格
15	现浇结构外观及尺寸偏差	条基:1 间	垫层	合格	合格
16	现浇结构外观及尺寸偏差	条基:1 间	条基	合格	合格
17	现浇结构外观及尺寸偏差	墙:1 间	基础墙	合格	合格

说明：

分项工程包含检验批工程全部合格,分项工程验收合格。

施工单位检查结果	合格。	项目专业技术负责人:李小鹏 年　月　日
监理单位验收结论	该分项工程通过验收。	专业监理工程师:刘明哲 年　月　日

表 C010306　分部(子分部)工程报验表

编号 C010306-001

<table>
<tr><td>工程名称</td><td>小游园园林景观工程—风雨亭</td></tr>
<tr><td colspan="2">致：<u>　工程监理有限公司　</u>(项目监理机构)

　　我方已完成<u>　主体结构　</u>(☑分部工程或□子分部工程),经自检合格,请予以验收。

附件:分部(子分部)工程质量验收记录

项目经理部(盖章)　　市政公司

项目技术负责人(签字)　　李小鹏

年　月　日</td></tr>
<tr><td colspan="2">验收意见:

　　所含分项工程的质量均验收合格,质量控制资料齐全、完整;安全和主要使用功能抽样检验结果符合要求。

专业监理工程师(签字)　　林志明

年　月　日</td></tr>
<tr><td colspan="2">验收意见:

　　同意验收。

项目监理机构(盖章)　　工程监理有限公司

总监理工程师(签字)　　林志明

年　月　日</td></tr>
</table>

表 C19A 主体结构分部工程质量验收记录

编号 C19

<table>
<tr><td>单位(子单位)工程名称</td><td colspan="2">小游园园林景观工程—风雨亭</td><td>子分部工程数量</td><td>1</td><td>分项工程数量</td><td>7</td></tr>
<tr><td>施工单位</td><td colspan="2">市政公司</td><td>项目负责人</td><td>金源</td><td>项目技术(质量)负责人</td><td>李小鹏</td></tr>
<tr><td>分包单位</td><td colspan="2">/</td><td>分包单位负责人</td><td>/</td><td>分包内容</td><td>/</td></tr>
<tr><td>序号</td><td>子分部工程名称</td><td>分项工程名称</td><td>检验批数量</td><td>施工单位检查结果</td><td colspan="2">监理单位验收结论</td></tr>
<tr><td>1</td><td>钢结构</td><td>钢结构原材料及成品进场</td><td>4</td><td>合格</td><td colspan="2">合格</td></tr>
<tr><td>2</td><td>钢结构</td><td>钢结构焊接</td><td>1</td><td>合格</td><td colspan="2">合格</td></tr>
<tr><td>3</td><td>钢结构</td><td>紧固件连接</td><td>1</td><td>合格</td><td colspan="2">合格</td></tr>
<tr><td>4</td><td>钢结构</td><td>钢零部件加工</td><td>1</td><td>合格</td><td colspan="2">合格</td></tr>
<tr><td>5</td><td>钢结构</td><td>钢构件组装及预拼装</td><td>1</td><td>合格</td><td colspan="2">合格</td></tr>
<tr><td>6</td><td>钢结构</td><td>单层钢结构安装</td><td>1</td><td>合格</td><td colspan="2">合格</td></tr>
<tr><td>7</td><td>钢结构</td><td>防腐涂料涂装</td><td>1</td><td>合格</td><td colspan="2">合格</td></tr>
<tr><td></td><td></td><td></td><td></td><td></td><td colspan="2"></td></tr>
<tr><td></td><td></td><td></td><td></td><td></td><td colspan="2"></td></tr>
<tr><td colspan="2">质量控制资料</td><td colspan="5">资料共计 7 项,资料完整</td></tr>
<tr><td colspan="2">安全和功能检验结果</td><td colspan="5">检验资料共计 3 项,抽查 3 项,资料完整</td></tr>
<tr><td colspan="2">观感质量检验结果</td><td colspan="5">☑好 □一般 □差</td></tr>
<tr><td colspan="2">综合验收结论</td><td colspan="5">通过对上述子分部工程、质量控制资料、安功检验结果、观感质量检查等综合验收,结论是该分部工程通过验收。</td></tr>
<tr><td colspan="2">施工单位(盖章)

项目经理:金源

年 月 日</td><td colspan="2">设计单位(盖章)

项目负责人:高畅

年 月 日</td><td colspan="3">监理单位(盖章)

总监理工程师:刘明哲

年 月 日</td></tr>
</table>

注:1. 本记录适用于除地基与基础分部工程、土方工程分部外的验收应由施工项目经理、设计项目负责人和总监理工程师参加并签字。

2. 当本记录中有分包内容时,签字栏应增加一栏,分包单位(盖章)和分包项目负责人签字。分包单位并参加验收。

表 C1903B 钢结构子分部工程质量验收记录

编号 C1903

<table>
<tr><td colspan="2">单位(子单位)工程名称</td><td colspan="3">小游园园林景观工程—风雨亭</td><td>分项工程数量</td><td>7</td></tr>
<tr><td colspan="2">施工单位</td><td>市政公司</td><td>项目负责人</td><td>金源</td><td>项目技术
(质量)负责人</td><td>李小鹏</td></tr>
<tr><td colspan="2">分包单位</td><td>/</td><td>分包单位负责人</td><td>/</td><td>分包内容</td><td>/</td></tr>
<tr><td>序号</td><td colspan="2">分项工程名称</td><td>检验批数量</td><td>施工单位
检查结果</td><td colspan="2">监理单位
验收结论</td></tr>
<tr><td>1</td><td colspan="2">钢结构原材料及成品进场</td><td>4</td><td>合格</td><td colspan="2">合格</td></tr>
<tr><td>2</td><td colspan="2">钢结构焊接</td><td>1</td><td>合格</td><td colspan="2">合格</td></tr>
<tr><td>3</td><td colspan="2">紧固件连接</td><td>1</td><td>合格</td><td colspan="2">合格</td></tr>
<tr><td>4</td><td colspan="2">钢零部件加工</td><td>1</td><td>合格</td><td colspan="2">合格</td></tr>
<tr><td>5</td><td colspan="2">钢构件组装及预拼装</td><td>1</td><td>合格</td><td colspan="2">合格</td></tr>
<tr><td>6</td><td colspan="2">单层钢结构安装</td><td>1</td><td>合格</td><td colspan="2">合格</td></tr>
<tr><td>7</td><td colspan="2">防腐涂料涂装</td><td>1</td><td>合格</td><td colspan="2">合格</td></tr>
<tr><td></td><td colspan="2"></td><td></td><td></td><td colspan="2"></td></tr>
<tr><td colspan="2">质量控制资料</td><td colspan="5">资料共计 7 项,资料完整</td></tr>
<tr><td colspan="2">安全和功能检验结果</td><td colspan="5">检验资料共计 3 项,抽查 3 项,资料完整</td></tr>
<tr><td colspan="2">观感质量检验结果</td><td colspan="5">☑好 □一般 □差</td></tr>
<tr><td colspan="2">综合验收结论</td><td colspan="5">通过对上述分项工程、质量控制资料、安功检验结果、观感质量检查等综合验收,结论是该分部工程通过验收。</td></tr>
<tr><td colspan="2">分包单位(盖章)

项目负责人:

年 月 日</td><td>施工单位(盖章)

项目负责人:金源

年 月 日</td><td colspan="2">设计单位(盖章)

项目负责人:高畅

年 月 日</td><td colspan="2">监理单位(盖章)

总监理工程师:林志明

年 月 日</td></tr>
</table>

注:本记录无分包内容时,分包单位盖章和签字栏填写“无”。

表 C190301C　钢结构原材料及成品进场分项工程质量验收记录

编号 C190301

单位(子单位)工程名称	小游园园林景观工程—风雨亭		分部(子分部)工程名称	主体结构(钢结构)	
分项工程数量	1		检验批数量	4	
施工单位	市政公司		项目负责人	金源	项目技术负责人：李小鹏
分包单位	/		分包单位项目负责人	/	分包内容：/
序号	检验批名称	检验批容量	部位/区段	施工单位检查结果	监理单位验收结论
1	钢板	2 张	钢板	合格	合格
2	型材、管材	17 根	管材	合格	合格
3	焊接材料	焊条、焊剂:12 包	焊接材料	合格	合格
4	涂装材料	6 桶	金属漆	合格	合格

说明：

分项工程包含检验批工程全部合格,分项工程验收合格。

施工单位检查结果	合格。 项目专业技术负责人:李小鹏 年　月　日
监理单位验收结论	该分项工程通过验收。 专业监理工程师:刘明哲 年　月　日

表 C190302C　钢结构焊接分项工程质量验收记录

编号 C190302

<table>
<tr><td>单位(子单位)
工程名称</td><td colspan="2">小游园园林景观工程—风雨亭</td><td>分部(子分部)
工程名称</td><td colspan="3">主体结构(钢结构)</td></tr>
<tr><td>分项工程数量</td><td colspan="2">1</td><td>检验批数量</td><td colspan="3">1</td></tr>
<tr><td>施工单位</td><td colspan="2">市政公司</td><td>项目负责人</td><td>全源</td><td>项目技术负责人</td><td>李仁</td></tr>
<tr><td>分包单位</td><td colspan="2">/</td><td>分包单位
项目负责人</td><td>/</td><td>分包内容</td><td>/</td></tr>
<tr><td>序号</td><td>检验批名称</td><td>检验批容量</td><td>部位/区段</td><td colspan="2">施工单位
检查结果</td><td>监理单位
验收结论</td></tr>
<tr><td>1</td><td>钢结构(钢构件焊接)</td><td>钢构件焊接:17 件
焊接材料:6 包</td><td>构件焊接</td><td colspan="2">合格</td><td>合格</td></tr>
<tr><td></td><td></td><td></td><td></td><td colspan="2"></td><td></td></tr>
<tr><td></td><td></td><td></td><td></td><td colspan="2"></td><td></td></tr>
<tr><td colspan="7">说明:
分项工程包含检验批工程全部合格,分项工程验收合格。</td></tr>
<tr><td>施工单位
检查结果</td><td colspan="6">合格。
项目专业技术负责人:李小鹏
年　月　日</td></tr>
<tr><td>监理单位
验收结论</td><td colspan="6">该分项工程通过验收。
专业监理工程师:刘明哲
年　月　日</td></tr>
</table>

表 C190303C　紧固件连接分项工程质量验收记录

编号 C190303

单位(子单位)工程名称	小游园园林景观工程—风雨亭	分部(子分部)工程名称	主体结构(钢结构)		
分项工程数量	1	检验批数量	1		
施工单位	市政公司	项目负责人	全源	项目技术负责人	李小鹏
分包单位	/	分包单位项目负责人	/	分包内容	/

序号	检验批名称	检验批容量	部位／区段	施工单位检查结果	监理单位验收结论
1	钢结构(普通紧固件连接)	32 个	地脚螺栓	合格	合格

说明：

分项工程包含检验批工程全部合格，分项工程验收合格。

施工单位检查结果	合格。 项目专业技术负责人：李小鹏 年　月　日
监理单位验收结论	该分项工程通过验收。 专业监理工程师：刘明哲 年　月　日

表 C190304C　钢零部件加工分项工程质量验收记录

编号 C190304

<table>
<tr><td>单位(子单位)
工程名称</td><td>小游园园林景观工程—风雨亭</td><td>分部(子分部)
工程名称</td><td colspan="3">主体结构(钢结构)</td></tr>
<tr><td>分项工程数量</td><td>1</td><td>检验批数量</td><td colspan="3">1</td></tr>
<tr><td>施工单位</td><td>市政公司</td><td>项目负责人</td><td>金源</td><td>项目技术负责人</td><td>李小鹏</td></tr>
<tr><td>分包单位</td><td>/</td><td>分包单位
项目负责人</td><td>/</td><td>分包内容</td><td>/</td></tr>
<tr><td>序号</td><td>检验批名称</td><td>检验批容量</td><td>部位/区段</td><td>施工单位
检查结果</td><td>监理单位
验收结论</td></tr>
<tr><td>1</td><td>钢结构(零件及部件加工)</td><td>钢板:2 张
管材:17 根</td><td>零件及部件
加工</td><td>合格</td><td>合格</td></tr>
<tr><td></td><td></td><td></td><td></td><td></td><td></td></tr>
<tr><td></td><td></td><td></td><td></td><td></td><td></td></tr>
<tr><td colspan="6">说明:
分项工程包含检验批工程全部合格,分项工程验收合格。</td></tr>
<tr><td>施工单位
检查结果</td><td colspan="5">合格。
项目专业技术负责人:李小鹏
年　月　日</td></tr>
<tr><td>监理单位
验收结论</td><td colspan="5">该分项工程通过验收。
专业监理工程师:刘明哲
年　月　日</td></tr>
</table>

表 C190305C　钢构件组装及预拼装分项工程质量验收记录

编号 C190305

<table>
<tr><td>单位(子单位)
工程名称</td><td colspan="2">小游园园林景观工程—风雨亭</td><td>分部(子分部)
工程名称</td><td colspan="3">主体结构(钢结构)</td></tr>
<tr><td>分项工程数量</td><td colspan="2">1</td><td>检验批数量</td><td colspan="3">1</td></tr>
<tr><td>施工单位</td><td colspan="2">市政公司</td><td>项目负责人</td><td>全源</td><td>项目技术负责人</td><td>李小鹏</td></tr>
<tr><td>分包单位</td><td colspan="2">/</td><td>分包单位
项目负责人</td><td>/</td><td>分包内容</td><td>/</td></tr>
<tr><td>序号</td><td>检验批名称</td><td>检验批容量</td><td>部位/区段</td><td colspan="2">施工单位
检查结果</td><td>监理单位
验收结论</td></tr>
<tr><td>1</td><td>钢结构
(构件组装)</td><td>构件组装:8 件</td><td>构件组装</td><td colspan="2">合格</td><td>合格</td></tr>
<tr><td></td><td></td><td></td><td></td><td colspan="2"></td><td></td></tr>
<tr><td colspan="7">说明:
分项工程包含检验批工程全部合格,分项工程验收合格。</td></tr>
<tr><td>施工单位
检查结果</td><td colspan="6">合格。
项目专业技术负责人:李小鹏
年　月　日</td></tr>
<tr><td>监理单位
验收结论</td><td colspan="6">该分项工程通过验收。
专业监理工程师:刘明哲
年　月　日</td></tr>
</table>

表 C190306C　单层钢结构安装分项工程质量验收记录

编号 C190306

<table>
<tr><td>单位(子单位)
工程名称</td><td colspan="2">小游园园林景观工程—风雨亭</td><td>分部(子分部)
工程名称</td><td colspan="3">主体结构(钢结构)</td></tr>
<tr><td>分项工程数量</td><td colspan="2">1</td><td>检验批数量</td><td colspan="3">1</td></tr>
<tr><td>施工单位</td><td colspan="2">市政公司</td><td>项目负责人</td><td>金源</td><td>项目技术负责人</td><td>李小鹏</td></tr>
<tr><td>分包单位</td><td colspan="2">/</td><td>分包单位
项目负责人</td><td>/</td><td>分包内容</td><td>/</td></tr>
<tr><td>序号</td><td>检验批名称</td><td>检验批容量</td><td>部位/区段</td><td colspan="2">施工单位
检查结果</td><td>监理单位
验收结论</td></tr>
<tr><td>1</td><td>钢结构(单层钢结构安装)</td><td>钢梁:9 件
钢柱:8 件</td><td>钢结构安装</td><td colspan="2">合格</td><td>合格</td></tr>
<tr><td></td><td></td><td></td><td></td><td colspan="2"></td><td></td></tr>
<tr><td></td><td></td><td></td><td></td><td colspan="2"></td><td></td></tr>
<tr><td colspan="7">说明:
分项工程包含检验批工程全部合格,分项工程验收合格。</td></tr>
<tr><td>施工单位
检查结果</td><td colspan="6">合格。
项目专业技术负责人:李小鹏
年　月　日</td></tr>
<tr><td>监理单位
验收结论</td><td colspan="6">该分项工程通过验收。
专业监理工程师:刘明哲
年　月　日</td></tr>
</table>

表 C190311C　防腐涂料涂装分项工程质量验收记录

编号 C190311

<table>
<tr><td colspan="2">单位(子单位)
工程名称</td><td colspan="2">小游园园林景观工程—风雨亭</td><td>分部(子分部)
工程名称</td><td colspan="3">主体结构(钢结构)</td></tr>
<tr><td colspan="2">分项工程数量</td><td colspan="2">1</td><td>检验批数量</td><td colspan="3">1</td></tr>
<tr><td colspan="2">施工单位</td><td colspan="2">市政公司</td><td>项目负责人</td><td>金源</td><td>项目技术负责人</td><td>李小鹏</td></tr>
<tr><td colspan="2">分包单位</td><td colspan="2">/</td><td>分包单位
项目负责人</td><td>/</td><td>分包内容</td><td>/</td></tr>
<tr><td>序号</td><td>检验批名称</td><td colspan="2">检验批容量</td><td>部位/区段</td><td colspan="2">施工单位
检查结果</td><td>监理单位
验收结论</td></tr>
<tr><td>1</td><td>钢结构(防腐涂料涂装)</td><td colspan="2">涂装构件:17 件</td><td>金属漆涂装</td><td colspan="2">合格</td><td>合格</td></tr>
<tr><td></td><td></td><td colspan="2"></td><td></td><td colspan="2"></td><td></td></tr>
<tr><td></td><td></td><td colspan="2"></td><td></td><td colspan="2"></td><td></td></tr>
</table>

说明:

分项工程包含检验批工程全部合格,分项工程验收合格。

<table>
<tr><td>施工单位
检查结果</td><td>合格。
项目专业技术负责人:李小鹏
年　月　日</td></tr>
<tr><td>监理单位
验收结论</td><td>该分项工程通过验收。
专业监理工程师:刘明哲
年　月　日</td></tr>
</table>

分部工程报验表

编号:001

工程名称	小游园园林景观工程—风雨亭
致:　工程监理有限公司　(项目监理机构) 我方已完成　建筑装饰装修　(分部工程),经自检合格,现将有关资料报上,请予以审查、验收。 附件:分部工程质量控制资料 施工项目部(盖章)　市政公司 项目技术负责人(签字)　李小鹏 年　月　日	
验收意见: 所含分项工程的质量均验收合格,质量控制资料齐全、完整;安全和主要使用功能抽样检验结果符合要求。 专业监理工程师(签字)　刘明哲 年　月　日	
验收意见: 同意验收。 项目监理机构(盖章)　工程监理有限公司 总监理工程师(签字、加盖执业印章)　林志明 年　月　日	

注:本表一式三份,项目监理机构、建设单位、施工单位各一份。

表 C20A 建筑装饰装修分部工程质量验收记录

编号 C20

<table>
<tr><td colspan="2">单位(子单位)工程名称</td><td>小游园园林景观工程—风雨亭</td><td>子分部工程数量</td><td>2</td><td>分项工程数量</td><td>4</td></tr>
<tr><td colspan="2">施工单位</td><td>市政公司</td><td>项目负责人</td><td>金源</td><td>项目技术(质量)负责人</td><td>李小鹏</td></tr>
<tr><td colspan="2">分包单位</td><td>/</td><td>分包单位负责人</td><td>/</td><td>分包内容</td><td>/</td></tr>
<tr><td>序号</td><td>子分部工程名称</td><td>分项工程名称</td><td>检验批数量</td><td colspan="2">施工单位检查结果</td><td>监理单位验收结论</td></tr>
<tr><td>1</td><td>饰面板</td><td>金属板安装</td><td>1</td><td colspan="2">合格</td><td>合格</td></tr>
<tr><td>2</td><td>建筑地面</td><td>基层铺设</td><td>1</td><td colspan="2">合格</td><td>合格</td></tr>
<tr><td>3</td><td>建筑地面</td><td>整体面层铺设</td><td>1</td><td colspan="2">合格</td><td>合格</td></tr>
<tr><td>4</td><td>建筑地面</td><td>板块面层铺设</td><td>1</td><td colspan="2">合格</td><td>合格</td></tr>
<tr><td></td><td></td><td></td><td></td><td colspan="2"></td><td></td></tr>
<tr><td colspan="2">质量控制资料</td><td colspan="5">资料共计 4 项,资料完整</td></tr>
<tr><td colspan="2">安全和功能检验结果</td><td colspan="5">检验资料共计 1 项,抽查 1 项,资料完整</td></tr>
<tr><td colspan="2">观感质量检验结果</td><td colspan="5">☑好 □一般 □差</td></tr>
<tr><td colspan="2">综合验收结论</td><td colspan="5">通过对上述子分部工程、质量控制资料、安功检验结果、观感质量检查等综合验收,结论是该分部工程通过验收。</td></tr>
<tr><td colspan="3">施工单位(盖章)

项目经理:金源

年 月 日</td><td colspan="2">设计单位(盖章)

项目负责人:高畅

年 月 日</td><td colspan="2">监理单位(盖章)

总监理工程师:林志明

年 月 日</td></tr>
</table>

注:1. 本记录适用于除地基与基础分部工程、土方工程分部外的验收应由施工项目经理、设计项目负责人和总监理工程师参加并签字。

2. 当本记录中有分包内容时,签字栏应增加一栏,分包单位(盖章)和分包项目负责人签字。分包单位并参加验收。

表 C2006B　饰面板子分部工程质量验收记录

编号 C2006

<table>
<tr><td colspan="2">单位(子单位)工程名称</td><td colspan="3">小游园园林景观工程—风雨亭</td><td>分项工程数量</td><td>1</td></tr>
<tr><td colspan="2">施工单位</td><td>市政公司</td><td>项目负责人</td><td>金源</td><td>项目技术
(质量)负责人</td><td>李小鹏</td></tr>
<tr><td colspan="2">分包单位</td><td>/</td><td>分包单位负责人</td><td>/</td><td>分包内容</td><td>/</td></tr>
<tr><td>序号</td><td colspan="2">分项工程名称</td><td>检验批数量</td><td colspan="2">施工单位
检查结果</td><td>监理单位
验收结论</td></tr>
<tr><td>1</td><td colspan="2">金属板安装</td><td>1</td><td colspan="2">合格</td><td>合格</td></tr>
<tr><td></td><td colspan="2"></td><td></td><td colspan="2"></td><td></td></tr>
<tr><td></td><td colspan="2"></td><td></td><td colspan="2"></td><td></td></tr>
<tr><td colspan="2">质量控制资料</td><td colspan="5">资料共计 1 项,资料完整</td></tr>
<tr><td colspan="2">安全和功能检验结果</td><td colspan="5">检验资料共计 1 项,抽查 1 项,资料完整</td></tr>
<tr><td colspan="2">观感质量检验结果</td><td colspan="5">□好　☑一般　□差</td></tr>
<tr><td colspan="2">综合验收结论</td><td colspan="5">通过对上述分项工程、质量控制资料、安功检验结果、观感质量检查等综合验收,结论是该分部工程通过验收。</td></tr>
<tr><td colspan="2">分包单位(盖章)

项目负责人:

年　月　日</td><td>施工单位(盖章)

项目负责人:金源

年　月　日</td><td colspan="2">设计单位(盖章)

项目负责人:高畅

年　月　日</td><td colspan="2">监理单位(盖章)

总监理工程师:林志明

年　月　日</td></tr>
</table>

注:本记录无分包内容时,分包单位盖章和签字栏填写“无”。

表 C200604C　金属板安装分项工程质量验收记录

编号:C200604

<table>
<tr><td>单位(子单位)
工程名称</td><td colspan="2">小游园园林景观工程—风雨亭</td><td>分部(子分部)
工程名称</td><td colspan="3">建筑装饰装修(饰面板)</td></tr>
<tr><td>分项工程数量</td><td colspan="2">1</td><td>检验批数量</td><td colspan="3">1</td></tr>
<tr><td>施工单位</td><td colspan="2">市政公司</td><td>项目负责人</td><td>金源</td><td>项目技术负责人</td><td>李小鹏</td></tr>
<tr><td>分包单位</td><td colspan="2">/</td><td>分包单位
项目负责人</td><td>/</td><td>分包内容</td><td>/</td></tr>
<tr><td>序号</td><td>检验批名称</td><td>检验批容量</td><td>部位/区段</td><td colspan="2">施工单位
检查结果</td><td>监理单位
验收结论</td></tr>
<tr><td>1</td><td>金属板安装</td><td>室内:1间</td><td>柱、墙</td><td colspan="2">合格</td><td>合格</td></tr>
<tr><td></td><td></td><td></td><td></td><td colspan="2"></td><td></td></tr>
<tr><td></td><td></td><td></td><td></td><td colspan="2"></td><td></td></tr>
<tr><td colspan="7">说明:
分项工程包含检验批工程全部合格,分项工程验收合格。</td></tr>
<tr><td>施工单位
检查结果</td><td colspan="6">合格。
项目专业技术负责人:李小鹏
年　月　日</td></tr>
<tr><td>监理单位
验收结论</td><td colspan="6">该分项工程通过验收。
专业监理工程师:刘明哲
年　月　日</td></tr>
</table>

表 C2012B　建筑地面子分部工程质量验收记录

编号 C2012

单位(子单位)工程名称	小游园园林景观工程—风雨亭			分项工程数量	3
施工单位	市政公司	项目负责人	金源	项目技术(质量)负责人	李小鹏
分包单位	/	分包单位负责人	/	分包内容	/

序号	分项工程名称	检验批数量	施工单位检查结果	监理单位验收结论
1	基层铺设	1	合格	合格
2	整体面层铺设	1	合格	合格
3	板块面层铺设	1	合格	合格

质量控制资料	资料共计 3 项,资料完整
安全和功能检验结果	检验资料共计 1 项,抽查 1 项,资料完整
观感质量检验结果	☑好　□一般　□差
综合验收结论	通过对上述分项工程、质量控制资料、安功检验结果、观感质量检查等综合验收,结论是该分部工程通过验收。

分包单位(盖章)	施工单位(盖章)	设计单位(盖章)	监理单位(盖章)
项目负责人:	项目负责人:金源	项目负责人:高畅	总监理工程师:林志明
年　月　日	年　月　日	年　月　日	年　月　日

注:本记录无分包内容时,分包单位盖章和签字栏填写“无”。

表 C201201C　基层铺设分项工程质量验收记录

编号 C201201

<table>
<tr><td colspan="2">单位(子单位)工程名称</td><td colspan="2">小游园园林景观工程—风雨亭</td><td>分部(子分部)工程名称</td><td colspan="3">建筑装饰装修(建筑地面)</td></tr>
<tr><td colspan="2">分项工程数量</td><td colspan="2">1</td><td>检验批数量</td><td colspan="3">1</td></tr>
<tr><td colspan="2">施工单位</td><td colspan="2">市政公司</td><td>项目负责人</td><td>金源</td><td>项目技术负责人</td><td>李小鹏</td></tr>
<tr><td colspan="2">分包单位</td><td colspan="2">/</td><td>分包单位项目负责人</td><td>/</td><td>分包内容</td><td>/</td></tr>
<tr><td>序号</td><td colspan="2">检验批名称</td><td>检验批容量</td><td>部位/区段</td><td colspan="2">施工单位检查结果</td><td>监理单位验收结论</td></tr>
<tr><td>1</td><td colspan="2">砂垫层和砂石垫层</td><td>无防水要求:1 间</td><td>级配砂石垫层</td><td colspan="2">合格</td><td>合格</td></tr>
<tr><td></td><td colspan="2"></td><td></td><td></td><td colspan="2"></td><td></td></tr>
<tr><td colspan="8">说明:
分项工程包含检验批工程全部合格,分项工程验收合格。</td></tr>
<tr><td colspan="2">施工单位检查结果</td><td colspan="6">合格。
项目专业技术负责人:李小鹏
年　月　日</td></tr>
<tr><td colspan="2">监理单位验收结论</td><td colspan="6">该分项工程通过验收。
专业监理工程师:刘明哲
年　月　日</td></tr>
</table>

表 C201202C　整体面层铺设分项工程质量验收记录

编号 C201202

<table>
<tr><td>单位(子单位)
工程名称</td><td colspan="2">小游园园林景观工程—风雨亭</td><td>分部(子分部)
工程名称</td><td colspan="3">建筑装饰装修(建筑地面)</td></tr>
<tr><td>分项工程数量</td><td colspan="2">1</td><td>检验批数量</td><td colspan="3">1</td></tr>
<tr><td>施工单位</td><td colspan="2">市政公司</td><td>项目负责人</td><td>金源</td><td>项目技术负责人</td><td>李小鹏</td></tr>
<tr><td>分包单位</td><td colspan="2">/</td><td>分包单位
项目负责人</td><td>/</td><td>分包内容</td><td>/</td></tr>
<tr><td>序号</td><td>检验批名称</td><td>检验批容量</td><td>部位/区段</td><td colspan="2">施工单位
检查结果</td><td>监理单位
验收结论</td></tr>
<tr><td>1</td><td>水泥混凝土
面层</td><td>无防水要求:1 间</td><td>混凝土基层</td><td colspan="2">合格</td><td>合格</td></tr>
<tr><td></td><td></td><td></td><td></td><td colspan="2"></td><td></td></tr>
<tr><td colspan="7">说明:
分项工程包含检验批工程全部合格,分项工程验收合格。</td></tr>
<tr><td>施工单位
检查结果</td><td colspan="6">合格。
项目专业技术负责人:李小鹏
年　月　日</td></tr>
<tr><td>监理单位
验收结论</td><td colspan="6">该分项工程通过验收。
专业监理工程师:刘明哲
年　月　日</td></tr>
</table>

表 C201203C　板块面层铺设分项工程质量验收记录

编号 C201203

<table>
<tr><td colspan="2">单位(子单位)工程名称</td><td>小游园园林景观工程—风雨亭</td><td>分部(子分部)工程名称</td><td colspan="3">建筑装饰装修(建筑地面)</td></tr>
<tr><td colspan="2">分项工程数量</td><td>1</td><td>检验批数量</td><td colspan="3">1</td></tr>
<tr><td colspan="2">施工单位</td><td>市政公司</td><td>项目负责人</td><td>金源</td><td>项目技术负责人</td><td>李小鹏</td></tr>
<tr><td colspan="2">分包单位</td><td>/</td><td>分包单位项目负责人</td><td>/</td><td>分包内容</td><td>/</td></tr>
<tr><td>序号</td><td>检验批名称</td><td>检验批容量</td><td>部位/区段</td><td>施工单位检查结果</td><td colspan="2">监理单位验收结论</td></tr>
<tr><td>1</td><td>花岗石面层</td><td>无防水要求:1 间</td><td>地面铺装</td><td>合格</td><td colspan="2">合格</td></tr>
<tr><td></td><td></td><td></td><td></td><td></td><td colspan="2"></td></tr>
<tr><td colspan="7">说明:
分项工程包含检验批工程全部合格,分项工程验收合格。</td></tr>
<tr><td colspan="2">施工单位检查结果</td><td colspan="5">合格。
项目专业技术负责人:李小鹏
年　月　日</td></tr>
<tr><td colspan="2">监理单位验收结论</td><td colspan="5">该分项工程通过验收。
专业监理工程师:刘明哲
年　月　日</td></tr>
</table>

表 C21A　屋面分部工程质量验收记录

编号 C21

<table>
<tr><td colspan="2">单位(子单位)工程名称</td><td>小游园园林景观工程—风雨亭</td><td>子分部
工程数量</td><td>1</td><td>分项工程数量</td><td>2</td></tr>
<tr><td colspan="2">施工单位</td><td>市政公司</td><td>项目
负责人</td><td>金源</td><td>项目技术
(质量)负责人</td><td>李小鹏</td></tr>
<tr><td colspan="2">分包单位</td><td>/</td><td>分包单位
负责人</td><td>/</td><td>分包内容</td><td>/</td></tr>
<tr><td>序号</td><td>子分部工程名称</td><td>分项工程名称</td><td>检验批数量</td><td>施工单位
检查结果</td><td colspan="2">监理单位
验收结论</td></tr>
<tr><td>1</td><td>瓦面与板面</td><td>金属板铺装</td><td>1</td><td>合格</td><td colspan="2">合格</td></tr>
<tr><td>2</td><td>瓦面与板面</td><td>玻璃采光顶铺装</td><td>1</td><td>合格</td><td colspan="2">合格</td></tr>
<tr><td></td><td></td><td></td><td></td><td></td><td colspan="2"></td></tr>
<tr><td colspan="2">质量控制资料</td><td colspan="5">资料共计 2 项,资料完整</td></tr>
<tr><td colspan="2">安全和功能检验结果</td><td colspan="5">检验资料共计 2 项,抽查 2 项,资料完整</td></tr>
<tr><td colspan="2">观感质量检验结果</td><td colspan="5">☑好　□一般　□差</td></tr>
<tr><td colspan="2">综合验收结论</td><td colspan="5">通过对上述子分部工程、质量控制资料、安功检验结果、观感质量检查等综合验收,结论是该分部工程通过验收。</td></tr>
<tr><td colspan="3">施工单位(盖章)

项目经理:金源

年　月　日</td><td colspan="2">设计单位(盖章)

项目负责人:高畅

年　月　日</td><td colspan="2">监理单位(盖章)

总监理工程师:林志明

年　月　日</td></tr>
</table>

注:1. 本记录适用于除地基与基础分部工程、土方工程分部外的验收应由施工项目经理、设计项目负责人和总监理工程师参加并签字。

2. 当本记录中有分包内容时,签字栏应增加一栏,分包单位(盖章)和分包项目负责人签字。分包单位并参加验收。

表 C2104B　瓦面与板面子分部工程质量验收记录

编号 C2104

<table>
<tr><td colspan="2">单位(子单位)工程名称</td><td colspan="3">小游园园林景观工程—风雨亭</td><td colspan="2">分项工程数量</td><td>2</td></tr>
<tr><td colspan="2">施工单位</td><td>市政公司</td><td>项目负责人</td><td>金源</td><td colspan="2">项目技术
(质量)负责人</td><td>李小鹏</td></tr>
<tr><td colspan="2">分包单位</td><td>/</td><td>分包单位负责人</td><td>/</td><td colspan="2">分包内容</td><td>/</td></tr>
<tr><td>序号</td><td colspan="2">分项工程名称</td><td>检验批数量</td><td colspan="2">施工单位
检查结果</td><td colspan="2">监理单位
验收结论</td></tr>
<tr><td>1</td><td colspan="2">金属板铺装</td><td>1</td><td colspan="2">合格</td><td colspan="2">合格</td></tr>
<tr><td>2</td><td colspan="2">玻璃采光顶铺装</td><td>1</td><td colspan="2">合格</td><td colspan="2">合格</td></tr>
<tr><td></td><td colspan="2"></td><td></td><td colspan="2"></td><td colspan="2"></td></tr>
<tr><td></td><td colspan="2"></td><td></td><td colspan="2"></td><td colspan="2"></td></tr>
<tr><td colspan="2">质量控制资料</td><td colspan="6">资料共计 2 项,资料完整</td></tr>
<tr><td colspan="2">安全和功能检验结果</td><td colspan="6">检验资料共计 2 项,抽查 2 项,资料完整</td></tr>
<tr><td colspan="2">观感质量检验结果</td><td colspan="6">☑好　□一般　□差</td></tr>
<tr><td colspan="2">综合验收结论</td><td colspan="6">通过对上述分项工程、质量控制资料、安功检验结果、观感质量检查等综合验收,结论是该分部工程通过验收。</td></tr>
<tr><td colspan="2">分包单位(盖章)

项目负责人:

年　月　日</td><td>施工单位(盖章)

项目负责人:金源

年　月　日</td><td colspan="2">设计单位(盖章)

项目负责人:高畅

年　月　日</td><td colspan="3">监理单位(盖章)

总监理工程师:林志明

年　月　日</td></tr>
</table>

注:本记录无分包内容时,分包单位盖章和签字栏填写“无”。

表 C210403C　金属板铺装分项工程质量验收记录

编号 C210403

<table>
<tr><td>单位(子单位)
工程名称</td><td colspan="2">小游园园林景观工程—风雨亭</td><td>分部(子分部)
工程名称</td><td colspan="3">屋面(瓦面与板面)</td></tr>
<tr><td>分项工程数量</td><td colspan="2">1</td><td>检验批数量</td><td colspan="3">1</td></tr>
<tr><td>施工单位</td><td colspan="2">市政公司</td><td>项目负责人</td><td>金源</td><td>项目技术负责人</td><td>李小鹏</td></tr>
<tr><td>分包单位</td><td colspan="2">/</td><td>分包单位
项目负责人</td><td>/</td><td>分包内容</td><td>/</td></tr>
<tr><td>序号</td><td>检验批名称</td><td>检验批容量</td><td>部位 / 区段</td><td>施工单位
检查结果</td><td colspan="2">监理单位
验收结论</td></tr>
<tr><td>1</td><td>金属板铺装</td><td>24 m²</td><td>屋面镀锌钢板</td><td>合格</td><td colspan="2">合格</td></tr>
<tr><td></td><td></td><td></td><td></td><td></td><td colspan="2"></td></tr>
<tr><td colspan="7">说明：
分项工程包含检验批工程全部合格，分项工程验收合格。</td></tr>
<tr><td>施工单位
检查结果</td><td colspan="6">合格。
项目专业技术负责人：李小鹏
年　月　日</td></tr>
<tr><td>监理单位
验收结论</td><td colspan="6">该分项工程通过验收。
专业监理工程师：刘明哲
年　月　日</td></tr>
</table>

表 C210404C　玻璃采光顶铺装分项工程质量验收记录

编号 C210404

<table>
<tr><td>单位(子单位)
工程名称</td><td colspan="2">小游园园林景观工程—风雨亭</td><td>分部(子分部)
工程名称</td><td colspan="3">屋面(瓦面与板面)</td></tr>
<tr><td>分项工程数量</td><td colspan="2">1</td><td>检验批数量</td><td colspan="3">1</td></tr>
<tr><td>施工单位</td><td colspan="2">市政公司</td><td>项目负责人</td><td>金源</td><td>项目技术负责人</td><td>李小鹏</td></tr>
<tr><td>分包单位</td><td colspan="2">/</td><td>分包单位
项目负责人</td><td>/</td><td>分包内容</td><td>/</td></tr>
<tr><td>序号</td><td>检验批名称</td><td>检验批容量</td><td>部位/区段</td><td colspan="2">施工单位
检查结果</td><td>监理单位
验收结论</td></tr>
<tr><td>1</td><td>玻璃采光顶铺装</td><td>4 m²</td><td>采光顶</td><td colspan="2">合格</td><td>合格</td></tr>
<tr><td></td><td></td><td></td><td></td><td colspan="2"></td><td></td></tr>
<tr><td colspan="7">说明：
分项工程包含检验批工程全部合格，分项工程验收合格。</td></tr>
<tr><td>施工单位
检查结果</td><td colspan="6">合格。
项目专业技术负责人：李小鹏
年　月　日</td></tr>
<tr><td>监理单位
验收结论</td><td colspan="6">该分项工程通过验收。
专业监理工程师：刘明哲
年　月　日</td></tr>
</table>

【经验之谈】

建筑工程由于其自身的特性，大部分工序都被下一道工序所覆盖，及时做好分项工程检验批的验收、质量评定记录和各项技术签证，是贯彻《建设工程质量管理条例》和实施建筑工程施工质量验收规范的具体体现，同时也是落实工程质量终身责任制的具体体现。工程施工技术资料是工程管理和工程质量特征的真实反映，是施工过程中质量控制的真实记录，因此工程技术资料必须随着工程进度形成。

在工程技术资料撰写、收集、整理过程中，紧紧围绕单位工程、分部工程、分项工程和检验批的验收需要，以单位工程质量控制记录、工程安全和功能检验记录为主线，按照《建筑工程施工质量验收统一标准》(GB 50300—2013)规定的内容，以实例说明，按专业进行撰写、收集、整理。通俗地讲，施工技术资料是为单位工程、分部工程、分项工程、检验批工程质量验收提供质量证明文件的。这些质量证明文件中，有些属于质量控制文件，有些属于质量验证文件，总而言之，施工技术资料是为工程质量验收服务的，也为工程的维修、质量保修和事故处理提供了可靠的技术鉴定依据。

施工技术资料的重要性在于对施工过程的真实记录，因此在填写中应力求做到记录过程清晰、数据真实可靠、结论明确、签字齐全。

资料的完整主要看其是否可以反映工程的结构安全和使用功能是否达到设计要求，满足工程验收的需要。过程记录要详略得当，过于简练，不能反映施工全过程；过于烦琐，增加工程技术人员的工作量，加大项目施工成本。

工程验收人员应具备相应资格，这是保证工程验收质量的有效措施，验收规范必须由掌握验收规范的专业人员来执行，不同阶段的验收，由不同的验收人员完成。在验收记录中由相应工程技术责任人签字，这是强制性要求，也是落实工程质量责任终身制的具体体现。

施工过程记录是通过表格记录完成的，可以通过文字表达，也可以图文并茂。对于分项(检验批)、分部和单位工程验收记录，标准中已有规定，对于其他验收和记录，表式力求简化，提高通用性，减少表式种类。

本实例是以《建设工程文件归档技术规程》为基础，结合新疆施工企业管理实际情况，按照检验批、分项、分部、单位工程验收需要内容设计和填写的，施工单位可以根据工程施工情况进一步完善，使其更加准确和规范。

施工中材料、构配件、设备以及上道工序验收合格后，方能使用可进行正道工序施工，因此要求施工单位和验收单位要有足够的、双方认可的质量证明文件，但是本实例由于条件限制，这部分内容未能体现出来。只体现了 C18～C28 类施工质量验收记录，C01 类施工管理资料及 C02～C08 类质量控制资料、C11～C17 类安全和功能检验资料包含在其他章节中。

【工作任务实施记录与评价】

根据企业师傅指导，使用筑业资料软件完成“分项分部单位工程划分”练习新建检验批、生成原始记录报审表、隐蔽工程验收记录等，完成学徒任务。

1. 筑业资料软件的使用学徒考核方案

见表 3-9。

表 3-9 筑业资料软件的使用学徒考核方案

学徒任务	考核要求与标准	自我评分	师傅评分
1. 学会新建工程	用筑业资料软件(学习版)实操新建一个工程(20分)		
2. 完善工程信息	将本工程信息在软件中完善(20分)		
3. 按“分项分部单位工程划分”实操新建检验批、生成原始记录、报验报审表	依据“分项分部单位工程划分”练习新建检验批、生成原始记录报审表、隐蔽工程验收记录等(30分)		
4. 学会自动生成分项、分部工程表格	练习损伤软件汇总(10分)		
5. 按单位工程形成竣工验收备案资料	按单位工程形成竣工验收备案资料(10分)		
6. 具备职业精神	工作中认真负责,遵守企业规章制度,良好有效沟通,尊重企业师傅(10分)		

2. 学徒关键职业能力及职业品质、工匠精神评价

见表 3-10。

表 3-10 学徒关键职业能力及职业品质、工匠精神评价

项目	A	B	C	D
工作态度				
吃苦耐劳				
团队协作				
沟通交流				
学习钻研				
认真负责				
诚实守信				

【学徒工作任务】

根据企业师傅指导,依据本教材提供的资料,以风雨亭项目为例,练习筑业资料软件操作,并填写学徒工作任务单(表 3-11)。

表 3-11 风雨亭项目资料实操学徒工作任务单

工作任务	工作具体安排	资料内容
以风雨亭项目为例，实操筑业资料软件	学会新建工程，填写工程信息	
	根据施工图纸的做法掌控风雨亭的分项工程包含几个检验批	
	软件实操形成检验批、原始记录	
	用软件利用已有检验批生成分项、子分部、分部工程	
	完善竣工验收备案资料	

项目三
整理市政施工资料(C 类)

【知识储备】

1. 市政施工资料一般规定

(1)市政施工资料整理是项目管理的重要环节,其可全面反映建设过程中各个阶段的实际情况,因此应保证资料贯穿整个工程项目管理,且其内容真实、统一。要实现该目标则要求各参建方主体均应对工程资料进行科学、规范的管理,才能最终保证资料符合现场施工内容,为项目的竣工验收和后续管理提供真实、完整的原始资料。

(2)施工资料实行报验、报审制度,应设专门部门或专人负责管理。在施工过程中应按先自检后交接检验再验收的程序,加强过程控制。

(3)施工资料应由施工单位项目技术负责人负责管理,由资料管理人员收集、整理,资料管理人员应经专业培训合格。

(4)施工资料的报验、报审及验收、审批均应有时限性要求。工程相关参建单位应在合同中约定工程报验、报审的申报时间及审批时间,并约定相应承担的责任。当无约定时,施工资料的申报、审批不得影响正常施工。

(5)建筑工程实行总承包的,施工单位应在与分包单位签订施工合同时,明确分包范围内施工资料的移交办法,包括套数、时间、质量要求、验收标准、违约责任等。专业分包也遵守本规定。

(6)工程中出现部分施工资料不全,使工程无法正常验收的,应由具有相应资质的检测机构进行实体检测或抽样试验,以确定工程质量状况,并出具检验报告。

2. 资料整理的重要性

(1)市政工程施工技术资料是施工过程中施工单位依据有关规定所做的文字记录、图纸、表格、音像等应当归档的资料,它是评定工程质量、竣工交付使用的必要条件,也是对工程进行检查、维护、管理、使用、改建和扩建的依据。因此,工程施工技术资料应随施工进度及时整理，认真进行填写，做到字迹清楚，项目齐全、准确、真实，而且必须由各级施工技术负责人审核，竣工后资料成果应由企业技术负责人和法人代表签字并加盖单位公章。

(2)建设单位与施工企业在签订施工合同时，应对施工技术资料的编制责任和移交期限做出明确规定。

(3)市政工程施工技术资料的管理工作由施工企业负责。施工企业应加强对施工技术资料工作管理的领导，建立和健全技术资料管理部门，制定岗位责任制。

(4)建设单位、施工单位、监理单位以及有关人员应认真学习城建档案和建设工程档案相关的政策法规、规范性文件等，宣传建设工程项目建档、归档和向城建档案馆报送移交档案的重要性、必要性，提高人们的档案意识和法制意识。

(5)加强对建设工程项目的有关工程技术人员和档案人员开展档案资料的形成、积累、归档、整理等档案理论知识、具体业务规范标准和业务操作技能的培训工作。

(6)施工企业应把施工技术资料的管理纳入企业的奖罚制度。对涂改、伪造、随意抽撤或损毁、丢失等玩忽职守造成资料不合格的，应按有关规定予以处罚，情节严重构成犯罪的依法追究刑事责任。

3. 市政工程资料整理内容

市政工程包括道路，桥梁，排水、雨、污水厂站，防洪及园林绿化等工程。其中，园林绿化工程包含绿化工程和园林附属工程。绿化工程含栽植基础工程、栽植工程和养护三个分部工程；园林附属工程含园路与广场铺装工程和假山、叠石、置石工程、园林理水工程以及园林设施安装。

任务一　整理施工管理资料

【任务目标与质量要求】

掌握施工管理资料的编制流程和填写方法。要求表格制作规范，内容填写完整准确。

【学习产出目标】

1. 了解和掌握施工管理资料所包含的内容。
2. 熟悉施工管理资料的表格类型。
3. 完整准确填写施工管理资料表格。
4. 发现问题及时与企业师傅沟通，保证工作效率，营造良好的工作氛围。

【知识储备】

施工管理资料包括：施工准备管理文件，施工技术管理文件，施工报审、报验管理（与报审内容配套）以及施工工程款管理。

1. 施工准备管理文件

主要内容：工程概况表、工程质量保证体系报审表、施工现场质量管理检查记录、工程开工报审表、工程开工报告、工程停工报告、工程复工报审表、工程复工报告、分包单位资质报审表等。

2. 施工技术管理文件

主要内容：施工组织设计（施工方案）及审批表、专项施工方案及审批表、专家论证意见表、施工日志、技术交底、工作联系单等。

(1)施工企业内部审核施工组织设计，(专项)施工方案的过程文件和报审文件应作为施工组织设计，危险性较大的分部分项工程专项施工方案的附件。

(2)施工组织设计应包括：①文字说明，包括工程概况、工程造价、工程特点、工期要求、施工部署、质量要求、主要技术措施等应说明的情况。②施工平面布置图。③进度计划安排及各种工、料、机运进计划表。④质量目标设计(质量总目标、分项质量目标，实现质量目标的内容措施、办法、执行人)。⑤施工技术方案、保证质量及文明施工、安全施工的技术措施(包括冬、雨季施工措施，以及采用的新技术、新工艺、新方法等)。⑥施工节约技术措施。⑦大型桥梁、厂、站等土建、安装复杂的工程应有针对单项工程施工需要的专项设计，如模板及支架设计、地下沟槽支撑设计、降水设计、施工便桥、便线设计、方涵顶进后背设计、预应力混凝土钢筋张拉设计、大型预制构件吊装设计、混凝土施工浇筑方案设计、设备安装方案设计等。⑧环保措施等。

(3)施工企业应按专家组提出的论证审查报告对安全专项施工方案进行修改完善，提交专家组组长进行复核确认。企业内部审核过程文件、建设单位和总监理工程师的审核过程文件、专家论证报告、修改情况回复和专家组组长复核意见应作为安全专项方案的附件。

(4)在单位工程或分部分项工程施工前，应向参与施工的有关管理人员和操作人员技术交底。使参与施工的人员对设计情况、结构特点、技术质量要求、施工工艺、操作要点等有一个较详细的了解，按合理的工序、工艺流程进行作业，避免发生技术指导错误和操作错误。技术交底记录内容应包括施工组织设计交底、专项施工方案技术交底、分项工程施工技术交底、"四新"技术交底等。各项交底应明确具体要求，交底双方签字齐全。

(5)工程发生变更时，提出单位应填写工程联系单，报监理及相关单位审批。

3. 施工报审、报验管理(与报审内容配套)

主要内容：各类报审表、工程材料 / 构配件 / 设备清单、工程质量整改情况报告、监理整改通知单等。

质量事故报告及处理记录：①质量事故报告，质量事故发生后立即填写"工程质量事故报告"将质量事故的情况及估计损失及时向上一级主管部门报告。②质量事故处理完毕后填写"质量事故记录"，将事故的性质、实际损失情况、处理方法、是否造成永久性缺陷等内容填写清楚备查。

4. 施工工程款管理

主要内容：工程款支付报审表、费用索赔报审表、工程临时 / 最终延期报审表、索赔意向通知书。

【实践操作】

利用小游园园林景观工程项目中的绿化工程所包含的部分施工管理资料进行整理，可以更直观、清晰地掌握施工管理资料的表格及其所填写的内容。

表 C010101　工程项目概况表

编号 C010101-001

工程名称	小游园园林景观工程		建筑地址	/
建设单位	房地产开发有限责任公司		监理单位	工程监理有限公司
设计单位	市政园林设计院		勘察单位	/
施工单位	市政公司		合同范围	/
规划许可证	/		施工许可证	/
开工日期	年　月　日		竣工日期	年　月　日
结构类型	园林绿化			
道路工程	/	/		
桥梁工程	/	/		
给排水管道	/	/		
城镇燃气	/	/		
城镇供热管网	/	/		
园林绿化	绿化总面积	$317\ m^2$		
	苗木花卉数量	259 株		
	草坪面积	$306.6\ m^2$		
	/	/		
给排水构筑物	/	/		
城市污水处理	/	/		
路灯及夜景照明	/	/		
项目管理目标				
质量目标	安全生产目标		环境保护目标	
合格	合格		合格	

注：本表可依据专业工程项目进行调整变动。

表 C010102　工程质量保证体系报审表

编号 C010102-001

<table>
<tr><td colspan="2">工程名称</td><td colspan="3">小游园园林景观工程</td><td>工程地址</td><td>/</td></tr>
<tr><td colspan="2">建设单位</td><td colspan="3">房地产开发有限责任公司</td><td>项目负责人</td><td>牛清杰</td></tr>
<tr><td colspan="2">监理单位</td><td colspan="3">工程监理有限公司</td><td>企业法人</td><td>/</td></tr>
<tr><td colspan="2">施工单位</td><td colspan="3">市政公司</td><td>企业法人</td><td>/</td></tr>
<tr><td colspan="2">分包单位</td><td colspan="3">/</td><td>企业法人</td><td>/</td></tr>
<tr><td rowspan="13">总承包或分包施工单位</td><td>职务</td><td>姓名</td><td>专业职称</td><td>注册证书/岗位证书</td><td>证书号</td><td>本项目管理工作内容</td></tr>
<tr><td>项目经理</td><td>金源</td><td>高级工程师</td><td>注册证书</td><td>疆 2111122****</td><td></td></tr>
<tr><td>项目技术负责人</td><td>李小鹏</td><td>高级工程师</td><td>注册证书</td><td>ZGC0502****</td><td></td></tr>
<tr><td>质量检查员</td><td>张晓</td><td>工程师</td><td>岗位证书</td><td>疆 520-000****</td><td></td></tr>
<tr><td>安全员</td><td></td><td></td><td></td><td></td><td></td></tr>
<tr><td>资料员</td><td></td><td></td><td></td><td></td><td></td></tr>
<tr><td>检试验负责人</td><td></td><td></td><td></td><td></td><td></td></tr>
<tr><td>材料负责人</td><td></td><td></td><td></td><td></td><td></td></tr>
<tr><td>质量管理制度名称</td><td colspan="5"></td></tr>
<tr><td colspan="2">检测单位名称</td><td colspan="2">检测单位资质编号</td><td colspan="2">计量认证证书编号</td></tr>
<tr><td colspan="2">新疆华晨工程质量检测中心</td><td colspan="2">(新)建检字第 101 号</td><td colspan="2">MA15010106****</td></tr>
<tr><td colspan="2"></td><td colspan="2"></td><td colspan="2"></td></tr>
<tr><td colspan="6"></td></tr>
<tr><td>核对意见</td><td colspan="6">监理机构：

工程监理有限公司

☑ 与注册质量安全监督上报备案人员一致。　　☐ 与注册质量安全监督上报备案人员不一致，需要重新备案。

专/总监理工程师：　林志明　　　年　月　日</td></tr>
</table>

附：人员证件原件由监理机构核对后，并将其所属人员证件的复印件（复印件上由施工项目部盖章）附在此表后面。

表 C010103　施工现场质量管理检查记录

编号 C010103-001

<table>
<tr><td>工程名称</td><td>小游园园林景观工程</td><td>开工日期</td><td>年　月　日</td><td>施工许可证号</td><td>/</td></tr>
<tr><td>建设单位</td><td colspan="2">房地产开发有限责任公司</td><td>项目负责人</td><td colspan="2">牛清杰</td></tr>
<tr><td>设计单位</td><td colspan="2">市政园林设计院</td><td>项目负责人</td><td colspan="2">高畅</td></tr>
<tr><td>监理单位</td><td colspan="2">工程监理有限公司</td><td>总监理工程师</td><td colspan="2">林志明</td></tr>
<tr><td>施工单位</td><td>市政公司</td><td>项目负责人</td><td>金源</td><td>项目技术负责人</td><td>李小鹏</td></tr>
<tr><td>序号</td><td>项目</td><td colspan="4">主要内容</td></tr>
<tr><td>1</td><td>项目部质量管理体系</td><td colspan="4">项目组织机构及职能;项目工程质量目标、方针、保证措施;工程质量控制措施;工程质量管理体系;附件</td></tr>
<tr><td>2</td><td>现场质量责任制</td><td colspan="4">岗位责任制;设计交底;技术交底;定期质量检查制度</td></tr>
<tr><td>3</td><td>主要专业工种操作岗位证书</td><td colspan="4">各主要专业工种操作人员均持证上岗,证书齐全有效</td></tr>
<tr><td>4</td><td>分包单位管理制度</td><td colspan="4">/</td></tr>
<tr><td>5</td><td>图纸会审记录</td><td colspan="4">各参建方已签字</td></tr>
<tr><td>6</td><td>地质勘察资料</td><td colspan="4">有地质勘察报告</td></tr>
<tr><td>7</td><td>施工技术标准</td><td colspan="4">工艺标准若干种,采用国家、行业标准</td></tr>
<tr><td>8</td><td>施工组织设计、施工方案编制及审批</td><td colspan="4">施工组织设计、主要施工方案编制审批齐全</td></tr>
<tr><td>9</td><td>物资采购管理制度</td><td colspan="4">物资采购管理制度已审批</td></tr>
<tr><td>10</td><td>施工设施和机械设备管理制度</td><td colspan="4">施工设施和机械管理制度已审批;安全措施;安全教育</td></tr>
<tr><td>11</td><td>计量设备配备</td><td colspan="4">计量设备按需配备,并经检测机构鉴定合格</td></tr>
<tr><td>12</td><td>检测试验管理制度</td><td colspan="4">检测试验管理制度已审批</td></tr>
<tr><td>13</td><td>工程质量检查验收制度</td><td colspan="4">原材料及施工检验制度已审批;抽测项目的检测计划,分项工程质量三检制度</td></tr>
<tr><td colspan="3">自检结果:
上述项目均已按照要求制定,齐全完整。
项目经理:　金源
年　月　日</td><td colspan="3">检查结论:
经检查,项目部施工现场质量管理体系健全,人员证书齐全有效。
总监理工程师:　林志明
年　月　日</td></tr>
</table>

表 C010104　工程开工报审表

编号 C010104-001

<table>
<tr><td>工程名称</td><td>小游园园林景观工程</td></tr>
<tr><td colspan="2">致：房地产开发有限责任公司（建设单位）
工程监理有限公司（项目监理机构）
我方承担的 小游园园林景观 工程，已完成相关准备工作，具备开工条件，申请于＿＿年＿月＿日开工，请予以审批。
附件：证明文件资料如下。
1. 规划许可证、施工许可证；
2. 工程开工报告；
3. 施工组织设计及报验资料；
4. 施工材料及报验资料；
5. 施工机械及进场报验资料；
6. 管理、施工人员开工前进场教育资料；
7. 开工前各项手续。
施工单位（盖章）　市政公司
项目经理（签字）　全源
年　月　日</td></tr>
<tr><td colspan="2">审核意见：
经审核，报审的开工资料齐全、有效；具备开工条件，同意开工。
项目监理机构（盖章）　工程监理有限公司
总监理工程师（签字、加盖执业印章）　林志明
年　月　日</td></tr>
<tr><td colspan="2">审批意见：
同意开工。
建设单位（盖章）　房地产开发有限责任公司
项目负责人（签字）　牛清杰
年　月　日</td></tr>
</table>

表 C010105　工程开工报告

编号 C010105-001

<table>
<tr><td colspan="2">工程名称</td><td colspan="2">小游园园林景观工程</td><td>建设单位</td><td colspan="2">房地产开发有限责任公司</td></tr>
<tr><td colspan="2">施工单位</td><td colspan="2">市政公司</td><td>监理单位</td><td colspan="2">工程监理有限公司</td></tr>
<tr><td rowspan="7">工程概况</td><td>建筑面积</td><td colspan="2">/</td><td>总投资</td><td colspan="2">/</td></tr>
<tr><td colspan="6">主要工程项目</td></tr>
<tr><td>项目名称</td><td>工程结构</td><td>建筑面积</td><td>投资</td><td colspan="2">附加工程或工程特点</td></tr>
<tr><td>绿化工程</td><td>/</td><td>/</td><td>/</td><td colspan="2">/</td></tr>
<tr><td></td><td></td><td></td><td></td><td colspan="2"></td></tr>
<tr><td></td><td></td><td></td><td></td><td colspan="2"></td></tr>
<tr><td></td><td></td><td></td><td></td><td colspan="2"></td></tr>
<tr><td colspan="2">施工许可证办理情况</td><td colspan="3">施工许可证已办理</td><td>施工许可证编号</td><td>/</td></tr>
<tr><td colspan="2">施工图纸交付及会审情况</td><td colspan="5">施工图已交付，图纸会审已完成</td></tr>
<tr><td colspan="2">施工现场“五通一平”情况</td><td colspan="5">施工现场“五通一平”已完成</td></tr>
<tr><td colspan="2">材料、主要设备到场情况</td><td colspan="5">材料、主要设备已进场，进场报验资料已完成</td></tr>
<tr><td colspan="2">施工组织设计编制审批情况</td><td colspan="5">施工组织设计审批已完成</td></tr>
<tr><td colspan="2">施工预算编制及工程合同签订情况</td><td colspan="5">施工预算编制已完成，工程合同已签订</td></tr>
<tr><td colspan="2">其他事项</td><td colspan="5">/</td></tr>
<tr><td colspan="2">合同开工日期</td><td colspan="2">年　月　日</td><td colspan="2">合同竣工日期</td><td>年　月　日</td></tr>
<tr><td colspan="3">建设单位（盖章）
项目负责人：牛清杰
年　月　日</td><td colspan="2">监理单位（盖章）
总监理工程师：林志明
年　月　日</td><td colspan="2">施工单位（盖章）
项目经理：金源
年　月　日</td></tr>
</table>

表 C010108 工程复工报告

编号 C010108-001

<table>
<tr><td>工程名称</td><td>小游园园林景观工程</td><td>停工时间</td><td>年 月 日</td></tr>
<tr><td>监理单位</td><td>工程监理有限公司</td><td>复工时间</td><td>年 月 日</td></tr>
<tr><td>停工原因</td><td colspan="3">进入冬季,施工不利于养护。</td></tr>
<tr><td colspan="4">复工说明:
进入春季,气温升高,天气变暖,施工具备养护条件。
施工项目经理部(盖章) 市政公司
项目经理(签字) 金源
年 月 日</td></tr>
<tr><td colspan="4">监理单位意见:
同意施工复工。
项目监理机构(盖章) 工程监理有限公司
总监理工程师(签字、加盖执业印章) 林志明
年 月 日</td></tr>
<tr><td colspan="4">建设单位意见:
同意复工。
建设单位(盖章) 房地产开发有限责任公司
项目负责人: 牛清杰
年 月 日</td></tr>
</table>

注:本表一式六份,监理单位、建设单位、质量监督机构、城建档案馆各一份,施工单位两份。

表 C010203　施工组织设计(施工方案)及审批表

编号 C010203-001

<table>
<tr><td>工程名称</td><td colspan="3">小游园园林景观工程</td><td>工程合同造价</td><td>/</td></tr>
<tr><td>建设单位</td><td colspan="3">房地产开发有限责任公司</td><td>建筑面积</td><td>/</td></tr>
<tr><td>设计单位</td><td colspan="3">市政园林设计院</td><td>结构类型</td><td>/</td></tr>
<tr><td>监理单位</td><td colspan="3">工程监理有限公司</td><td>层数 / 檐高</td><td>/</td></tr>
<tr><td>施工单位</td><td colspan="3">市政公司</td><td>项目经理</td><td>全源</td></tr>
<tr><td>开 / 竣工日期</td><td colspan="3">年　月　日　　/　　年　月　日</td><td>项目工程师</td><td>李小鹏</td></tr>
<tr><td colspan="6">参加会审人员签字</td></tr>
<tr><td>部门</td><td>技术</td><td>安全</td><td>质量</td><td colspan="2">其他</td></tr>
<tr><td>职务</td><td>单位技术负责人</td><td>单位安全负责人</td><td>单位质量负责人</td><td colspan="2"></td></tr>
<tr><td>职称</td><td>工程师</td><td>工程师</td><td>工程师</td><td colspan="2"></td></tr>
<tr><td>签名</td><td>李仁</td><td>/</td><td>/</td><td colspan="2"></td></tr>
<tr><td>施工单位批准</td><td colspan="5">同意按此施工组织设计进行施工。
施工单位(盖章)　市政公司
总工程师(签字)　李小鹏
年　月　日</td></tr>
<tr><td>监理单位审批意见</td><td colspan="5">经审查,同意按此施组实施。
监理单位(盖章)　工程监理有限公司
总监理工程师(签字)　林志明
年　月　日</td></tr>
</table>

表 C010207　施工日志

编号 C010207-001

<table>
<tr><td colspan="2">工程名称</td><td colspan="5">小游园园林景观工程</td><td colspan="3">共 30 页　第 1 页</td></tr>
<tr><td colspan="2">年　月　日</td><td rowspan="2">气温</td><td>最高</td><td>28 ℃</td><td rowspan="2">气候</td><td>□晴☑阴</td><td>风力</td><td>1　2</td><td>记录人</td></tr>
<tr><td>星期</td><td>四</td><td>最低</td><td>20 ℃</td><td>□雨□雪</td><td>风向</td><td>南风</td><td>李晓梅</td></tr>
<tr><td>施工班组</td><td>人数</td><td colspan="8">分项工程、层数位置、施工进度情况</td></tr>
<tr><td>种植施工班组</td><td>30</td><td colspan="8">栽植树木</td></tr>
<tr><td></td><td></td><td colspan="8"></td></tr>
<tr><td colspan="2">施工安全(项目和上级部门安全检查验收对工程所做的决定和建议等)</td><td colspan="8">项目和上级部门进行安全检查,施工现场无安全隐患。</td></tr>
<tr><td colspan="2">工程质量(质量自检、互检和交接检及上级部门检查验收存在的问题及改进措施等)</td><td colspan="8">按工程质量管理体系进行自检、互检、交接检,上报上级部门,验收无质量问题。</td></tr>
<tr><td colspan="2">材料进场记录(名称、数量、产地、质量证明份数,报验、送检、复验等)</td><td colspan="8">苗木进场,质量证明文件齐全。</td></tr>
<tr><td colspan="2">试件、试块及见证取样送检等记录</td><td colspan="8">/</td></tr>
<tr><td colspan="2">设计变更、洽商记录、内外会议记录(对象及主要内容)</td><td colspan="8">/</td></tr>
<tr><td colspan="2">事故(或未遂)发生的原因、处理意见和方法</td><td colspan="8">/</td></tr>
<tr><td colspan="2">其他特殊情况(停电、停水、停工、窝工等)</td><td colspan="8">/</td></tr>
<tr><td colspan="2">备注</td><td colspan="8">/</td></tr>
</table>

表 C010209　技术交底

编号 C010209-001

工程名称	小游园园林景观工程		交底部位	C010209 技术交底	
施工单位	市政公司		交底时间	年　月　日	
交底内容					
环保措施： 施工现场应配备洒水设备，并指定专人负责现场洒水降尘和及时清理浮土。					
交底人	李小鹏	专业技术负责人	李小鹏	质量检查员	张　晓
接受交底人签名	孙国明、张大大、何丽萍、赵普、张大军、李玉梅、李玉明、张浩 年　月　日				

表 C010217　工作联系单

编号 C010217-001

工程名称	小游园园林景观工程

致：房地产开发有限责任公司

事由：

我单位某项目将开工，为了安全文明施工，避免发生不必要的损失及事故，我单位需要某地施工现场及毗邻区域内地上、地下管线资料，相邻建筑物和构筑物及地下工程的有关资料以及地质水文观测资料，望贵单位领导及时协调，给予相关资料或书面文件。

答复：

已与设计单位联系，地质勘查报告及地质水文观测报告将于某年某月某日前提供。

答复单位意见（盖章）

项目负责人：　牛清杰

年　月　日

施工单位意见（盖章）：	监理单位意见（盖章）：	建设单位意见（盖章）：
项目经理：金源	总监理工程师：林志明	项目负责人：牛清杰
年　月　日	年　月　日	年　月　日

表 C010304　工程材料 / 构配件 / 设备清单

编号 C010304-001

<table>
<tr><td>工程名称</td><td colspan="3">小游园园林景观工程</td><td>类别</td><td colspan="2">给排水管道</td></tr>
<tr><td>序号</td><td>名称、规格型号</td><td>进场时间</td><td>数量</td><td>进场检验</td><td>附件</td><td>主要使用部位</td></tr>
<tr><td>1</td><td>钢筋　HRB 12</td><td>2022-5-10</td><td>6 t</td><td>外观、质量证明文件、复试试验</td><td>试验报告</td><td>检查井</td></tr>
<tr><td></td><td></td><td></td><td></td><td></td><td></td><td></td></tr>
<tr><td>项目经理</td><td>金源</td><td colspan="2">项目技术负责人</td><td>李小鹏</td><td>材料员</td><td>吴金栋</td></tr>
</table>

表 C010307　工程质量整改情况报告

编号 C010307-001

<table>
<tr><td colspan="2">工程名称</td><td>小游园园林景观工程</td><td>整改通知编号</td><td>C010217−008</td></tr>
<tr><td>整改内容及结果</td><td colspan="4">整改内容：
红叶李规格不合格，需更换。

整改结果：
红叶李已按设计图纸要求规格进行更换。

项目经理部（盖章）：　市政公司
项目经理（专业负责人）：　金源
年　月　日</td></tr>
<tr><td>监理验收意见</td><td colspan="4">经检查，施工现场已按整改内容进行整改，整改结果符合设计及规范要求，同意验收。

项目监理机构（盖章）　工程监理有限公司
总监理工程师 / 专业监理工程师：　林志明
年　月　日</td></tr>
</table>

表 C010308 监理通知回复单

编号 C010308-001

<table>
<tr><td>工程名称</td><td>小游园园林景观工程</td></tr>
<tr><td colspan="2">致：工程监理有限公司（项目监理机构）
我方接到编号为 B1-7-003 的监理通知单后，已按要求完成相关工作，请予以复查。

附件：需要说明的情况

项目经理部（盖章） 市政公司
项目经理（签字） 金源
年 月 日</td></tr>
<tr><td colspan="2">复查意见：

经检查，施工单位已按照监理通知单 B1-7-003 要求整改，可继续施工。

项目监理机构（盖章） 工程监理有限公司
总监理工程师 / 专业监理工程师（签字） 林志明
年 月 日</td></tr>
</table>

注：本表一式三份，项目监理机构、建设单位、施工单位各一份。

表 C010401　工程款支付报审表

编号 C010401-001

工程名称	小游园园林景观工程
致：工程监理有限公司（项目监理机构） 根据施工合同约定，我方已完成 小游园栽植工程 工作，建设单位应在____年____月____日前支付工程款共计（大写） 贰拾伍万元整 （小写：250000），请予以审核。 附件： ☑已完成工程量报表 ☐工程竣工结算证明材料 ☑相应支持性证明文件 项目经理部（盖章）　市政公司 项目经理（签字）　金源 年　月　日	
审查意见： 1. 施工单位应得款为：250000.00 元 2. 本期应扣款为：50000.00 元 3. 本期应付款为：200000.00 元 附件：相应支持性材料 专业监理工程师（签字）　刘明哲 年　月　日	
审核意见： 同意专业监理工程师审查意见。 项目监理机构（盖章）　工程监理有限公司 总监理工程师（签字、加盖执业印章）　林志明 年　月　日	
审批意见： 同意监理机构审核意见。 建设单位（盖章）　房地产开发有限责任公司 建设单位代表（签字）　牛清杰 年　月　日	

注：①本表一式三份，项目监理机构、建设单位、施工单位各一份。

②工程竣工结算报审时本表一式四份，项目监理机构、建设单位各一份、施工单位两份。

表 C010402　费用索赔报审表

编号 C010402-001

<table>
<tr><td>工程名称</td><td>小游园园林景观工程</td></tr>
<tr><td colspan="2">致：工程监理有限公司（项目监理机构）
根据施工合同条款 10.3.1 条的规定，由于 发包人供应设备不及时 的原因，我方申请索赔金额（大写） 贰仟肆佰元整 请予批准。
索赔理由：因发包人供应的设备未按期进场，导致设备安装组 10 人窝工 3 天。
附件：☑索赔金额计算
☑证明材料
项目经理部（盖章）　市政公司
项目经理（签字）　金源
年　月　日</td></tr>
<tr><td colspan="2">审核意见：
☐不同意此项索赔。
☑同意此项索赔，索赔金额为（大写）：贰仟肆佰元整。
同意 / 不同意索赔的理由：发包人供应的设备未按期进场，导致承包人进场人员窝工，按照合同约定，发包人应对此项费用给予补偿；承包人窝工情况属实，同意索赔。
附件：☑索赔审查报告
项目监理机构（盖章）　工程监理有限公司
总监理工程师（签字、加盖执业印章）　林志明
年　月　日</td></tr>
<tr><td colspan="2">审批意见：
同意监理机构审核意见。
建设单位（盖章）　房地产开发有限责任公司
建设单位代表（签字）　牛清杰
年　月　日</td></tr>
</table>

注：本表一式三份，项目监理机构、建设单位、施工单位各一份。

表 C010403　工程临时/最终延期报审表

编号 C010403-001

<table>
<tr><td>工程名称</td><td>小游园园林景观工程</td></tr>
<tr><td colspan="2">致：工程监理有限公司（项目监理机构）

根据施工合同 10.3.1 (条款)，由于 发包人设备供应不及时 原因，我方申请工程临时/最终延期 3 (日历天)，请予批准。

附件：1. 工程延期依据及工期计算
2. 证明材料

项目经理部(盖章)　市政公司
项目经理(签字)　金源
年　月　日</td></tr>
<tr><td colspan="2">审核意见：

☑ 同意工程临时/最终延期 3 (日历天)。工程竣工日期从施工合同约定____年____月____日延迟到____年____月____日。

☐ 不同意延期，请按约定竣工日期组织施工。

项目监理机构(盖章)　工程监理有限公司
总监理工程师(签字、加盖执业印章)　林志明
年　月　日</td></tr>
<tr><td colspan="2">审批意见：

同意监理机构审核意见。

建设单位(盖章)　房地产开发有限责任公司
建设单位代表(签字)　牛清杰
年　月　日</td></tr>
</table>

注：本表一式三份，项目监理机构、建设单位、施工单位各一份。

表 C010404　索赔意向通知书

编号 C010404-001

<table>
<tr><td>工程名称</td><td colspan="2">小游园园林景观工程</td></tr>
<tr><td colspan="3">致　房地产开发有限责任公司

根据施工合同　10.3.1　(条款)约定,由于发生了　发包人设备供应不及时　事件,且该事件的发生非我方原因所致。为此,我方向　房地产开发有限责任公司　(单位)提出索赔要求。

附件:索赔事件资料。</td></tr>
<tr><td>提出单位名称(盖章):

市政公司</td><td colspan="2">负责人(签字)　金源

年　月　日</td></tr>
</table>

【经验之谈】

在整理过程中,一定要按照规范要求或者甲方要求进行整理。施工管理资料按单位工程进行整理,把项目所涉及的施工管理资料按顺序整理起来。

【工作任务实施记录与评价】

根据企业师傅指导,根据实际参与的施工项目,完成资料中不同类型表格的规范填写,达到种类齐全,内容准确,书写规范等,完成学徒任务。

1. 施工管理资料考核方案

见表 3-12。

表 3-12　表施工管理资料考核方案

考核内容	考核要求与标准	自我评分	师傅评分
1. 施工管理资料表格类型	(1)各阶段各类表格种类齐全。(20 分) (2)表格顺序排列合理准确。(10 分)		
2. 施工管理资料表格填写	(1)表格填写格式规范。(30 分) (2)表格填写内容准确完整。(30 分)		
3. 职业精神	工作中认真负责,遵守企业规章制度,良好有效沟通,尊重企业师傅。(10 分)		

2. 学徒关键职业能力及职业品质、工匠精神评价

见表 3-13。

表 3-13 学徒关键职业能力及职业品质、工匠精神评价

项目	A	B	C	D
工作态度				
吃苦耐劳				
团队协作				
沟通交流				
学习钻研				
认真负责				
诚实守信				

【学徒工作任务】

根据项目施工情况，总结整理在项目施工实施的不同阶段需要收集的不同的表格类型的资料，并能根据不同的资料类型，完成具体的表格并填写表 3-14。

表 3-14 施工管理资料学徒任务表

项目施工阶段划分	资料表格名称
施工准备管理文件	
施工技术管理文件	

任务二 整理工程质量控制资料

【任务目标与质量要求】

掌握图纸会审记录、设计变更通知单、工程洽商记录的填写方法；掌握施工物资文件的填写以及保证附件齐全；掌握施工测量记录、施工记录、施工试验记录及检测报告、施工质量验收记录的填写及保证内容完整准确。

【学习产出目标】

1. 完成园林工程质量控制资料表格制作及内容填写。
2. 完成园林工程质量控制资料表格的排序整理。

3. 学徒能够具备认真、负责、严谨的工作态度。

【知识储备】

工程质量控制资料是对建筑工程质量全面评价的来源和依据。对于基础等隐蔽工程,工程档案甚至是唯一的、不可替代的评价依据。工程质量合格与否体现在施工材料及对施工过程的质量控制中。建筑材料是否为正规厂家产品、是否有合格证及相应的备案资料,对需复试材料是否做了相应的试验。施工过程中的质量控制,施工前、施工中、施工后的相应的技术措施是否落实到位,这些都真实的记录在了施工资料中,施工质量管理的好坏由此可见一斑。工程质量控制资料的整理以单位工程进行整理,按照单位(子单位)→分部(子分部)→检验批的顺序进行整理。为了方便起见可直接参照分部工程的子分部工程、分项工程、检验批划分表进行整理。另外,要想做好检验批资料必须了解和掌握相关法律、法规和施工规范。

工程质量控制资料包括:图纸会审记录、设计变更通知单、工程洽商记录、施工物资、施工测量记录、施工记录、施工试验记录及检测报告、施工质量验收记录、施工验收资料。

1. 图纸会审记录、设计变更通知单、工程洽商记录

主要内容:设计交底与图纸会审记录(通用)和工程洽商记录或技术核定单(通用)。

(1)施工图纸会审前,建设单位应召集设计、监理和施工单位人员,由设计人员进行设计交底,说明设计意图,解释设计文件,并填写设计交底记录,经各方签字后实施。

(2)建设单位应组织设计、监理和施工单位等技术负责人及有关人员进行施工图纸会审,设计单位对各专业提出的问题进行答复,施工单位进行记录整理汇总,填写图纸会审记录,经各方签字后实施。

(3)工程洽商记录应分专业办理,内容翔实,涉及设计变更时由设计单位出具设计变更通知单。工程洽商记录应由提出方填写,各参加方签字。洽商记录按签订日期的先后顺序编号。

2. 施工物资

主要内容:材料及成品、半成品构件进场验收记录(通用)、管道配件检验记录、产品合格证粘贴表、出厂质量证明文件、材料及设备进场检验、试验报告等。

(1)工程材料、构配件或设备的出厂质量证明文件,试验、检验报告,见证取样检验、试验的项目应经监理工程师(或建设单位项目技术负责人)审核认可。

产品质量合格证、出厂检验报告、型式检验报告、环保或防火性能检测报告、生产许可证、商检证明、中国强制性产品认证(CCC)证书、计量设备检定证书等均属质量证明文件。合格证要素包括执行标准、规格型号、数量、生产日期、生产单位、地址、电话及质检章。

涉及消防、电力、卫生、环保等有关物资,须经行政管理部门认可的,应有相应的认可文件。

进口材料和设备应有商检证明,以及中文版的质量证明文件、性能检测报告和安装、维修、使用、试验要求等技术文件。

实行生产许可证或中国强制性认证(CCC)的产品,应有许可证编号或CCC认证标志,并应抽查生产许可证或CCC认证证书的认证范围、有效性及真实性。

(2)主要工程材料、构配件或设备进场时,施工、供应单位应共同对其品种、规格、数量、质量和出厂质量证明文件进行检验,填写材料、构配件进场检验记录。

(3)设备及附件进场时应进场验收合格,建设、监理、施工和供应单位有关专业技术人员应共同开箱检验,填写设备开箱检验记录。当设计有技术参数要求时,应核对其技术参数,并应符合设计要求。不合格物资退场时应留有记录。

(4)施工单位应按国家有关标准的规定对进场材料进行复试或试验,要求实行见证时,应按规定进行有见证取样和送检。

(5)质量证明文件幅面小于A4幅面纸时,应将质量证明文件按其先后顺序粘贴在质量证明文件粘贴表内。

(6)工程完工后,施工单位应汇总填写主要设备、原材料、构配件质量证明文件及复试报告汇总表。

3. 施工测量记录

主要内容:测量交接桩记录、工程定位测量记录、导线点复测记录、水准点复测记录、测量复核记录、沉降观测测量记录、道路高程测量复核记录等。

(1)建设单位应组织设计、勘察单位向施工单位办理桩点交接手续后,施工单位应现场复测,并填写工程交接桩记录。

(2)施工单位应依据由建设单位提供的有相应测绘资质等级部门出具的测绘成果、场地控制网(或建筑物控制网),测定建筑物平面位置、主控轴线及建筑物正负零标高的绝对高程,并填写工程定位测量记录。

(3)施工单位开工前应对施工图规定的基准点、基准线和高程测量控制资料进行内业和外业复核,并在合同规定的期限内向建设单位提交水准点、导线点复测记录。

(4)施工放样及复核记录应符合本规程的规定。

(5)施工单位应在完成各种施工测量成果的同时,报监理机构查验并签字。

4. 施工记录

主要内容:施工检查记录、地基验槽记录、隐蔽工程验收记录(通用)、工程预检记录、绿化用地处理记录、土壤改良施工记录、病虫害防治检查记录、苗木保护记录、电缆敷设检查记录、电气照明安装检查记录、接地装置隐蔽工程验收记录等。

(1)施工记录报表应在申报内容符合申报要求的基础上,在规定时间内由施工项目专业技术员、质量检查员按照记录表内容填写,施工单位项目经理签字确认后报项目监理部。项目监理部专业工程师根据施工单位申报的内容严格按规定程序进行审核,在审核栏中填写审核情况及结论(手写),在规定时间内反馈给施工单位。

(2)隐蔽工程验收记录:隐检项目是指被下道工序施工所隐蔽的工程项目,在隐蔽前必须进行质量检查,由施工项目负责人组织施工人员、质检人员,并请建设单位(设施管理单位)代表参加,必要时请设计人员参加,检查意见应具体,检查手续应及时办理,不得后补,需复验的要办理复验手续,填写复验日期并由复验人员做出结论。

(3)地基与基槽验收记录:做好位置、尺寸、土质、标高等验收记录,如与原设计地基情况不符,设计提出处理要求时,要有处理记录,在平面位置图上标明部位、尺寸、标高及方法、处理日期(一般基槽验收可用隐检记录代替)重要工程或设计提出要特别验槽的需做此项记录。

5. 施工试验记录及检测报告

主要内容:施工试验记录(通用)、施工现场调整配合比、混凝土试块强度统计评定记录、砂浆试块强度统计、评定表、水池满水试验记录、给水管道水压试验记录、电气照明通电试运行记录等。

(1)施工过程检测应委托有检测资质的检测单位检测，施工单位应及时整理归档，归档资料应符合要求。

(2)通用施工检测资料包括混凝土、砂浆配合比、混凝土强度及耐久性、钢筋连接检验资料。

(3)道路、桥梁工程检测资料应包括道路、桥梁工程各工序、部位、整体质量的试验资料数据及其安全性能、功能质量的试验结论。道路工程基础和结构层施工试验包括路基、基层、连接层、面层各结构层的配合比、水泥(石灰、粉煤灰)含量、压实度、弯沉、平整度、高程、厚度等。桥梁功能性试验包括桥梁桩基静载及完整性、整桥动静载、斜拉索张拉力等功能荷载。

(4)管道工程包括给水、排水、燃气、供热管道工程的结构安全及功能质量的试验资料和数据，检测内容包括钢管焊缝无损检测、抗滑移系数检测。

(5)园林绿化工程应对给水管道进行水压试验。

6. 施工质量验收记录

主要内容：分部工程质量验收记录，子分部工程质量验收记录，分项工程质量验收记录，检验批质量验收记录，分部工程的子分部工程、分项工程及检验批划分等。

(1)分项工程检验批自检合格后，由质检员填写检验批现场验收检查原始记录和检验批质量验收记录，报请项目专业监理工程师组织有关人员验收确认。

(2)分项工程所包含的检验批全部完工并验收合格后，由施工单位项目专业技术负责人填写分项工程质量验收记录，报请项目专业监理工程师组织有关人员验收确认。

(3)分部(子分部)工程所包含的全部分项工程完工并验收合格后，由施工单位项目负责人填写分部工程质量验收记录，报请项目总监理工程师组织有关人员验收确认。勘察、设计单位项目负责人和施工单位技术、质量部门负责人应参加地基与基础分部工程的验收。设计单位项目负责人和施工单位技术、质量部门负责人应参加主体结构、节能分部工程的验收。

(4)地基与基础、主体结构、节能分部工程完工，由建设、监理、勘察、设计和施工单位进行分部工程验收并加盖公章。

7. 施工验收资料

主要内容：单位(子单位)工程竣工预验收报验表、园林绿化单位(子单位)工程质量竣工验收报告、单位(子单位)工程质量竣工验收记录、单位(子单位)工程质量控制资料核查记录、单位(子单位)工程安全功能和植物成活要素检验资料核查及主要功能抽查记录、单位(子单位)工程观感质量检查记录、单位(子单位)工程植物成活覆盖率统计记录、施工资料移交书等。

【实践操作】

通过整理小游园园林景观工程项目中的绿化工程里面所包含的部分工程质量控制资料，让大家更直观、清晰地掌握工程质量控制资料的表格及其所填写的内容。后期实践时可以按照列举的顺序进行整理，但是要注意的是，有些资料的整理必须按照甲方所给定的顺序进行。

表 C010306　分部(子分部)工程报验表

编号 C010306-002

工程名称	小游园园林景观工程
致:　工程监理有限公司　(项目监理机构) 我方已完成　栽植基础工程　(☑分部工程或□子分部工程),经自检合格,请予以验收。 附件:分部(子分部)工程质量检验资料。 项目经理部(盖章)　市政公司 项目技术负责人(签字)　金源 年　月　日	
验收意见: 经检查,所报工程施工质量符合设计及施工验收规范的要求,同意报验。 专业监理工程师(签字)　刘明哲 年　月　日	
验收意见: 符合设计及施工验收规范的要求。 项目监理机构(盖章)　工程监理有限公司 总监理工程师(签字)　林志明 年　月　日	

表 C0701A　栽植基础工程分部工程质量验收记录

编号 C0701

<table>
<tr><td colspan="2">单位(子单位)工程名称</td><td>小游园园林景观工程</td><td>子分部工程数量</td><td>1</td><td>分项工程数量</td><td>1</td></tr>
<tr><td colspan="2">施工单位</td><td>市政公司</td><td>项目负责人</td><td>金源</td><td>项目技术(质量)负责人</td><td>李小鹏</td></tr>
<tr><td colspan="2">分包单位</td><td>/</td><td>分包单位负责人</td><td>/</td><td>分包内容</td><td>/</td></tr>
<tr><td>序号</td><td>子分部工程名称</td><td>分项工程名称</td><td>检验批数量</td><td colspan="2">施工单位检查结果</td><td>监理单位验收结论</td></tr>
<tr><td>1</td><td>栽植前土壤处理</td><td>栽植土</td><td>2</td><td colspan="2">合格</td><td>合格</td></tr>
<tr><td></td><td></td><td></td><td></td><td colspan="2"></td><td></td></tr>
<tr><td colspan="2">质量控制资料</td><td colspan="5">资料共计 2 项,资料完整</td></tr>
<tr><td colspan="2">安全和功能检验结果</td><td colspan="5">检验资料共计 / 项,抽查 / 项,资料完整</td></tr>
<tr><td colspan="2">观感质量检验结果</td><td colspan="5">□好　☑一般　□差</td></tr>
<tr><td colspan="2">综合验收结论</td><td colspan="5">合格</td></tr>
<tr><td colspan="2">施工单位(盖章)

项目经理:金源

年　月　日</td><td colspan="2">设计单位(盖章)

项目负责人:高畅

年　月　日</td><td colspan="3">监理单位(盖章)

总监理工程师:林志明

年　月　日</td></tr>
</table>

注:①本记录适用于除地基与基础分部工程、土方工程分部外的验收应由施工项目经理、设计项目负责人和总监理工程师参加并签字。

②当本记录中有分包内容时,签字栏应增加一栏,分包单位(盖章)和分包项目负责人签字。分包单位并参加验收。

表 C07010101C　栽植土分项工程质量验收记录

编号 C07010101

<table>
<tr><td>单位(子单位)
工程名称</td><td colspan="2">小游园园林景观工程</td><td>分部(子分部)
工程名称</td><td colspan="2">栽植基础工程(栽植前土壤处理)</td></tr>
<tr><td>分项工程数量</td><td colspan="2">1</td><td>检验批数量</td><td colspan="2">2</td></tr>
<tr><td>施工单位</td><td colspan="2">市政公司</td><td>项目负责人</td><td>金源</td><td>项目技术负责人</td><td>李小鹏</td></tr>
<tr><td>分包单位</td><td colspan="2">/</td><td>分包单位
项目负责人</td><td>/</td><td>分包内容</td><td>/</td></tr>
<tr><td>序号</td><td>检验批名称</td><td>检验批容量</td><td>部位/区段</td><td>施工单位
检查结果</td><td colspan="2">监理单位
验收结论</td></tr>
<tr><td>1</td><td>栽植土</td><td>44.16 m^3</td><td>小游园</td><td>合格</td><td colspan="2">合格</td></tr>
<tr><td>2</td><td>栽植前场地清理</td><td>317 m^2</td><td>小游园</td><td>合格</td><td colspan="2">合格</td></tr>
<tr><td></td><td></td><td></td><td></td><td></td><td colspan="2"></td></tr>
<tr><td colspan="7">说明:
此分项的各检验批验收资料齐全完整,且各检验批均已验收合格。符合设计要求和规范的规定。</td></tr>
<tr><td>施工单位
检查结果</td><td colspan="6">检查评定合格。
项目专业技术负责人:　李小鹏
年　月　日</td></tr>
<tr><td>监理单位
验收结论</td><td colspan="6">符合施工质量验收规范要求,同意验收。
专业监理工程师:　刘明哲
年　月　日</td></tr>
</table>

表 C0701010101D　栽植土检验批质量验收记录

编号 C0701010101-001

单位(子单位)工程名称	小游园园林景观工程	分部(子分部)工程名称	栽植基础工程(栽植前土壤处理)	分项工程名称	栽植土
施工单位	市政公司	项目负责人	金源	检验批容量	立体：44.16 m^3
分包单位	/	分包单位项目负责人	/	检验批部位	小游园
施工依据	《园林绿化工程施工及验收规范》CJJ 82—2012		验收依据	《园林绿化工程施工及验收规范》CJJ 82—2012	

验收项目					设计要求及规范规定	最小/实际抽样数量	检查记录	检查结果
主控项目	1	土壤 pH			第 4.1.3 条第 1 款	/	试验合格，记录编号	合格
主控项目	2	土壤含盐量			第 4.1.3 条第 2 款	/	试验合格，记录编号	合格
主控项目	3	土壤容重			第 4.1.3 条第 3 款	/	试验合格，记录编号	合格
一般项目		植被类型			土层厚度 /cm	最小/实际抽样数量	检查记录	检查结果
一般项目	1	一般栽植	乔木	胸径≥20 cm	≥180	3/3	抽查 3 处，合格 3 处	合格
一般项目	1	一般栽植	乔木	胸径<20 cm	≥150(深根)	3/3	抽查 3 处，合格 3 处	合格
一般项目	1	一般栽植	乔木	胸径<20 cm	≥100(浅根)	3/3	抽查 3 处，合格 3 处	合格
一般项目	1	一般栽植	灌木	大、中灌木、大藤本	≥90	3/3	抽查 3 处，合格 3 处	合格
一般项目	1	一般栽植	灌木	小灌木、宿根花卉、小藤本	≥40	3/3	抽查 3 处，合格 3 处	合格
一般项目	1	一般栽植	棕榈类		≥90	/	/	/
一般项目	1	一般栽植	竹类	大径	≥80	/	/	/
一般项目	1	一般栽植	竹类	中、小径	≥50	/	/	/
一般项目	1	一般栽植	草坪、花卉、草本地被		≥30	3/3	抽查 3 处，合格 3 处	合格
一般项目	2	设施顶面绿化	乔木		≥80	/	/	/
一般项目	2	设施顶面绿化	灌木		≥45	/	/	/
一般项目	2	设施顶面绿化	草坪、花卉、草本地被		≥15	/	/	/
一般项目	3	土壤有机质含量			第 4.1.3 条第 4 款	/	试验合格，记录编号	合格
一般项目	4	土壤块径			第 4.1.3 条第 5 款	/	试验合格，记录编号	合格

施工单位检查结果	主控项目全部合格，一般项目符合设计及施工规范要求。 专业工长：李晓梅 项目专业质量检查员：张　晓 年　月　日
监理单位验收结论	合格 专业监理工程师：刘明哲 年　月　日

注：本表与表 C □□ E 现场验收检查原始记录配套使用。

表 C0701010201D　栽植前场地清理检验批质量验收记录

编号 0701010201-001

<table>
<tr><td>单位(子单位)工程名称</td><td colspan="2">小游园园林景观工程</td><td>分部(子分部)工程名称</td><td>栽植基础工程(栽植前土壤处理)</td><td>分项工程名称</td><td>栽植前场地清理</td></tr>
<tr><td>施工单位</td><td colspan="2">市政公司</td><td>项目负责人</td><td>金源</td><td>检验批容量</td><td>317 m²</td></tr>
<tr><td>分包单位</td><td colspan="2">/</td><td>分包单位项目负责人</td><td>/</td><td>检验批部位</td><td>小游园</td></tr>
<tr><td>施工依据</td><td colspan="3">《园林绿化工程施工及验收规范》CJJ 82—2012</td><td>验收依据</td><td colspan="2">《园林绿化工程施工及验收规范》CJJ 82—2012</td></tr>
<tr><td colspan="3">验收项目</td><td>设计要求及规范规定</td><td>最小/实际抽样数量</td><td>检查记录</td><td>检查结果</td></tr>
<tr><td rowspan="2">主控项目</td><td>1</td><td>现场内的有害污染物清除</td><td>第 4.1.4 条第 2 款</td><td>1/1</td><td>抽查 1 处,全部合格</td><td>合格</td></tr>
<tr><td>2</td><td>场地标高及清理程度</td><td>设计要求</td><td>1/1</td><td>抽查 1 处,全部合格</td><td>合格</td></tr>
<tr><td rowspan="2">一般项目</td><td>1</td><td>填垫范围内不应有坑洼、积水</td><td>第 4.1.4 条第 5 款</td><td>1/1</td><td>抽查 1 处,合格 1 处</td><td>合格</td></tr>
<tr><td>2</td><td>软泥和不透水层</td><td>第 4.1.4 条第 6 款</td><td>1/1</td><td>抽查 1 处,合格 1 处</td><td>合格</td></tr>
<tr><td>施工单位检查结果</td><td colspan="6">主控项目全部合格,一般项目符合设计及施工规范要求。
专业工长:　李晓梅
项目专业质量检查员:　张　晓
年　月　日</td></tr>
<tr><td>监理单位验收结论</td><td colspan="6">合格
专业监理工程师:　刘明哲
年　月　日</td></tr>
</table>

注:本表与表 C □□ E 现场验收检查原始记录配套使用。

表 C0701A 栽植工程分部工程质量验收记录

编号 C0702

<table>
<tr><td colspan="2">单位(子单位)工程名称</td><td>小游园园林景观工程</td><td>子分部工程数量</td><td>1</td><td>分项工程数量</td><td>1</td></tr>
<tr><td colspan="2">施工单位</td><td>市政公司</td><td>项目负责人</td><td>金源</td><td>项目技术(质量)负责人</td><td>李小鹏</td></tr>
<tr><td colspan="2">分包单位</td><td>/</td><td>分包单位负责人</td><td>/</td><td>分包内容</td><td>/</td></tr>
<tr><td>序号</td><td>子分部工程名称</td><td>分项工程名称</td><td>检验批数量</td><td>施工单位检查结果</td><td colspan="2">监理单位验收结论</td></tr>
<tr><td>1</td><td>常规栽植</td><td>植物材料</td><td>9</td><td>合格</td><td colspan="2" rowspan="6">各分项工程符合施工质量验收规范要求</td></tr>
<tr><td>2</td><td>常规栽植</td><td>栽植穴(槽)</td><td>9</td><td>合格</td></tr>
<tr><td>3</td><td>常规栽植</td><td>苗木运输和假植</td><td>9</td><td>合格</td></tr>
<tr><td>4</td><td>常规栽植</td><td>苗木修剪</td><td>9</td><td>合格</td></tr>
<tr><td>5</td><td>常规栽植</td><td>树木栽植</td><td>9</td><td>合格</td></tr>
<tr><td>6</td><td>常规栽植</td><td>草坪及草本地被播种</td><td>1</td><td>合格</td></tr>
<tr><td colspan="2">质量控制资料</td><td colspan="5">资料共计 16 项,资料完整</td></tr>
<tr><td colspan="2">安全和功能检验结果</td><td colspan="5">检验资料共计 / 项,抽查 / 项,资料完整</td></tr>
<tr><td colspan="2">观感质量检验结果</td><td colspan="5">☑好 □一般 □差</td></tr>
<tr><td colspan="2">综合验收结论</td><td colspan="5">合格</td></tr>
<tr><td colspan="3">施工单位(盖章)

项目经理:金源

年 月 日</td><td colspan="2">设计单位(盖章)

项目负责人:高畅

年 月 日</td><td colspan="2">监理单位(盖章)

总监理工程师:林志明

年 月 日</td></tr>
</table>

注:①本记录适用于除地基与基础分部工程、土方工程分部外的验收应由施工项目经理、设计项目负责人和总监理工程师参加并签字。

②当本记录中有分包内容时,签字栏应增加一栏,分包单位(盖章)和分包项目负责人签字。分包单位参加验收。

表 C07020101C　植物材料分项工程质量验收记录

编号 C07020101

<table>
<tr><td colspan="2">单位(子单位)工程名称</td><td>小游园园林景观工程</td><td>分部(子分部)工程名称</td><td colspan="3">栽植工程(常规栽植)</td></tr>
<tr><td colspan="2">分项工程数量</td><td>1</td><td>检验批数量</td><td colspan="3">9</td></tr>
<tr><td colspan="2">施工单位</td><td>市政公司</td><td>项目负责人</td><td>金源</td><td>项目技术负责人</td><td>李小鹏</td></tr>
<tr><td colspan="2">分包单位</td><td>/</td><td>分包单位项目负责人</td><td>/</td><td>分包内容</td><td>/</td></tr>
<tr><td>序号</td><td>检验批名称</td><td>检验批容量</td><td>部位/区段</td><td colspan="2">施工单位检查结果</td><td>监理单位验收结论</td></tr>
<tr><td>1</td><td>植物材料</td><td>1 株</td><td>红叶李</td><td colspan="2">合格</td><td>合格</td></tr>
<tr><td>2</td><td>植物材料</td><td>1 株</td><td>卫矛</td><td colspan="2">合格</td><td>合格</td></tr>
<tr><td>3</td><td>植物材料</td><td>9 株</td><td>接骨木</td><td colspan="2">合格</td><td>合格</td></tr>
<tr><td>4</td><td>植物材料</td><td>11 株</td><td>四季玫瑰</td><td colspan="2">合格</td><td>合格</td></tr>
<tr><td>5</td><td>植物材料</td><td>43 株</td><td>珍珠梅</td><td colspan="2">合格</td><td>合格</td></tr>
<tr><td>6</td><td>植物材料</td><td>18 株</td><td>紫丁香</td><td colspan="2">合格</td><td>合格</td></tr>
<tr><td>7</td><td>植物材料</td><td>9 株</td><td>水蜡球</td><td colspan="2">合格</td><td>合格</td></tr>
<tr><td>8</td><td>植物材料</td><td>29 株</td><td>水蜡</td><td colspan="2">合格</td><td>合格</td></tr>
<tr><td>9</td><td>植物材料</td><td>138 株</td><td>红叶李(灌木)</td><td colspan="2">合格</td><td>合格</td></tr>
<tr><td colspan="7">说明：
此分项的各检验批验收资料齐全完整，且各检验批均已验收合格。符合设计要求和规范的规定。</td></tr>
<tr><td colspan="2">施工单位
检查结果</td><td colspan="5">检查评定合格。
项目专业技术负责人：　李小鹏
年　月　日</td></tr>
<tr><td colspan="2">监理单位
验收结论</td><td colspan="5">符合施工质量验收规范要求，同意验收。
专业监理工程师：　刘明哲
年　月　日</td></tr>
</table>

表 C0702010101D　植物材料检验批质量验收记录

编号 C0702010101-001

单位(子单位)工程名称	小游园园林景观工程	分部(子分部)工程名称	栽植工程(常规栽植)	分项工程名称	植物材料
施工单位	市政公司	项目负责人	金源	检验批容量	1 株
分包单位	/	分包单位项目负责人	/	检验批部位	红叶李
施工依据	《园林绿化工程施工及验收规范》CJJ 82—2012		验收依据	《园林绿化工程施工及验收规范》CJJ 82—2012	

		验收项目				设计要求及规范规定	最小/实际抽样数量	检查记录	检查结果
主控项目	1	植物材料种类、品种名称及规格				设计要求	/	进场验收合格,记录编号	合格
	2	严禁使用带有严重病虫害的植物材料,非检疫对象的病虫害程度或危害痕迹不得超过树体的 5%～10%。自外省(市)及国外引进的植物材料应有植物检疫证				第 4.3.2 条	全/全	抽查 1 处,全部合格	合格
一般项目	1	植物材料外观质量要求	乔木灌木	姿态和长势	树干符合设计要求,树冠较完整,分支点和分枝合理,生长势良好	第 4.3.3 条	全/全	抽查 1 处,合格 1 处	合格
				病虫害	不超过树体的 5%～10%		全/全	抽查 1 处,合格 1 处	合格
				土球苗	土球完整,规格符合要求,包装牢固		全/全	抽查 1 处,合格 1 处	合格
				裸根苗根系	根系完整,切口平整,规格符合要求		/	/	/
				容器苗木	规格符合要求,容器完整,苗木不徒长,根系发育良好不外露		/	/	/
			棕榈类植物		主干挺直,树冠匀称,土球符合要求,根系完整		/	/	/
			草卷、草块、草束		草卷、草块长宽尺寸基本一致,厚度均匀,杂草不超过 5%,草高适度,根系好,草芯鲜活		/	/	/

续表 C0702010101D

一般项目	1	植物材料外观质量要求	花苗、地被、绿篱及模纹色块植物		株型茁壮，根系基本良好，无伤苗，茎、叶无污染，病虫害危害程度或痕迹不超过植株的 5%～10%		/	/	/
			整形景观树		姿态独特、曲虬苍劲、质朴古拙，株高不小于 150 cm，多干式桩景的叶片托盘不少于 7～9 个，土球完整		全 / 全	抽查 1 处，合格 1 处	合格
	2	植物材料规格允许偏差(cm)	乔木	胸径	≤5 cm	−0.2	/	/	/
					6～9 cm	−0.5	5/5	抽查 1 处，合格 1 处	合格
					10～15 cm	−0.8	/	/	/
					16～20 cm	−1	/	/	/
				高度	—	−20	/	/	/
				冠径	—	−20	/	/	/
			灌木	高度	≥100 cm	−10	/	/	/
					＜100 cm	−5	/	/	/
				冠径	≥100 cm	−10	/	/	/
					＜100 cm	−5	/	/	/
			球类苗木	冠径	＜50 cm	0	/	/	/
					50～100 cm	−5	/	/	/
					110～200 cm	−10	/	/	/
					＞200 cm	−20	/	/	/
				高度	＜50 cm	0	/	/	/
					50～100 cm	−5	/	/	/
					110～200 cm	−10	/	/	/
					＞200 cm	−20	/	/	/
			藤本	主蔓长	≥150 cm	−10	/	/	/
				主蔓径	≥1 cm	0	/	/	/
			棕榈类植物	株高	≤100 cm	0	/	/	/
					101～250 cm	−10	/	/	/
					251～400 cm	−20	/	/	/
					＞400 cm	−30	/	/	/
				地径	≤10 cm	−1	/	/	/
					11～40 cm	−2	/	/	/
					＞40 cm	−3	/	/	/
施工单位检查结果					主控项目全部合格，一般项目符合设计及施工规范要求。 专业工长：李晓梅 项目专业质量检查员：张　晓 年　月　日				
监理单位验收结论					合格。 专业监理工程师：刘明哲 年　月　日				

注：本表与表 C□□E 现场验收检查原始记录配套使用。

表 C0702010101D　植物材料检验批质量验收记录

编号 C0702010101-001

<table>
<tr><td>单位(子单位)工程名称</td><td>小游园园林景观工程</td><td>分部(子分部)工程名称</td><td>栽植工程(常规栽植)</td><td>分项工程名称</td><td>植物材料</td></tr>
<tr><td>施工单位</td><td>市政公司</td><td>项目负责人</td><td>金源</td><td>检验批容量</td><td>43 株</td></tr>
<tr><td>分包单位</td><td>/</td><td>分包单位项目负责人</td><td>/</td><td>检验批部位</td><td>珍珠梅</td></tr>
<tr><td>施工依据</td><td>《园林绿化工程施工及验收规范》CJJ 82—2012</td><td>验收依据</td><td colspan="3">《园林绿化工程施工及验收规范》CJJ 82—2012</td></tr>
</table>

<table>
<tr><td colspan="6">验收项目</td><td>设计要求及规范规定</td><td>最小/实际抽样数量</td><td>检查记录</td><td>检查结果</td></tr>
<tr><td rowspan="2">主控项目</td><td>1</td><td colspan="4">植物材料种类、品种名称及规格</td><td>设计要求</td><td>/</td><td>进场验收合格,记录编号</td><td>合格</td></tr>
<tr><td>2</td><td colspan="4">严禁使用带有严重病虫害的植物材料,非检疫对象的病虫害程度或危害痕迹不得有超过树体的5%～10%。自外省市及国外引进的植物材料应有植物检疫证</td><td>第 4.3.2 条</td><td>5/5</td><td>抽查 5 处,全部合格</td><td>合格</td></tr>
<tr><td rowspan="10">一般项目</td><td rowspan="10">1</td><td rowspan="10">植物材料外观质量要求</td><td rowspan="6">乔木灌木</td><td>姿态和长势</td><td>树干符合设计要求,树冠较完整,分枝点和分枝合理,生长势良好</td><td rowspan="10">第 4.3.3 条</td><td>5/5</td><td>抽查 5 处,合格 5 处</td><td>合格</td></tr>
<tr><td>病虫害</td><td>不超过树体的 5%～10%</td><td>5/5</td><td>抽查 5 处,合格 5 处</td><td>合格</td></tr>
<tr><td>土球苗</td><td>土球完整,规格符合要求,包装牢固</td><td>5/5</td><td>抽查 5 处,合格 5 处</td><td>合格</td></tr>
<tr><td>裸根苗根系</td><td>根系完整,切口平整,规格符合要求</td><td>/</td><td>/</td><td>/</td></tr>
<tr><td>容器苗木</td><td>规格符合要求,容器完整,苗木不徒长,根系发育良好不外露</td><td>/</td><td>/</td><td>/</td></tr>
<tr><td colspan="2">棕榈类植物</td><td>主干挺直,树冠匀称,土球符合要求,根系完整</td><td>/</td><td>/</td><td>/</td></tr>
<tr><td colspan="2">草卷、草块、草束</td><td>草卷、草块长宽尺寸基本一致,厚度均匀,杂草不超过 5%,草高适度,根系好,草芯鲜活</td><td>/</td><td>/</td><td>/</td></tr>
<tr><td colspan="2">花苗、地被、绿篱及模纹色块植物</td><td>株型茁壮,根系基本良好,无伤苗,茎、叶无污染,病虫害危害不超过植株的 5%～10%</td><td>/</td><td>/</td><td>/</td></tr>
<tr><td colspan="2">整形景观树</td><td>姿态独特、曲虬苍劲、质朴古拙,株高不小于 150 cm,多干式桩景的叶片托盘不少于 7～9 个,土球完整</td><td>5/5</td><td>抽查 5 处,合格 5 处</td><td>合格</td></tr>
</table>

续表 C0702010101D

一般项目	2	植物材料规格允许偏差	乔木	胸径	≤5 cm	-0.2	/	/	/
					6～9 cm	-0.5	/	/	/
					10～15 cm	-0.8	/	/	/
					16～20 cm	-1	/	/	/
				高度	—	-20	/	/	/
				冠径	—	-20	/	/	/
			灌木	高度	≥100 cm	-10	/	/	/
					＜100 cm	-5	/	/	/
				冠径	≥100 cm	-10	5/5	抽查5处，合格5处	合格
					＜100 cm	-5	/	/	/
			球类苗木	冠径	＜50 cm	0	/	/	/
					50～100 cm	-5	/	/	/
					110～200 cm	-10	/	/	/
					＞200 cm	-20	/	/	/
				高度	＜50 cm	0	/	/	/
					50～100 cm	-5	/	/	/
					110～200 cm	-10	/	/	/
					＞200 cm	-20	/	/	/
			藤本	主蔓长	≥150 cm	-10	/	/	/
				主蔓径	≥1 cm	0	/	/	/
			棕榈类植物	株高	≤100 cm	0	/	/	/
					101～250 cm	-10	/	/	/
					251～400 cm	-20	/	/	/
					＞400 cm	-30	/	/	/
				地径	≤10 cm	-1	/	/	/
					11～40 cm	-2	/	/	
					＞40 cm	-3	/	/	/
施工单位检查结果					主控项目全部合格，一般项目符合设计及施工规范要求。 专业工长：李晓梅 项目专业质量检查员：张　晓 年　月　日				
监理单位验收结论					合格。 专业监理工程师：刘明哲 年　月　日				

注：本表与表C□□E现场验收检查原始记录配套使用。

表 C07020102C 栽植穴(槽)分项工程质量验收记录

编号 07020102

单位(子单位)工程名称	小游园园林景观工程	分部(子分部)工程名称	栽植工程(常规栽植)		
分项工程数量	1	检验批数量	9		
施工单位	市政公司	项目负责人	金源	项目技术负责人	李小鹏
分包单位	/	分包单位项目负责人	/	分包内容	/

序号	检验批名称	检验批容量	部位/区段	施工单位检查结果	监理单位验收结论
1	栽植穴(槽)	1 个	红叶李	合格	合格
2	栽植穴(槽)	1 个	卫矛	合格	合格
3	栽植穴(槽)	9 个	接骨木	合格	合格
4	栽植穴(槽)	11 个	四季玫瑰	合格	合格
5	栽植穴(槽)	43 个	珍珠梅	合格	合格
6	栽植穴(槽)	18 个	紫丁香	合格	合格
7	栽植穴(槽)	9 个	水蜡球	合格	合格
8	栽植穴(槽)	29 个	水蜡	合格	合格
9	栽植穴(槽)	138 个	红叶李(灌木)	合格	合格

说明：

此分项的各检验批验收资料齐全完整,且各检验批均已验收合格。符合设计要求和规范的规定。

施工单位检查结果	检查评定合格。 项目专业技术负责人： 李小鹏 年 月 日
监理单位验收结论	符合施工质量验收规范要求,同意验收。 专业监理工程师： 刘明哲 年 月 日

表 C0702010201D　栽植穴（槽）检验批质量验收记录

编号 C0702010201-001

<table>
<tr><td>单位（子单位）工程名称</td><td>小游园园林景观工程</td><td>分部（子分部）工程名称</td><td>栽植工程（常规栽植）</td><td>分项工程名称</td><td colspan="2">植物材料</td></tr>
<tr><td>施工单位</td><td>市政公司</td><td>项目负责人</td><td>全源</td><td>检验批容量</td><td colspan="2">1 个</td></tr>
<tr><td>分包单位</td><td>/</td><td>分包单位项目负责人</td><td>/</td><td>检验批部位</td><td colspan="2">红叶李</td></tr>
<tr><td>施工依据</td><td colspan="2">《园林绿化工程施工及验收规范》CJJ 82—2012</td><td>验收依据</td><td colspan="3">《园林绿化工程施工及验收规范》CJJ 82—2012</td></tr>
<tr><td colspan="3">验收项目</td><td>设计要求及规范规定</td><td>最小/实际抽样数量</td><td>检查记录</td><td>检查结果</td></tr>
<tr><td rowspan="3">主控项目</td><td>1</td><td>栽植穴、槽定点放线</td><td>第 4.2.3 条第 1 款</td><td>全/全</td><td>抽查 1 处，全部合格</td><td>合格</td></tr>
<tr><td>2</td><td>栽植穴、槽的直径</td><td>第 4.2.4 条</td><td>全/全</td><td>抽查 1 处，全部合格</td><td>合格</td></tr>
<tr><td>3</td><td>有不透水层及重黏土层时，应进行疏松或采取排水措施</td><td>第 4.2.6 条</td><td>全/全</td><td>抽查 1 处，全部合格</td><td>合格</td></tr>
<tr><td rowspan="3">一般项目</td><td>1</td><td>表层土和底土堆放，底部回填</td><td>第 4.2.5 条</td><td>全/全</td><td>抽查 1 处，合格 1 处</td><td>合格</td></tr>
<tr><td>2</td><td>土壤干燥时应于栽植前灌水浸穴、槽</td><td>第 4.2.7 条</td><td>全/全</td><td>抽查 1 处，合格 1 处</td><td>合格</td></tr>
<tr><td>3</td><td>土壤密度大于 1.35 g/cm^3 或渗透系数小于 10^{-4} cm/s</td><td>第 4.2.8 条</td><td>全/全</td><td>抽查 1 处，合格 1 处</td><td>合格</td></tr>
<tr><td colspan="2">施工单位检查结果</td><td colspan="5">主控项目全部合格，一般项目符合设计及施工规范要求。
专业工长：　李晓梅
项目专业质量检查员：　张　晓
年　月　日</td></tr>
<tr><td colspan="2">监理单位验收结论</td><td colspan="5">合格。
专业监理工程师：　刘明哲
年　月　日</td></tr>
</table>

注：本表与表 C□□E 现场验收检查原始记录配套使用。

表 C0702010201D　栽植穴(槽)检验批质量验收记录

编号 C0702010201-001

<table>
<tr><td>单位(子单位)
工程名称</td><td colspan="2">小游园园林景观工程</td><td>分部(子分部)
工程名称</td><td>栽植工程
(常规栽植)</td><td>分项工程
名称</td><td colspan="2">栽植穴(槽)</td></tr>
<tr><td>施工单位</td><td colspan="2">市政公司</td><td>项目负责人</td><td>金源</td><td>检验批容量</td><td colspan="2">43 个</td></tr>
<tr><td>分包单位</td><td colspan="2">/</td><td>分包单位项目
负责人</td><td>/</td><td>检验批部位</td><td colspan="2">珍珠梅</td></tr>
<tr><td>施工依据</td><td colspan="3">《园林绿化工程施工及验收规范》
CJJ 82—2012</td><td>验收依据</td><td colspan="3">《园林绿化工程施工及验收规范》
CJJ 82—2012</td></tr>
<tr><td colspan="3">验收项目</td><td>设计要求及
规范规定</td><td>最小 / 实际
抽样数量</td><td colspan="2">检查记录</td><td>检查
结果</td></tr>
<tr><td rowspan="3">主控项目</td><td>1</td><td>栽植穴、槽定点放线</td><td>第 4.2.3 条
第 1 款</td><td>9/9</td><td colspan="2">抽查 9 处,全部合格</td><td>合格</td></tr>
<tr><td>2</td><td>栽植穴、槽的直径</td><td>第 4.2.4 条</td><td>9/9</td><td colspan="2">抽查 9 处,全部合格</td><td>合格</td></tr>
<tr><td>3</td><td>有不透水层及重黏土层时,应进行疏松或采取排水措施</td><td>第 4.2.6 条</td><td>9/9</td><td colspan="2">抽查 9 处,全部合格</td><td>合格</td></tr>
<tr><td rowspan="3">一般项目</td><td>1</td><td>表层土和底土堆放,底部回填</td><td>第 4.2.5 条</td><td>9/9</td><td colspan="2">抽查 9 处,合格 9 处</td><td>合格</td></tr>
<tr><td>2</td><td>土壤干燥时应于栽植前灌水浸穴、槽</td><td>第 4.2.7 条</td><td>9/9</td><td colspan="2">抽查 9 处,合格 9 处</td><td>合格</td></tr>
<tr><td>3</td><td>土壤密度大于 1.35 g/cm³ 或渗透系数小于 10⁻⁴ cm/s</td><td>第 4.2.8 条</td><td>9/9</td><td colspan="2">抽查 9 处,合格 9 处</td><td>合格</td></tr>
<tr><td colspan="2">施工单位
检查结果</td><td colspan="6">主控项目全部合格,一般项目符合设计及施工规范要求。
专业工长:　李晓梅
项目专业质量检查员:　张　晓
年　月　日</td></tr>
<tr><td colspan="2">监理单位
验收结论</td><td colspan="6">合格。
专业监理工程师:　刘明哲
年　月　日</td></tr>
</table>

注:本表与表 C □□ E 现场验收检查原始记录配套使用。

表 C07020103C　苗木运输和假植分项工程质量验收记录

编号 C07020103

<table>
<tr><td>单位(子单位)工程名称</td><td colspan="2">小游园园林景观工程</td><td>分部(子分部)工程名称</td><td colspan="3">栽植工程(常规栽植)</td></tr>
<tr><td>分项工程数量</td><td colspan="2">1</td><td>检验批数量</td><td colspan="3">9</td></tr>
<tr><td>施工单位</td><td colspan="2">市政公司</td><td>项目负责人</td><td>金源</td><td>项目技术负责人</td><td>李小鹏</td></tr>
<tr><td>分包单位</td><td colspan="2">/</td><td>分包单位项目负责人</td><td>/</td><td>分包内容</td><td>/</td></tr>
<tr><td>序号</td><td>检验批名称</td><td>检验批容量</td><td>部位 / 区段</td><td colspan="2">施工单位检查结果</td><td>监理单位验收结论</td></tr>
<tr><td>1</td><td>植物材料</td><td>1 株</td><td>红叶李</td><td colspan="2">合格</td><td>合格</td></tr>
<tr><td>2</td><td>植物材料</td><td>1 株</td><td>卫矛</td><td colspan="2">合格</td><td>合格</td></tr>
<tr><td>3</td><td>植物材料</td><td>9 株</td><td>接骨木</td><td colspan="2">合格</td><td>合格</td></tr>
<tr><td>4</td><td>植物材料</td><td>11 株</td><td>四季玫瑰</td><td colspan="2">合格</td><td>合格</td></tr>
<tr><td>5</td><td>植物材料</td><td>43 株</td><td>珍珠梅</td><td colspan="2">合格</td><td>合格</td></tr>
<tr><td>6</td><td>植物材料</td><td>18 株</td><td>紫丁香</td><td colspan="2">合格</td><td>合格</td></tr>
<tr><td>7</td><td>植物材料</td><td>9 株</td><td>水蜡球</td><td colspan="2">合格</td><td>合格</td></tr>
<tr><td>8</td><td>植物材料</td><td>29 株</td><td>水蜡</td><td colspan="2">合格</td><td>合格</td></tr>
<tr><td>9</td><td>植物材料</td><td>138 株</td><td>红叶李(灌木)</td><td colspan="2">合格</td><td>合格</td></tr>
<tr><td colspan="7">说明:
此分项的各检验批验收资料齐全完整,且各检验批均已验收合格。符合设计要求和规范的规定。</td></tr>
<tr><td colspan="2">施工单位
检查结果</td><td colspan="5">检查评定合格。
项目专业技术负责人:　李小鹏
年　月　日</td></tr>
<tr><td colspan="2">监理单位
验收结论</td><td colspan="5">符合施工质量验收规范要求,同意验收。
专业监理工程师:　刘明哲
年　月　日</td></tr>
</table>

表 C0702010301D　苗木运输和假植检验批质量验收记录

编号 C0702010301-001

<table>
<tr><td>单位(子单位)工程名称</td><td>小游园园林景观工程</td><td>分部(子分部)工程名称</td><td>栽植工程(常规栽植)</td><td>分项工程名称</td><td>植物材料</td></tr>
<tr><td>施工单位</td><td>市政公司</td><td>项目负责人</td><td>金源</td><td>检验批容量</td><td>1 株</td></tr>
<tr><td>分包单位</td><td>/</td><td>分包单位项目负责人</td><td>/</td><td>检验批部位</td><td>红叶李</td></tr>
<tr><td>施工依据</td><td colspan="2">《园林绿化工程施工及验收规范》CJJ 82—2012</td><td>验收依据</td><td colspan="2">《园林绿化工程施工及验收规范》CJJ 82—2012</td></tr>
</table>

<table>
<tr><td colspan="4">验收项目</td><td>设计要求及规范规定</td><td>最小/实际抽样数量</td><td>检查记录</td><td>检查结果</td></tr>
<tr><td rowspan="2">主控项目</td><td>1</td><td colspan="2">运输吊装苗木的机具和车辆的工作吨位及安全操作措施</td><td>第 4.4.3 条</td><td>/</td><td>检查合格,记录编号</td><td>合格</td></tr>
<tr><td>2</td><td colspan="2">苗木运到现场,当天不能栽植的应及时进行假植</td><td>第 4.4.6 条</td><td>1/1</td><td>抽查 1 处,全部合格</td><td>合格</td></tr>
<tr><td rowspan="4">一般项目</td><td>1</td><td colspan="2">裸根苗木装车、运输、卸车的保护</td><td>第 4.4.4 条</td><td>/</td><td>/</td><td>/</td></tr>
<tr><td>2</td><td colspan="2">带土球苗木装车、运输、卸车的保护</td><td>第 4.4.5 条</td><td>1/1</td><td>抽查 1 处,合格 1 处</td><td>合格</td></tr>
<tr><td rowspan="2">3</td><td rowspan="2">苗木假植</td><td>裸根苗假植和保护</td><td rowspan="2">第 4.4.7 条</td><td>/</td><td>/</td><td>/</td></tr>
<tr><td>带土球苗木的假植和保护</td><td>1/1</td><td>抽查 1 处,合格 1 处</td><td>合格</td></tr>
</table>

<table>
<tr><td>施工单位检查结果</td><td>主控项目全部合格,一般项目符合设计及施工规范要求。
专业工长：李晓梅
项目专业质量检查员：张　晓
年　月　日</td></tr>
<tr><td>监理单位验收结论</td><td>合格。
专业监理工程师：刘明哲
年　月　日</td></tr>
</table>

注:本表与表 C□□ E 现场验收检查原始记录配套使用。

表 C0702010301D　苗木运输和假植检验批质量验收记录

编号 C0702010301-002

<table>
<tr><td colspan="3">单位(子单位)工程名称</td><td>小游园园林景观工程</td><td>分部(子分部)工程名称</td><td>栽植工程(常规栽植)</td><td>分项工程名称</td><td>植物材料</td></tr>
<tr><td colspan="3">施工单位</td><td>市政公司</td><td>项目负责人</td><td>金源</td><td>检验批容量</td><td>43 株</td></tr>
<tr><td colspan="3">分包单位</td><td>/</td><td>分包单位项目负责人</td><td>/</td><td>检验批部位</td><td>珍珠梅</td></tr>
<tr><td colspan="3">施工依据</td><td colspan="2">《园林绿化工程施工及验收规范》CJJ 82—2012</td><td>验收依据</td><td colspan="2">《园林绿化工程施工及验收规范》CJJ 82—2012</td></tr>
<tr><td colspan="4">验收项目</td><td>设计要求及规范规定</td><td>最小 / 实际抽样数量</td><td>检查记录</td><td>检查结果</td></tr>
<tr><td rowspan="2">主控项目</td><td>1</td><td colspan="2">运输吊装苗木的机具和车辆的工作吨位及安全操作措施</td><td>第 4.4.3 条</td><td>/</td><td>检查合格,记录编号</td><td>合格</td></tr>
<tr><td>2</td><td colspan="2">苗木运到现场,当天不能栽植的应及时进行假植</td><td>第 4.4.6 条</td><td>9/9</td><td>抽查 9 处,全部合格</td><td>合格</td></tr>
<tr><td rowspan="4">一般项目</td><td>1</td><td colspan="2">裸根苗木装车、运输、卸车的保护</td><td>第 4.4.4 条</td><td>/</td><td>/</td><td>/</td></tr>
<tr><td>2</td><td colspan="2">带土球苗木装车、运输、卸车的保护</td><td>第 4.4.5 条</td><td>9/9</td><td>抽查 9 处,合格 9 处</td><td>合格</td></tr>
<tr><td rowspan="2">3</td><td rowspan="2">苗木假植</td><td>裸根苗假植和保护</td><td rowspan="2">第 4.4.7 条</td><td>/</td><td>/</td><td>/</td></tr>
<tr><td>带土球苗木的假植和保护</td><td>9/9</td><td>抽查 9 处,合格 9 处</td><td>合格</td></tr>
<tr><td colspan="3">施工单位检查结果</td><td colspan="5">主控项目全部合格,一般项目符合设计及施工规范要求。
专业工长:　李晓梅
项目专业质量检查员:　张　晓
年　月　日</td></tr>
<tr><td colspan="3">监理单位验收结论</td><td colspan="5">合格。
专业监理工程师:　刘明哲
年　月　日</td></tr>
</table>

注:本表与表 C □□ E 现场验收检查原始记录配套使用。

表 C07020104C　苗木修剪分项工程质量验收记录

编号 C07020104

单位(子单位)工程名称	小游园园林景观工程	分部(子分部)工程名称	栽植工程(常规栽植)		
分项工程数量	1	检验批数量	9		
施工单位	市政公司	项目负责人	金源	项目技术负责人	李小鹏
分包单位	/	分包单位项目负责人	/	分包内容	/

序号	检验批名称	检验批容量	部位/区段	施工单位检查结果	监理单位验收结论
1	植物材料	1株	红叶李	合格	合格
2	植物材料	1株	卫矛	合格	合格
3	植物材料	9株	接骨木	合格	合格
4	植物材料	11株	四季玫瑰	合格	合格
5	植物材料	43株	珍珠梅	合格	合格
6	植物材料	18株	紫丁香	合格	合格
7	植物材料	9株	水蜡球	合格	合格
8	植物材料	29株	水蜡	合格	合格
9	植物材料	138株	红叶李(灌木)	合格	合格

说明：

此分项的各检验批验收资料齐全完整，且各检验批均已验收合格。符合设计要求和规范的规定。

施工单位检查结果	检查评定合格。 项目专业技术负责人：李小鹏 年　月　日
监理单位验收结论	符合施工质量验收规范要求，同意验收。 专业监理工程师：刘明哲 年　月　日

表 C0702010401D　苗木修剪检验批质量验收记录

编号 C0702010401-001

<table>
<tr><td>单位(子单位)工程名称</td><td colspan="3">小游园园林景观工程</td><td>分部(子分部)工程名称</td><td>栽植工程(常规栽植)</td><td>分项工程名称</td><td colspan="2">苗木修剪</td></tr>
<tr><td>施工单位</td><td colspan="3">市政公司</td><td>项目负责人</td><td>全源</td><td>检验批容量</td><td colspan="2">1 株</td></tr>
<tr><td>分包单位</td><td colspan="3">/</td><td>分包单位项目负责人</td><td>/</td><td>检验批部位</td><td colspan="2">红叶李</td></tr>
<tr><td>施工依据</td><td colspan="4">《园林绿化工程施工及验收规范》CJJ 82—2012</td><td>验收依据</td><td colspan="3">《园林绿化工程施工及验收规范》CJJ 82—2012</td></tr>
<tr><td colspan="3">验收项目</td><td colspan="2">设计要求及规范规定</td><td>最小 / 实际抽样数量</td><td colspan="2">检查记录</td><td>检查结果</td></tr>
<tr><td rowspan="2">主控项目</td><td>1</td><td>苗木修剪整形</td><td colspan="2">第 4.5.4 条第 1 款</td><td>全 / 全</td><td colspan="2">抽查 1 处，全部合格</td><td>合格</td></tr>
<tr><td>2</td><td>苗木应无损伤断枝、枯枝、严重病虫枝等</td><td colspan="2">第 4.5.4 条第 2 款</td><td>全 / 全</td><td colspan="2">抽查 1 处，全部合格</td><td>合格</td></tr>
<tr><td rowspan="3">一般项目</td><td>1</td><td>落叶树木的枝剪除及剪除质量</td><td colspan="2">第 4.5.4 条第 3 款</td><td>全 / 全</td><td colspan="2">抽查 1 处，合格 1 处</td><td>合格</td></tr>
<tr><td>2</td><td>枝条短截留外芽，剪口距离</td><td colspan="2">第 4.5.4 条第 4 款</td><td>全 / 全</td><td colspan="2">抽查 1 处，合格 1 处</td><td>合格</td></tr>
<tr><td>3</td><td>修剪直径 2 cm 以上大枝及粗根时，截口应削平并涂防腐剂</td><td colspan="2">第 4.5.4 条第 5 款</td><td>全 / 全</td><td colspan="2">抽查 1 处，合格 1 处</td><td>合格</td></tr>
<tr><td colspan="2">施工单位检查结果</td><td colspan="7">主控项目全部合格，一般项目符合设计及施工规范要求。
专业工长：　李晓梅
项目专业质量检查员：　张　晓
年　月　日</td></tr>
<tr><td colspan="2">监理单位验收结论</td><td colspan="7">合格。
专业监理工程师：　刘明哲
年　月　日</td></tr>
</table>

注：本表与表 C□□E 现场验收检查原始记录配套使用。

表 C0702010401D　苗木修剪检验批质量验收记录

编号 C0702010401-002

<table>
<tr><td>单位(子单位)工程名称</td><td>小游园园林景观工程</td><td>分部(子分部)工程名称</td><td>栽植工程(常规栽植)</td><td>分项工程名称</td><td colspan="2">苗木修剪</td></tr>
<tr><td>施工单位</td><td>市政公司</td><td>项目负责人</td><td>金源</td><td>检验批容量</td><td colspan="2">43 株</td></tr>
<tr><td>分包单位</td><td>/</td><td>分包单位项目负责人</td><td>/</td><td>检验批部位</td><td colspan="2">珍珠梅</td></tr>
<tr><td>施工依据</td><td colspan="2">《园林绿化工程施工及验收规范》CJJ 82—2012</td><td>验收依据</td><td colspan="3">《园林绿化工程施工及验收规范》CJJ 82—2012</td></tr>
</table>

<table>
<tr><td colspan="3">验收项目</td><td>设计要求及规范规定</td><td>最小/实际抽样数量</td><td>检查记录</td><td>检查结果</td></tr>
<tr><td rowspan="2">主控项目</td><td>1</td><td>苗木修剪整形</td><td>第 4.5.4 条第 1 款</td><td>5/5</td><td>抽查 5 处,全部合格</td><td>合格</td></tr>
<tr><td>2</td><td>苗木应无损伤断枝、枯枝、严重病虫枝等</td><td>第 4.5.4 条第 2 款</td><td>5/5</td><td>抽查 5 处,全部合格</td><td>合格</td></tr>
<tr><td rowspan="3">一般项目</td><td>1</td><td>落叶树木的枝剪除及剪除质量</td><td>第 4.5.4 条第 3 款</td><td>5/5</td><td>抽查 5 处,合格 5 处</td><td>合格</td></tr>
<tr><td>2</td><td>枝条短截留外芽,剪口距离</td><td>第 4.5.4 条第 4 款</td><td>5/5</td><td>抽查 5 处,合格 5 处</td><td>合格</td></tr>
<tr><td>3</td><td>修剪直径 2 cm 以上大枝及粗根时,截口应削平并涂防腐剂</td><td>第 4.5.4 条第 5 款</td><td>5/5</td><td>抽查 5 处,合格 5 处</td><td>合格</td></tr>
<tr><td colspan="2">施工单位检查结果</td><td colspan="5">主控项目全部合格,一般项目符合设计及施工规范要求。
专业工长：　李晓梅
项目专业质量检查员：　张　晓
年　月　日</td></tr>
<tr><td colspan="2">监理单位验收结论</td><td colspan="5">合格。
专业监理工程师：　刘明哲
年　月　日</td></tr>
</table>

注:本表与表 C □□ E 现场验收检查原始记录配套使用。

表 C07020105C　树木栽植分项工程质量验收记录

编号 C07020105

单位(子单位)工程名称	小游园园林景观工程	分部(子分部)工程名称	栽植工程(常规栽植)		
分项工程数量	1	检验批数量	9		
施工单位	市政公司	项目负责人	金源	项目技术负责人	李小鹏
分包单位	/	分包单位项目负责人	/	分包内容	/

序号	检验批名称	检验批容量	部位/区段	施工单位检查结果	监理单位验收结论
1	植物材料	1株	红叶李	合格	合格
2	植物材料	1株	卫矛	合格	合格
3	植物材料	9株	接骨木	合格	合格
4	植物材料	11株	四季玫瑰	合格	合格
5	植物材料	43株	珍珠梅	合格	合格
6	植物材料	18株	紫丁香	合格	合格
7	植物材料	9株	水蜡球	合格	合格
8	植物材料	29株	水蜡	合格	合格
9	植物材料	138株	红叶李(灌木)	合格	合格

说明：

此分项的各检验批验收资料齐全完整,且各检验批均已验收合格。符合设计要求和规范的规定。

施工单位检查结果	检查评定合格。 项目专业技术负责人：　李小鹏 年　月　日
监理单位验收结论	符合施工质量验收规范要求,同意验收。 专业监理工程师：　刘明哲 年　月　日

表 C0702010501D　树木栽植检验批质量验收记录

编号 C0702010501-001

<table>
<tr><td>单位(子单位)工程名称</td><td>小游园园林景观工程</td><td colspan="2">分部(子分部)工程名称</td><td>栽植工程(常规栽植)</td><td>分项工程名称</td><td colspan="2">树木栽植</td></tr>
<tr><td>施工单位</td><td>市政公司</td><td colspan="2">项目负责人</td><td>金源</td><td>检验批容量</td><td colspan="2">1株</td></tr>
<tr><td>分包单位</td><td>/</td><td colspan="2">分包单位项目负责人</td><td>/</td><td>检验批部位</td><td colspan="2">红叶李</td></tr>
<tr><td>施工依据</td><td colspan="3">《园林绿化工程施工及验收规范》CJJ 82—2012</td><td>验收依据</td><td colspan="3">《园林绿化工程施工及验收规范》CJJ 82—2012</td></tr>
<tr><td colspan="3">验收项目</td><td>设计要求及规范规定</td><td>最小/实际抽样数量</td><td colspan="2">检查记录</td><td>检查结果</td></tr>
<tr><td rowspan="4">主控项目</td><td>1</td><td>栽植的树木品种、规格、位置</td><td>设计要求</td><td>/</td><td colspan="2">质量证明文件齐全,进场验收合格,记录编号</td><td>合格</td></tr>
<tr><td>2</td><td>除特殊景观树外,树木栽植应保持直立,不得倾斜</td><td>第4.6.1条第6款</td><td>全/全</td><td colspan="2">抽查1处,全部合格</td><td>合格</td></tr>
<tr><td>3</td><td>行道树或行列栽植的树木应在一条线上,相邻植株规格应合理搭配</td><td>第4.6.1条第7款</td><td>全/全</td><td colspan="2">抽查1处,全部合格</td><td>合格</td></tr>
<tr><td>4</td><td>树木栽植成活率;名贵树木栽植成活率</td><td>第4.6.1条第10款</td><td>全/全</td><td colspan="2">抽查1处,全部合格</td><td>合格</td></tr>
<tr><td rowspan="7">一般项目</td><td>1</td><td>带土球树木栽植前应去除土球及不易降解的包装物</td><td>第4.6.1条第3款</td><td>全/全</td><td colspan="2">抽查1处,合格1处</td><td>合格</td></tr>
<tr><td>2</td><td>观赏面的朝向;树木栽植深度</td><td>第4.6.1条第4款</td><td>全/全</td><td colspan="2">抽查1处,合格1处</td><td>合格</td></tr>
<tr><td>3</td><td>栽植树木回填的栽植土</td><td>第4.6.1条第5款</td><td>全/全</td><td colspan="2">抽查1处,合格1处</td><td>合格</td></tr>
<tr><td>4</td><td>绿篱及色块栽植时,株行距、苗木高度、冠幅大小的搭配;树形丰满一面的朝向</td><td>第4.6.1条第8款</td><td>/</td><td colspan="2">/</td><td>/</td></tr>
<tr><td rowspan="3">5</td><td>非种植季节进行树木栽植：苗木可提前进行环状断根处理或在适宜季节起苗,用容器假植,带土球栽植</td><td rowspan="3">第4.6.4条</td><td>/</td><td colspan="2">/</td><td>/</td></tr>
<tr><td>落叶乔木、灌木类应进行适当修剪并应保持原树冠形态,剪除部分侧枝,保留的侧枝应进行短截,并适当加大土球体积</td><td>/</td><td colspan="2">/</td><td>/</td></tr>
<tr><td>可摘叶的应摘去部分叶片,但不得伤害幼芽</td><td>/</td><td colspan="2">/</td><td>/</td></tr>
</table>

续表 C0702010501D

一般项目	5	非种植季节进行树木栽植	夏季可采取遮阴、树木裹干保湿、树冠喷雾或喷施抗蒸腾剂,减少水分蒸发;冬季应采取防风防寒措施	第 4.6.4 条	/	/	/
			掘苗时根部可喷布促进生根的激素,栽植时可加施保水剂,栽植后树体可注射营养剂		/	/	/
			苗木栽植		/	/	
	6	干旱地区或干旱季节,采用树木栽植新技术;采用土球苗,加强水分管理措施		第 4.6.5 条	/	/	/
施工单位 检查结果	主控项目全部合格,一般项目符合设计及施工规范要求。 专业工长: 李晓梅 项目专业质量检查员: 张 晓 年 月 日						
监理单位 验收结论	合格。 专业监理工程师: 刘明哲 年 月 日						

注:本表与表 C □□ E 现场验收检查原始记录配套使用。

表 C0702010501D 树木栽植检验批质量验收记录

编号 C0702010501-002

单位(子单位)工程名称	小游园园林景观工程	分部(子分部)工程名称	栽植工程(常规栽植)	分项工程名称	树木栽植
施工单位	市政公司	项目负责人	全源	检验批容量	43 株
分包单位	/	分包单位项目负责人	/	检验批部位	珍珠梅
施工依据	《园林绿化工程施工及验收规范》CJJ 82—2012		验收依据	《园林绿化工程施工及验收规范》CJJ 82—2012	

验收项目			设计要求及规范规定	最小 / 实际抽样数量	检查记录	检查结果
主控项目	1	栽植的树木品种、规格、位置	设计要求	/	质量证明文件齐全,进场验收合格,记录编号	合格
	2	除特殊景观树外,树木栽植应保持直立,不得倾斜	第 4.6.1 条第 6 款	5/5	抽查 5 处,全部合格	合格
	3	行道树或行列栽植的树木应在一条线上,相邻植株规格应合理搭配	第 4.6.1 条第 7 款	5/5	抽查 5 处,全部合格	合格
	4	树木栽植成活率;名贵树木栽植成活率	第 4.6.1 条第 10 款	5/5	抽查 5 处,全部合格	合格

续表 C0702010501D

一般项目	1	带土球树木栽植前应去除土球不易降解的包装物		第 4.6.1 条 第 3 款	5/5	抽查 5 处,合格 5 处	合格
	2	观赏面的朝向;树木栽植深度		第 4.6.1 条 第 4 款	5/5	抽查 5 处,合格 5 处	合格
	3	栽植树木回填的栽植土		第 4.6.1 条 第 5 款	5/5	抽查 5 处,合格 5 处	合格
	4	绿篱及色块栽植时,株行距、苗木高度、冠幅大小的搭配;树形丰满一面的朝向		第 4.6.1 条 第 8 款	/	/	/
	5	非种植季节进行树木栽植	苗木可提前环状断根进行处理或在适宜季节起苗,用容器假植,带土球栽植	第 4.6.4 条	/	/	/
			落叶乔木、灌木类应进行适当修剪并应保持原树冠形态,剪除部分侧枝,保留的侧枝应进行短截,并适当加大土球体积		/	/	/
			可摘叶的应摘去部分叶片,但不得伤害幼芽		/	/	/
			夏季可采取遮阴、树木裹干保湿、树冠喷雾或喷施抗蒸腾剂,减少水分蒸发;冬季应采取防风防寒措施		/	/	/
			掘苗时根部可喷布促进生根的激素,栽植时可加施保水剂,栽植后树体可注射营养剂		/	/	/
			苗木栽植		/	/	/
	6	干旱地区或干旱季节,采用树木栽植新技术;采用土球苗,加强水分管理措施		第 4.6.5 条	/	/	/

施工单位 检查结果	主控项目全部合格,一般项目符合设计及施工规范要求。 专业工长: 李晓梅 项目专业质量检查员: 张 晓 年 月 日
监理单位 验收结论	合格。 专业监理工程师: 刘明哲 年 月 日

注:本表与表 C □□ E 现场验收检查原始记录配套使用。

表 C07020107C　草坪及草本地被播种分项工程质量验收记录

编号 C07020107

<table>
<tr><td colspan="2">单位(子单位)工程名称</td><td>小游园园林景观工程</td><td>分部(子分部)工程名称</td><td colspan="3">栽植工程(常规栽植)</td></tr>
<tr><td colspan="2">分项工程数量</td><td>1</td><td>检验批数量</td><td colspan="3">1</td></tr>
<tr><td colspan="2">施工单位</td><td>市政公司</td><td>项目负责人</td><td>金源</td><td>项目技术负责人</td><td>李小鹏</td></tr>
<tr><td colspan="2">分包单位</td><td>/</td><td>分包单位项目负责人</td><td>/</td><td>分包内容</td><td>/</td></tr>
<tr><td>序号</td><td>检验批名称</td><td>检验批容量</td><td>部位/区段</td><td colspan="2">施工单位检查结果</td><td>监理单位验收结论</td></tr>
<tr><td>1</td><td>草坪和草本地被播种</td><td>306.6 m²</td><td>混播草坪</td><td colspan="2">合格</td><td>合格</td></tr>
<tr><td>2</td><td></td><td></td><td></td><td colspan="2"></td><td></td></tr>
<tr><td>3</td><td></td><td></td><td></td><td colspan="2"></td><td></td></tr>
<tr><td colspan="7">说明：
此分项的各检验批验收资料齐全完整,且各检验批均已验收合格。符合设计要求和规范的规定。</td></tr>
<tr><td colspan="2">施工单位检查结果</td><td colspan="5">检查评定合格。
项目专业技术负责人：李小鹏
年　月　日</td></tr>
<tr><td colspan="2">监理单位验收结论</td><td colspan="5">符合施工质量验收规范要求,同意验收。
专业监理工程师：刘明哲
年　月　日</td></tr>
</table>

表 C0702010701D　草坪和草本地被播种检验批质量验收记录

编号 C0702010701-001

<table>
<tr><td>单位(子单位)工程名称</td><td>小游园园林景观工程</td><td>分部(子分部)工程名称</td><td>栽植工程(常规栽植)</td><td>分项工程名称</td><td>草坪及草本地被播种</td></tr>
<tr><td>施工单位</td><td>市政公司</td><td>项目负责人</td><td>金源</td><td>检验批容量</td><td>306.6 m²</td></tr>
<tr><td>分包单位</td><td>/</td><td>分包单位项目负责人</td><td>/</td><td>检验批部位</td><td>混播草坪</td></tr>
<tr><td>施工依据</td><td colspan="2">《园林绿化工程施工及验收规范》CJJ 82—2012</td><td>验收依据</td><td colspan="2">《园林绿化工程施工及验收规范》CJJ 82—2012</td></tr>
</table>

续表 C0702010701D

<table>
<tr><th colspan="4">验收项目</th><th>设计要求及规范规定</th><th>最小/实际抽样数量</th><th>检查记录</th><th>检查结果</th></tr>
<tr><td rowspan="7">主控项目</td><td>1</td><td colspan="2">播种前应做发芽试验和催芽处理;确定合理的播种量</td><td>第 4.8.1 条第 2 款</td><td>2/2</td><td>抽查 2 处,全部合格</td><td>合格</td></tr>
<tr><td>2</td><td colspan="2">播种浸地,保持土壤湿润;将表层土耧细耙平,坡度应达 0.3%～0.5%</td><td>第 4.8.1 条第 5 款</td><td>2/2</td><td>抽查 2 处,全部合格</td><td>合格</td></tr>
<tr><td>3</td><td colspan="2">用等量沙土与种子拌匀后撒播,播种后应均匀覆细土 0.3～0.5 cm 并轻压</td><td>第 4.8.1 条第 6 款</td><td>2/2</td><td>抽查 2 处,全部合格</td><td>合格</td></tr>
<tr><td>4</td><td colspan="2">播种后应及时喷水,种子萌发前,干旱地区应每天喷水 1～2 次,水点应细密均匀,浸透土层 8～10 cm,保持土表湿润,不应有积水,出苗后可减少喷水次数,土壤宜见湿见干</td><td>第 4.8.1 条第 7 款</td><td>2/2</td><td>抽查 2 处,全部合格</td><td>合格</td></tr>
<tr><td rowspan="3">5</td><td rowspan="3">草坪和草本地被的播种、分栽,草块、草卷铺设及运动场草坪</td><td>成坪后覆盖度</td><td>不低于 95%</td><td>2/2</td><td>抽查 2 处,全部合格</td><td>合格</td></tr>
<tr><td>单块裸露面积</td><td>不大于 25 cm</td><td>2/2</td><td>抽查 2 处,全部合格</td><td>合格</td></tr>
<tr><td>杂草及病虫害的面积</td><td>不大于 5%</td><td>2/2</td><td>抽查 2 处,全部合格</td><td>合格</td></tr>
<tr><td rowspan="6">一般项目</td><td rowspan="4">1</td><td colspan="2">优良种子的选取</td><td>第 4.8.1 条第 1 款</td><td>2/2</td><td>抽查 2 处,合格 2 处</td><td>合格</td></tr>
<tr><td colspan="2">草坪、草本地被种子纯净度</td><td>95% 以上</td><td>2/2</td><td>抽查 2 处,合格 2 处</td><td>合格</td></tr>
<tr><td colspan="2">冷地型草坪种子发芽率</td><td>应达到 85% 以上</td><td>2/2</td><td>抽查 2 处,合格 2 处</td><td>合格</td></tr>
<tr><td colspan="2">暖地型草坪种子发芽率应达到 70% 以上</td><td>应达到 70% 以上</td><td>/</td><td>/</td><td>/</td></tr>
<tr><td>2</td><td colspan="2">播种前应对种子进行消毒,杀菌</td><td>第 4.8.1 条第 3 款</td><td>2/2</td><td>抽查 2 处,合格 2 处</td><td>合格</td></tr>
<tr><td>3</td><td colspan="2">整地前应进行土壤处理,防治地下害虫</td><td>第 4.8.1 条第 4 款</td><td>2/2</td><td>抽查 2 处,合格 2 处</td><td>合格</td></tr>
<tr><td colspan="3">施工单位检查结果</td><td colspan="5">主控项目全部合格,一般项目符合设计及施工规范要求。
专业工长:　李晓梅
项目专业质量检查员:　张　晓
年　月　日</td></tr>
<tr><td colspan="3">监理单位验收结论</td><td colspan="5">合格。
监理工程师:　刘明哲
年　月　日</td></tr>
</table>

注:本表与表 C □□ E 现场验收检查原始记录配套使用。

表 C0701A　施工期植物养护分部工程质量验收记录

编号 C 0703

<table>
<tr><td colspan="2">单位(子单位)工程名称</td><td>小游园园林景观工程</td><td>子分部工程数量</td><td>1</td><td>分项工程数量</td><td>1</td></tr>
<tr><td colspan="2">施工单位</td><td>市政公司</td><td>项目负责人</td><td>金源</td><td>项目技术(质量)负责人</td><td>李小鹏</td></tr>
<tr><td colspan="2">分包单位</td><td>/</td><td>分包单位负责人</td><td>/</td><td>分包内容</td><td>/</td></tr>
<tr><td>序号</td><td>子分部工程名称</td><td>分项工程名称</td><td>检验批数量</td><td>施工单位检查结果</td><td colspan="2">监理单位验收结论</td></tr>
<tr><td>1</td><td>施工期的植物养护</td><td>支撑</td><td>2</td><td>合格</td><td colspan="2" rowspan="10">各分项工程符合施工质量验收规范要求。</td></tr>
<tr><td>2</td><td>施工期的植物养护</td><td>浇灌水</td><td>9</td><td>合格</td></tr>
<tr><td>3</td><td>施工期的植物养护</td><td>裹土</td><td>1</td><td>合格</td></tr>
<tr><td>4</td><td>施工期的植物养护</td><td>中耕</td><td>1</td><td>合格</td></tr>
<tr><td>5</td><td>施工期的植物养护</td><td>除草</td><td>1</td><td>合格</td></tr>
<tr><td>6</td><td>施工期的植物养护</td><td>浇水</td><td>1</td><td>合格</td></tr>
<tr><td>7</td><td>施工期的植物养护</td><td>施肥</td><td>1</td><td>合格</td></tr>
<tr><td>8</td><td>施工期的植物养护</td><td>除虫</td><td>1</td><td>合格</td></tr>
<tr><td>9</td><td>施工期的植物养护</td><td>修剪</td><td>1</td><td>合格</td></tr>
<tr><td>10</td><td>施工期的植物养护</td><td>抹芽</td><td>1</td><td>合格</td></tr>
<tr><td colspan="2">质量控制资料</td><td colspan="5">资料共计 16 项,资料完整</td></tr>
<tr><td colspan="2">安全和功能检验结果</td><td colspan="5">检验资料共计 / 项,抽查 / 项,资料完整</td></tr>
<tr><td colspan="2">观感质量检验结果</td><td colspan="5">☑好　☐一般　☐差</td></tr>
<tr><td colspan="2">综合验收结论</td><td colspan="5">合格</td></tr>
<tr><td colspan="3">施工单位(盖章)

项目经理:金源

年　月　日</td><td colspan="2">设计单位(盖章)

项目负责人:高畅

年　月　日</td><td colspan="2">监理单位(盖章)

总监理工程师:林志明

年　月　日</td></tr>
</table>

注:①本记录适用于除地基与基础分部工程、土方工程分部外的验收应由施工项目经理、设计项目负责人和总监理工程师参加并签字。

②当本记录中有分包内容时,签字栏应增加一栏,分包单位(盖章)和分包项目负责人签字。分包单位并参加验收。

表 C07030101C 支撑分项工程质量验收记录

编号 C07030101

<table>
<tr><td colspan="2">单位(子单位)
工程名称</td><td colspan="2">小游园园林景观工程</td><td>分部(子分部)
工程名称</td><td colspan="3">施工期的植物养护
(施工期的植物养护)</td></tr>
<tr><td colspan="2">分项工程数量</td><td colspan="2">1</td><td>检验批数量</td><td colspan="3">2</td></tr>
<tr><td colspan="2">施工单位</td><td colspan="2">市政公司</td><td>项目负责人</td><td>金源</td><td>项目技术
负责人</td><td>李小鹏</td></tr>
<tr><td colspan="2">分包单位</td><td colspan="2">/</td><td>分包单位项目负责人</td><td>/</td><td>分包内容</td><td>/</td></tr>
<tr><td>序号</td><td>检验批名称</td><td>检验批容量</td><td colspan="2">部位/区段</td><td>施工单位
检查结果</td><td colspan="2">监理单位
验收结论</td></tr>
<tr><td>1</td><td>支撑</td><td>1株</td><td colspan="2">红叶李</td><td>合格</td><td colspan="2">合格</td></tr>
<tr><td>2</td><td>支撑</td><td>1株</td><td colspan="2">卫矛</td><td>合格</td><td colspan="2">合格</td></tr>
<tr><td></td><td></td><td></td><td colspan="2"></td><td></td><td colspan="2"></td></tr>
<tr><td colspan="8">说明:
此分项的各检验批验收资料齐全完整,且各检验批均已验收合格。符合设计要求和规范的规定。</td></tr>
<tr><td colspan="2">施工单位
检查结果</td><td colspan="6">检查评定合格。
项目专业技术负责人: 李小鹏
年 月 日</td></tr>
<tr><td colspan="2">监理单位
验收结论</td><td colspan="6">符合施工质量验收规范要求,同意验收。
专业监理工程师: 刘明哲
年 月 日</td></tr>
</table>

表 C0703000101D　支撑检验批质量验收记录

编号 C0703000101-001

<table>
<tr><td colspan="2">单位(子单位)工程名称</td><td>小游园园林景观工程</td><td>分部(子分部)工程名称</td><td colspan="2">施工期的植物养护(施工期的植物养护)</td><td>分项工程名称</td><td>支撑</td></tr>
<tr><td colspan="2">施工单位</td><td>市政公司</td><td>项目负责人</td><td colspan="2">金源</td><td>检验批容量</td><td>1 株</td></tr>
<tr><td colspan="2">分包单位</td><td>/</td><td>分包单位项目负责人</td><td colspan="2">/</td><td>检验批部位</td><td>红叶李</td></tr>
<tr><td colspan="2">施工依据</td><td colspan="2">《园林绿化工程施工及验收规范》CJJ 82—2012</td><td>验收依据</td><td colspan="3">《园林绿化工程施工及验收规范》CJJ 82—2012</td></tr>
<tr><td colspan="3">验收项目</td><td>设计要求及规范规定</td><td>最小 / 实际抽样数量</td><td colspan="2">检查记录</td><td>检查结果</td></tr>
<tr><td rowspan="2">主控项目</td><td>1</td><td>支撑物的支柱埋深及支撑物、牵拉物与地面连接点的连接</td><td>第 4.6.3 条第 2 款</td><td>全 / 全</td><td colspan="2">抽查 1 处,全部合格</td><td>合格</td></tr>
<tr><td>2</td><td>连接树木的支撑点</td><td>第 4.6.3 条第 3 款</td><td>全 / 全</td><td colspan="2">抽查 1 处,全部合格</td><td>合格</td></tr>
<tr><td rowspan="4">一般项目</td><td>1</td><td>支撑物、牵拉物的强度能够保证支撑有效;用软牵拉固定时,应设置警示标志</td><td>第 4.6.3 条第 4 款</td><td>全 / 全</td><td colspan="2">抽查 1 处,合格 1 处</td><td>合格</td></tr>
<tr><td rowspan="2">2</td><td>针叶常绿树的支撑高度不低于树木主干的 2/3</td><td rowspan="2">第 4.6.3 条第 5 款</td><td>/</td><td colspan="2">/</td><td>/</td></tr>
<tr><td>落叶树支撑高度为树木主干高度的 1/2</td><td>全 / 全</td><td colspan="2">抽查 1 处,合格 1 处</td><td>合格</td></tr>
<tr><td>3</td><td>同规格同树种的支撑物、牵拉物的长度、支撑角度、绑缚形式以及支撑材料宜统一</td><td>第 4.6.3 条第 6 款</td><td>全 / 全</td><td colspan="2">抽查 1 处,合格 1 处</td><td>合格</td></tr>
<tr><td colspan="3">施工单位检查结果</td><td colspan="5">主控项目全部合格,一般项目符合设计及施工规范要求。
专业工长:　李晓梅
项目专业质量检查员:　张　晓
年　月　日</td></tr>
<tr><td colspan="3">监理单位验收结论</td><td colspan="5">合格。
专业监理工程师:　刘明哲
年　月　日</td></tr>
</table>

注:本表与表 C □□ E 现场验收检查原始记录配套使用。

表 C07030102C　浇灌水分项工程质量验收记录

编号 C07030102

<table>
<tr><td>单位(子单位)
工程名称</td><td colspan="2">小游园园林景观工程</td><td>分部(子分部)
工程名称</td><td colspan="3">施工期的植物养护
(施工期的植物养护)</td></tr>
<tr><td>分项工程数量</td><td colspan="2">1</td><td>检验批数量</td><td colspan="3">9</td></tr>
<tr><td>施工单位</td><td colspan="2">市政公司</td><td>项目负责人</td><td>金源</td><td>项目技术
负责人</td><td>李小鹏</td></tr>
<tr><td>分包单位</td><td colspan="2">/</td><td>分包单位
项目负责人</td><td>/</td><td>分包内容</td><td>/</td></tr>
<tr><td>序号</td><td>检验批名称</td><td>检验批容量</td><td>部位/区段</td><td colspan="2">施工单位
检查结果</td><td>监理单位
验收结论</td></tr>
<tr><td>1</td><td>浇灌水</td><td>1 株</td><td>红叶李</td><td colspan="2">合格</td><td>合格</td></tr>
<tr><td>2</td><td>浇灌水</td><td>1 株</td><td>卫矛</td><td colspan="2">合格</td><td>合格</td></tr>
<tr><td>3</td><td>浇灌水</td><td>9 株</td><td>接骨木</td><td colspan="2">合格</td><td>合格</td></tr>
<tr><td>4</td><td>浇灌水</td><td>11 株</td><td>四季玫瑰</td><td colspan="2">合格</td><td>合格</td></tr>
<tr><td>5</td><td>浇灌水</td><td>43 株</td><td>珍珠梅</td><td colspan="2">合格</td><td>合格</td></tr>
<tr><td>6</td><td>浇灌水</td><td>18 株</td><td>紫丁香</td><td colspan="2">合格</td><td>合格</td></tr>
<tr><td>7</td><td>浇灌水</td><td>9 株</td><td>水蜡球</td><td colspan="2">合格</td><td>合格</td></tr>
<tr><td>8</td><td>浇灌水</td><td>29 株</td><td>水蜡</td><td colspan="2">合格</td><td>合格</td></tr>
<tr><td>9</td><td>浇灌水</td><td>138 株</td><td>红叶李(灌木)</td><td colspan="2">合格</td><td>合格</td></tr>
<tr><td colspan="7">说明:
此分项的各检验批验收资料齐全完整,且各检验批均已验收合格。符合设计要求和规范的规定。</td></tr>
<tr><td>施工单位
检查结果</td><td colspan="6">检查评定合格。
项目专业技术负责人:　李小鹏
年　月　日</td></tr>
<tr><td>监理单位
验收结论</td><td colspan="6">符合施工质量验收规范要求,同意验收。
专业监理工程师:　刘明哲
年　月　日</td></tr>
</table>

表 C0703000201D　浇灌水检验批质量验收记录

编号 C0703000201-001

<table>
<tr><td>单位(子单位)工程名称</td><td colspan="2">小游园园林景观工程</td><td>分部(子分部)工程名称</td><td colspan="2">施工期的植物养护(施工期的植物养护)</td><td>分项工程名称</td><td>浇灌水</td></tr>
<tr><td>施工单位</td><td colspan="2">市政公司</td><td>项目负责人</td><td colspan="2">金源</td><td>检验批容量</td><td>1 株</td></tr>
<tr><td>分包单位</td><td colspan="2">/</td><td>分包单位项目负责人</td><td colspan="2">/</td><td>检验批部位</td><td>红叶李</td></tr>
<tr><td>施工依据</td><td colspan="3">《园林绿化工程施工及验收规范》CJJ 82—2012</td><td>验收依据</td><td colspan="3">《园林绿化工程施工及验收规范》CJJ 82—2012</td></tr>
<tr><td colspan="3">验收项目</td><td>设计要求及规范规定</td><td>最小 / 实际抽样数量</td><td colspan="2">检查记录</td><td>检查结果</td></tr>
<tr><td rowspan="3">主控项目</td><td>1</td><td>树木栽植后围堰高度</td><td>第 4.6.2 条第 1 款</td><td>全 / 全</td><td colspan="2">抽查 1 处,全部合格</td><td>合格</td></tr>
<tr><td>2</td><td>浇灌树木的水质</td><td>第 4.6.2 条第 2 款</td><td>全 / 全</td><td colspan="2">抽查 1 处,全部合格</td><td>合格</td></tr>
<tr><td>3</td><td>每次浇灌水量</td><td>第 4.6.2 条第 4 款</td><td>全 / 全</td><td colspan="2">抽查 1 处,全部合格</td><td>合格</td></tr>
<tr><td rowspan="3">一般项目</td><td>1</td><td>浇水时应在穴中放置缓冲垫</td><td>第 4.6.2 条第 3 款</td><td>全 / 全</td><td colspan="2">抽查 1 处,合格 1 处</td><td>合格</td></tr>
<tr><td>2</td><td>新栽树木应在浇透水后及时封堰,以后根据当地情况及时补水</td><td>第 4.6.2 条第 5 款</td><td>全 / 全</td><td colspan="2">抽查 1 处,合格 1 处</td><td>合格</td></tr>
<tr><td>3</td><td>对浇水后出现的树木倾斜,应及时扶正,并加以固定</td><td>第 4.6.2 条第 6 款</td><td>全 / 全</td><td colspan="2">抽查 1 处,合格 1 处</td><td>合格</td></tr>
<tr><td colspan="2">施工单位检查结果</td><td colspan="6">主控项目全部合格,一般项目符合设计及施工规范要求。
专业工长:　李晓梅
项目专业质量检查员:　张　晓
年　月　日</td></tr>
<tr><td colspan="2">监理单位验收结论</td><td colspan="6">合格。
专业监理工程师:　刘明哲
年　月　日</td></tr>
</table>

注:本表与表 C □□ E 现场验收检查原始记录配套使用。

表 C0703000201D　浇灌水检验批质量验收记录

编号 C0703000201-002

<table>
<tr><td>单位(子单位)
工程名称</td><td colspan="2">小游园园林景观工程</td><td>分部(子分部)
工程名称</td><td colspan="2">施工期的植物养护
(施工期的植物养护)</td><td>分项工程
名称</td><td>浇灌水</td></tr>
<tr><td>施工单位</td><td colspan="2">市政公司</td><td>项目负责人</td><td colspan="2">金源</td><td>检验批容量</td><td>43 株</td></tr>
<tr><td>分包单位</td><td colspan="2">/</td><td>分包单位项目
负责人</td><td colspan="2">/</td><td>检验批部位</td><td>珍珠梅</td></tr>
<tr><td>施工依据</td><td colspan="3">《园林绿化工程施工及验收规范》
CJJ 82—2012</td><td>验收依据</td><td colspan="3">《园林绿化工程施工及验收规范》
CJJ 82—2012</td></tr>
<tr><td colspan="3">验收项目</td><td>设计要求及
规范规定</td><td>最小 / 实际
抽样数量</td><td colspan="2">检查记录</td><td>检查
结果</td></tr>
<tr><td rowspan="3">主控项目</td><td>1</td><td>树木栽植后围堰高度</td><td>第 4.6.2 条
第 1 款</td><td>20/20</td><td colspan="2">抽查 20 处,全部合格</td><td>合格</td></tr>
<tr><td>2</td><td>浇灌树木的水质</td><td>第 4.6.2 条
第 2 款</td><td>20/20</td><td colspan="2">抽查 20 处,全部合格</td><td>合格</td></tr>
<tr><td>3</td><td>每次浇灌水量</td><td>第 4.6.2 条
第 4 款</td><td>20/20</td><td colspan="2">抽查 20 处,全部合格</td><td>合格</td></tr>
<tr><td rowspan="3">一般项目</td><td>1</td><td>浇水时应在穴中放置缓冲垫</td><td>第 4.6.2 条
第 3 款</td><td>20/20</td><td colspan="2">抽查 20 处,合格 20 处</td><td>合格</td></tr>
<tr><td>2</td><td>新栽树木应在浇透水后及时封堰,以后根据当地情况及时补水</td><td>第 4.6.2 条
第 5 款</td><td>20/20</td><td colspan="2">抽查 20 处,合格 20 处</td><td>合格</td></tr>
<tr><td>3</td><td>对浇水后出现的树木倾斜,应及时扶正,并加以固定</td><td>第 4.6.2 条
第 6 款</td><td>20/20</td><td colspan="2">抽查 20 处,合格 20 处</td><td>合格</td></tr>
<tr><td colspan="2">施工单位
检查结果</td><td colspan="6">主控项目全部合格,一般项目符合设计及施工规范要求。
专业工长:　李晓梅
项目专业质量检查员:　张　晓
年　月　日</td></tr>
<tr><td colspan="2">监理单位
验收结论</td><td colspan="6">合格。
专业监理工程师:　刘明哲
年　月　日</td></tr>
</table>

注:本表与表 C □□ E 现场验收检查原始记录配套使用。

表 C07030103C　裹土分项工程质量验收记录

编号 C07030103

<table>
<tr><td>单位(子单位)
工程名称</td><td colspan="2">小游园园林景观工程</td><td colspan="2">分部(子分部)
工程名称</td><td colspan="3">施工期的植物养护
(施工期的植物养护)</td></tr>
<tr><td>分项工程数量</td><td colspan="2">1</td><td colspan="2">检验批数量</td><td colspan="3">1</td></tr>
<tr><td>施工单位</td><td colspan="2">市政公司</td><td colspan="2">项目负责人</td><td>金源</td><td>项目技术
负责人</td><td>李小鹏</td></tr>
<tr><td>分包单位</td><td colspan="2">/</td><td colspan="2">分包单位
项目负责人</td><td>/</td><td>分包内容</td><td>/</td></tr>
<tr><td>序号</td><td>检验批名称</td><td>检验批
容量</td><td>部位/区段</td><td colspan="2">施工单位
检查结果</td><td colspan="2">监理单位
验收结论</td></tr>
<tr><td>1</td><td>施工期植物养护</td><td>317 m²</td><td>小游园</td><td colspan="2">合格</td><td colspan="2">合格</td></tr>
<tr><td></td><td></td><td></td><td></td><td colspan="2"></td><td colspan="2"></td></tr>
<tr><td colspan="8">说明:
此分项的各检验批验收资料齐全完整,且各检验批均已验收合格。符合设计要求和规范的规定。</td></tr>
<tr><td colspan="2">施工单位
检查结果</td><td colspan="6">检查评定合格。

项目专业技术负责人:　李小鹏
年　月　日</td></tr>
<tr><td colspan="2">监理单位
验收结论</td><td colspan="6">符合施工质量验收规范要求,同意验收。

专业监理工程师:　刘明哲
年　月　日</td></tr>
</table>

表 C0703000301D 施工期植物养护检验批质量验收记录

编号 C0703000301-001

单位(子单位)工程名称	小游园园林景观工程	分部(子分部)工程名称	施工期的植物养护(施工期的植物养护)	分项工程名称	裹土
施工单位	市政公司	项目负责人	全源	检验批容量	317 m^2
分包单位	/	分包单位项目负责人	/	检验批部位	小游园
施工依据	《园林绿化工程施工及验收规范》CJJ 82—2012		验收依据	《园林绿化工程施工及验收规范》CJJ 82—2012	

验收项目			设计要求及规范规定	最小/实际抽样数量	检查记录	检查结果
主控项目	1	根据植物习性和墒情及时浇水	第 4.15.2 条第 1 款	2/2	抽查 2 处,全部合格	合格
	2	结合中耕除草,平整树台	第 4.15.2 条第 2 款	2/2	抽查 2 处,全部合格	合格
	3	加强病虫害观测,控制突发性病虫害发生,主要病虫害防治应及时	第 4.15.2 条第 3 款	2/2	抽查 2 处,全部合格	合格
	4	树木应及时剥芽、去蘖、疏枝整形;草坪应适时进行修剪	第 4.15.2 条第 5 款	2/2	抽查 2 处,全部合格	合格
	5	对树木应加强支撑、绑扎及裹干措施,做好防强风、干热、洪涝、越冬防寒等工作	第 4.15.2 条第 8 款	2/2	抽查 2 处,全部合格	合格
一般项目	1	根据植物生长情况应及时追肥、施肥	第 4.15.2 条第 4 款	2/2	抽查 2 处,合格 2 处	合格
	2	花坛、花境应及时清除残花败叶,植株生长健壮	第 4.15.2 条第 6 款	/	/	/
	3	绿地应保持整洁;做好维护管理工作,及时清理枯枝、落叶、杂草、垃圾	第 4.15.2 条第 7 款	2/2	抽查 2 处,合格 2 处	合格
	4	对生长不良、枯死、损坏、缺株的园林植物应及时更换或补栽,用于更换及补栽的植物材料应和原植株的种类、规格一致	第 4.15.4 条	2/2	抽查 2 处,合格 2 处	合格

施工单位检查结果	主控项目全部合格,一般项目符合设计及施工规范要求。 专业工长: 李晓梅 项目专业质量检查员: 张 晓 年 月 日
监理单位验收结论	合格。 专业监理工程师: 刘明哲 年 月 日

注:本表与表 C □□ E 现场验收检查原始记录配套使用。

表 C07030104C　中耕分项工程质量验收记录

编号 C07030104

<table>
<tr><td>单位(子单位)
工程名称</td><td colspan="2">小游园园林景观工程</td><td colspan="2">分部(子分部)
工程名称</td><td colspan="2">施工期的植物养护
(施工期的植物养护)</td></tr>
<tr><td>分项工程数量</td><td colspan="2">1</td><td colspan="2">检验批数量</td><td colspan="2">1</td></tr>
<tr><td>施工单位</td><td colspan="2">市政公司</td><td>项目负责人</td><td>金源</td><td>项目技术
负责人</td><td>李小鹏</td></tr>
<tr><td>分包单位</td><td colspan="2">/</td><td>分包单位项目负责人</td><td>/</td><td>分包内容</td><td>/</td></tr>
<tr><td>序号</td><td>检验批名称</td><td>检验批容量</td><td>部位 / 区段</td><td colspan="2">施工单位
检查结果</td><td>监理单位
验收结论</td></tr>
<tr><td>1</td><td>施工期植物养护</td><td>317 m²</td><td>小游园</td><td colspan="2">合格</td><td>合格</td></tr>
<tr><td></td><td></td><td></td><td></td><td colspan="2"></td><td></td></tr>
<tr><td colspan="7">说明：
此分项的各检验批验收资料齐全完整，且各检验批均已验收合格。符合设计要求和规范的规定。</td></tr>
<tr><td>施工单位
检查结果</td><td colspan="6">检查评定合格。

项目专业技术负责人：　　李小鹏

年　月　日</td></tr>
<tr><td>监理单位
验收结论</td><td colspan="6">符合施工质量验收规范要求，同意验收。

专业监理工程师：　　刘明哲

年　月　日</td></tr>
</table>

表 C0703000401D　施工期植物养护检验批质量验收记录

编号 C0703000401-001

<table>
<tr><td>单位(子单位)工程名称</td><td>小游园园林景观工程</td><td>分部(子分部)工程名称</td><td>施工期的植物养护(施工期的植物养护)</td><td>分项工程名称</td><td>中耕</td></tr>
<tr><td>施工单位</td><td>市政公司</td><td>项目负责人</td><td>金源</td><td>检验批容量</td><td>317 m²</td></tr>
<tr><td>分包单位</td><td>/</td><td>分包单位项目负责人</td><td>/</td><td>检验批部位</td><td>小游园</td></tr>
<tr><td>施工依据</td><td colspan="2">《园林绿化工程施工及验收规范》CJJ 82—2012</td><td>验收依据</td><td colspan="2">《园林绿化工程施工及验收规范》CJJ 82—2012</td></tr>
</table>

<table>
<tr><td colspan="3">验收项目</td><td>设计要求及规范规定</td><td>最小/实际抽样数量</td><td>检查记录</td><td>检查结果</td></tr>
<tr><td rowspan="5">主控项目</td><td>1</td><td>根据植物习性和墒情及时浇水</td><td>第 4.15.2 条第 1 款</td><td>2/2</td><td>抽查 2 处,全部合格</td><td>合格</td></tr>
<tr><td>2</td><td>结合中耕除草,平整树台</td><td>第 4.15.2 条第 2 款</td><td>2/2</td><td>抽查 2 处,全部合格</td><td>合格</td></tr>
<tr><td>3</td><td>加强病虫害观测,控制突发性病虫害发生,主要病虫害防治应及时</td><td>第 4.15.2 条第 3 款</td><td>2/2</td><td>抽查 2 处,全部合格</td><td>合格</td></tr>
<tr><td>4</td><td>树木应及时剥芽、去蘖、疏枝整形;草坪应适时进行修剪</td><td>第 4.15.2 条第 5 款</td><td>2/2</td><td>抽查 2 处,全部合格</td><td>合格</td></tr>
<tr><td>5</td><td>对树木应加强支撑、绑扎及裹干措施,做好防强风、干热、洪涝、越冬防寒等工作</td><td>第 4.15.2 条第 8 款</td><td>2/2</td><td>抽查 2 处,全部合格</td><td>合格</td></tr>
<tr><td rowspan="4">一般项目</td><td>1</td><td>根据植物生长情况应及时追肥、施肥</td><td>第 4.15.2 条第 4 款</td><td>2/2</td><td>抽查 2 处,合格 2 处</td><td>合格</td></tr>
<tr><td>2</td><td>花坛、花境应及时清除残花败叶,植株生长健壮</td><td>第 4.15.2 条第 6 款</td><td>/</td><td>/</td><td>/</td></tr>
<tr><td>3</td><td>绿地应保持整洁;做好维护管理工作,及时清理枯枝、落叶、杂草、垃圾</td><td>第 4.15.2 条第 7 款</td><td>2/2</td><td>抽查 2 处,合格 2 处</td><td>合格</td></tr>
<tr><td>4</td><td>对生长不良、枯死、损坏、缺株的园林植物应及时更换或补栽,用于更换及补栽的植物材料应和原植株的种类、规格一致</td><td>第 4.15.4 条</td><td>2/2</td><td>抽查 2 处,合格 2 处</td><td>合格</td></tr>
<tr><td colspan="2">施工单位检查结果</td><td colspan="5">主控项目全部合格,一般项目符合设计及施工规范要求。
专业工长：李晓梅
项目专业质量检查员：张　晓
年　月　日</td></tr>
<tr><td colspan="2">监理单位验收结论</td><td colspan="5">合格。
专业监理工程师：刘明哲
年　月　日</td></tr>
</table>

注:本表与表 C □□ E 现场验收检查原始记录配套使用。

表 C07030105C　除草分项工程质量验收记录

编号 C07030105

单位(子单位)工程名称	小游园园林景观工程	分部(子分部)工程名称	施工期的植物养护(施工期的植物养护)		
分项工程数量	1	检验批数量	1		
施工单位	市政公司	项目负责人	全源	项目技术负责人	李小鹏
分包单位	/	分包单位项目负责人	/	分包内容	/

序号	检验批名称	检验批容量	部位/区段	施工单位检查结果	监理单位验收结论
1	施工期植物养护	317 m^2	小游园	合格	合格

说明：

此分项的各检验批验收资料齐全完整，且各检验批均已验收合格。符合设计要求和规范的规定。

施工单位检查结果	检查评定合格。 项目专业技术负责人：　李小鹏 年　月　日
监理单位验收结论	符合施工质量验收规范要求，同意验收。 专业监理工程师：　刘明哲 年　月　日

表 C0703000501D 施工期植物养护检验批质量验收记录

编号 C0703000501-001

单位(子单位)工程名称	小游园园林景观工程	分部(子分部)工程名称	施工期的植物养护(施工期的植物养护)	分项工程名称	除草
施工单位	市政公司	项目负责人	全源	检验批容量	317 m^2
分包单位	/	分包单位项目负责人	/	检验批部位	小游园
施工依据	《园林绿化工程施工及验收规范》CJJ 82—2012		验收依据	《园林绿化工程施工及验收规范》CJJ 82—2012	

验收项目			设计要求及规范规定	最小/实际抽样数量	检查记录	检查结果
主控项目	1	根据植物习性和墒情及时浇水	第 4.15.2 条第 1 款	2/2	抽查 2 处,全部合格	合格
	2	结合中耕除草,平整树台	第 4.15.2 条第 2 款	2/2	抽查 2 处,全部合格	合格
	3	加强病虫害观测,控制突发性病虫害发生,主要病虫害防治应及时	第 4.15.2 条第 3 款	2/2	抽查 2 处,全部合格	合格
	4	树木应及时剥芽、去蘖、疏枝整形;草坪应适时进行修剪	第 4.15.2 条第 5 款	2/2	抽查 2 处,全部合格	合格
	5	对树木应加强支撑、绑扎及裹干措施,做好防强风、干热、洪涝、越冬防寒等工作	第 4.15.2 条第 8 款	2/2	抽查 2 处,全部合格	合格
一般项目	1	根据植物生长情况应及时追肥、施肥	第 4.15.2 条第 4 款	2/2	抽查 2 处,合格 2 处	合格
	2	花坛、花境应及时清除残花败叶,植株生长健壮	第 4.15.2 条第 6 款	/	/	/
	3	绿地应保持整洁;做好维护管理工作,及时清理枯枝、落叶、杂草、垃圾	第 4.15.2 条第 7 款	2/2	抽查 2 处,合格 2 处	合格
	4	对生长不良、枯死、损坏、缺株的园林植物应及时更换或补栽,用于更换及补栽的植物材料应和原植株的种类、规格一致	第 4.15.4 条	2/2	抽查 2 处,合格 2 处	合格
施工单位检查结果	主控项目全部合格,一般项目符合设计及施工规范要求。 专业工长: 李晓梅 项目专业质量检查员: 张 晓 年 月 日					
监理单位验收结论	合格。 专业监理工程师: 刘明哲 年 月 日					

注:本表与表 C □□ E 现场验收检查原始记录配套使用。

表 C07030106C　浇水分项工程质量验收记录

编号 C07030106

<table>
<tr><td>单位(子单位)
工程名称</td><td colspan="2">小游园园林景观工程</td><td colspan="2">分部(子分部)
工程名称</td><td colspan="3">施工期的植物养护
(施工期的植物养护)</td></tr>
<tr><td>分项工程数量</td><td colspan="2">1</td><td colspan="2">检验批数量</td><td colspan="3">1</td></tr>
<tr><td>施工单位</td><td colspan="2">市政公司</td><td colspan="2">项目负责人</td><td>金源</td><td>项目技术
负责人</td><td>李小鹏</td></tr>
<tr><td>分包单位</td><td colspan="2">/</td><td colspan="2">分包单位
项目负责人</td><td>/</td><td>分包内容</td><td>/</td></tr>
<tr><td>序号</td><td>检验批名称</td><td>检验批容量</td><td>部位/区段</td><td colspan="2">施工单位
检查结果</td><td colspan="2">监理单位
验收结论</td></tr>
<tr><td>1</td><td>施工期植物养护</td><td>317 m²</td><td>小游园</td><td colspan="2">合格</td><td colspan="2">合格</td></tr>
<tr><td></td><td></td><td></td><td></td><td colspan="2"></td><td colspan="2"></td></tr>
<tr><td></td><td></td><td></td><td></td><td colspan="2"></td><td colspan="2"></td></tr>
<tr><td colspan="8">说明:
此分项的各检验批验收资料齐全完整,且各检验批均已验收合格。符合设计要求和规范的规定。</td></tr>
<tr><td>施工单位
检查结果</td><td colspan="7">检查评定合格。
项目专业技术负责人:　李小鹏
年　月　日</td></tr>
<tr><td>监理单位
验收结论</td><td colspan="7">符合施工质量验收规范要求,同意验收。
专业监理工程师:　刘明哲
年　月　日</td></tr>
</table>

表 C0703000601D　浇灌水检验批质量验收记录

编号 C0703000601-001

单位(子单位)工程名称	小游园园林景观工程	分部(子分部)工程名称	施工期的植物养护(施工期的植物养护)	分项工程名称	浇水
施工单位	市政公司	项目负责人	全源	检验批容量	73 株
分包单位	/	分包单位项目负责人	/	检验批部位	小游园
施工依据	《园林绿化工程施工及验收规范》CJJ 82—2012	验收依据	《园林绿化工程施工及验收规范》CJJ 2—2012		

验收项目			设计要求及规范规定	最小/实际抽样数量	检查记录	检查结果
主控项目	1	树木栽植后围堰高度	第 4.6.2 条第 1 款	20/20	抽查 20 处,全部合格	合格
	2	浇灌树木的水质	第 4.6.2 条第 2 款	20/20	抽查 20 处,全部合格	合格
	3	每次浇灌水量	第 4.6.2 条第 4 款	20/20	抽查 20 处,全部合格	合格
一般项目	1	浇水时应在穴中放置缓冲垫	第 4.6.2 条第 3 款	20/20	抽查 20 处,合格 19 处	合格
	2	新栽树木应在浇透水后及时封堰,以后根据当地情况及时补水	第 4.6.2 条第 5 款	20/20	抽查 20 处,合格 17 处	合格
	3	对浇水后出现的树木倾斜,应及时扶正,并加以固定	第 4.6.2 条第 6 款	20/20	抽查 20 处,合格 17 处	合格

施工单位检查结果	主控项目全部合格,一般项目符合设计及施工规范要求。 专业工长：　李晓梅 项目专业质量检查员：　张　晓 年　月　日
监理单位验收结论	合格。 专业监理工程师：　刘明哲 年　月　日

注:本表与表 C □□ E 现场验收检查原始记录配套使用。

表 C07030107C　施肥分项工程质量验收记录

编号 C07030107

<table>
<tr><td>单位(子单位)
工程名称</td><td colspan="2">小游园园林景观工程</td><td>分部(子分部)
工程名称</td><td colspan="3">施工期的植物养护
(施工期的植物养护)</td></tr>
<tr><td>分项工程数量</td><td colspan="2">1</td><td>检验批数量</td><td colspan="3">1</td></tr>
<tr><td>施工单位</td><td colspan="2">市政公司</td><td>项目负责人</td><td>金源</td><td>项目技术
负责人</td><td>李小鹏</td></tr>
<tr><td>分包单位</td><td colspan="2">/</td><td>分包单位
项目负责人</td><td>/</td><td>分包内容</td><td>/</td></tr>
<tr><td>序号</td><td>检验批名称</td><td>检验批容量</td><td>部位/区段</td><td colspan="2">施工单位
检查结果</td><td>监理单位
验收结论</td></tr>
<tr><td>1</td><td>施工期植物养护</td><td>317 m²</td><td>小游园</td><td colspan="2">合格</td><td>合格</td></tr>
<tr><td></td><td></td><td></td><td></td><td colspan="2"></td><td></td></tr>
<tr><td></td><td></td><td></td><td></td><td colspan="2"></td><td></td></tr>
<tr><td colspan="7">说明:
此分项的各检验批验收资料齐全完整,且各检验批均已验收合格。符合设计要求和规范的规定。</td></tr>
<tr><td>施工单位
检查结果</td><td colspan="6">检查评定合格。
项目专业技术负责人:　李小鹏
年　月　日</td></tr>
<tr><td>监理单位
验收结论</td><td colspan="6">符合施工质量验收规范要求,同意验收。
专业监理工程师:　刘明哲
年　月　日</td></tr>
</table>

表 C0703000701D　施工期植物养护检验批质量验收记录

编号 C0703000701-001

单位(子单位)工程名称	小游园园林景观工程	分部(子分部)工程名称	施工期的植物养护(施工期的植物养护)	分项工程名称	施肥
施工单位	市政公司	项目负责人	全源	检验批容量	317 m^2
分包单位	/	分包单位项目负责人	/	检验批部位	小游园
施工依据	《园林绿化工程施工及验收规范》CJJ 82—2012		验收依据	《园林绿化工程施工及验收规范》CJJ 82—2012	

验收项目			设计要求及规范规定	最小/实际抽样数量	检查记录	检查结果
主控项目	1	根据植物习性和墒情及时浇水	第 4.15.2 条第 1 款	2/2	抽查 2 处,全部合格	合格
	2	结合中耕除草,平整树台	第 4.15.2 条第 2 款	2/2	抽查 2 处,全部合格	合格
	3	加强病虫害观测,控制突发性病虫害发生,主要病虫害防治应及时	第 4.15.2 条第 3 款	2/2	抽查 2 处,全部合格	合格
	4	树木应及时剥芽、去蘖、疏枝整形。草坪应适时进行修剪	第 4.15.2 条第 5 款	2/2	抽查 2 处,全部合格	合格
	5	对树木应加强支撑、绑扎及裹干措施,做好防强风、干热、洪涝、越冬防寒等工作	第 4.15.2 条第 8 款	2/2	抽查 2 处,全部合格	合格
一般项目	1	根据植物生长情况应及时追肥、施肥	第 4.15.2 条第 4 款	2/2	抽查 2 处,合格 2 处	合格
	2	花坛、花境应及时清除残花败叶,植株生长健壮	第 4.15.2 条第 6 款	/	/	/
	3	绿地应保持整洁;做好维护管理工作,及时清理枯枝、落叶、杂草、垃圾	第 4.15.2 条第 7 款	2/2	抽查 2 处,合格 2 处	合格
	4	对生长不良、枯死、损坏、缺株的园林植物应及时更换或补栽,用于更换及补栽的植物材料应和原植株的种类、规格一致	第 4.15.4 条	2/2	抽查 2 处,合格 2 处	合格

施工单位检查结果	主控项目全部合格,一般项目符合设计及施工规范要求。 专业工长:　李晓梅 项目专业质量检查员:　张　晓 年　月　日
监理单位验收结论	合格。 专业监理工程师:　刘明哲 年　月　日

注:本表与表 C □□ E 现场验收检查原始记录配套使用。

表 C07030108C　除虫分项工程质量验收记录

编号 C07030108

单位(子单位)工程名称	小游园园林景观工程	分部(子分部)工程名称	施工期的植物养护 (施工期的植物养护)		
分项工程数量	1	检验批数量	1		
施工单位	市政公司	项目负责人	金源	项目技术负责人	李小鹏
分包单位	/	分包单位项目负责人	/	分包内容	/

序号	检验批名称	检验批容量	部位 / 区段	施工单位检查结果	监理单位验收结论
1	施工期植物养护	317 m^2	小游园	合格	合格

说明：

此分项的各检验批验收资料齐全完整，且各检验批均已验收合格。符合设计要求和规范的规定。

施工单位检查结果	检查评定合格。 项目专业技术负责人：　李小鹏 年　月　日
监理单位验收结论	符合施工质量验收规范要求，同意验收。 专业监理工程师：　刘明哲 年　月　日

表 C0703000801D　施工期植物养护检验批质量验收记录

编号 C0703000801-001

<table>
<tr><td>单位(子单位)工程名称</td><td>小游园园林景观工程</td><td>分部(子分部)工程名称</td><td>施工期的植物养护(施工期的植物养护)</td><td>分项工程名称</td><td colspan="2">除虫</td></tr>
<tr><td>施工单位</td><td>市政公司</td><td>项目负责人</td><td>金源</td><td>检验批容量</td><td colspan="2">317 m²</td></tr>
<tr><td>分包单位</td><td>/</td><td>分包单位项目负责人</td><td>/</td><td>检验批部位</td><td colspan="2">小游园</td></tr>
<tr><td>施工依据</td><td colspan="2">《园林绿化工程施工及验收规范》CJJ 82—2012</td><td>验收依据</td><td colspan="3">《园林绿化工程施工及验收规范》CJJ 82—2012</td></tr>
</table>

<table>
<tr><td colspan="3">验收项目</td><td>设计要求及规范规定</td><td>最小 / 实际抽样数量</td><td>检查记录</td><td>检查结果</td></tr>
<tr><td rowspan="5">主控项目</td><td>1</td><td>根据植物习性和墒情及时浇水</td><td>第 4.15.2 条第 1 款</td><td>2/2</td><td>抽查 2 处,全部合格</td><td>合格</td></tr>
<tr><td>2</td><td>结合中耕除草,平整树台</td><td>第 4.15.2 条第 2 款</td><td>2/2</td><td>抽查 2 处,全部合格</td><td>合格</td></tr>
<tr><td>3</td><td>加强病虫害观测,控制突发性病虫害发生,主要病虫害防治应及时</td><td>第 4.15.2 条第 3 款</td><td>2/2</td><td>抽查 2 处,全部合格</td><td>合格</td></tr>
<tr><td>4</td><td>树木应及时剥芽、去蘖、疏枝整形。草坪应适时进行修剪</td><td>第 4.15.2 条第 5 款</td><td>2/2</td><td>抽查 2 处,全部合格</td><td>合格</td></tr>
<tr><td>5</td><td>对树木应加强支撑、绑扎及裹干措施,做好防强风、干热、洪涝、越冬防寒等工作</td><td>第 4.15.2 条第 8 款</td><td>2/2</td><td>抽查 2 处,全部合格</td><td>合格</td></tr>
<tr><td rowspan="4">一般项目</td><td>1</td><td>根据植物生长情况应及时追肥、施肥</td><td>第 4.15.2 条第 4 款</td><td>2/2</td><td>抽查 2 处,合格 2 处</td><td>合格</td></tr>
<tr><td>2</td><td>花坛、花境应及时清除残花败叶,植株生长健壮</td><td>第 4.15.2 条第 6 款</td><td>/</td><td>/</td><td>/</td></tr>
<tr><td>3</td><td>绿地应保持整洁;做好维护管理工作,及时清理枯枝、落叶、杂草、垃圾</td><td>第 4.15.2 条第 7 款</td><td>2/2</td><td>抽查 2 处,合格 2 处</td><td>合格</td></tr>
<tr><td>4</td><td>对生长不良、枯死、损坏、缺株的园林植物应及时更换或补栽,用于更换及补栽的植物材料应和原植株的种类、规格一致</td><td>第 4.15.4 条</td><td>2/2</td><td>抽查 2 处,合格 2 处</td><td>合格</td></tr>
<tr><td colspan="2">施工单位检查结果</td><td colspan="5">主控项目全部合格,一般项目符合设计及施工规范要求。
专业工长:李晓梅
项目专业质量检查员:张　晓
年　月　日</td></tr>
<tr><td colspan="2">监理单位验收结论</td><td colspan="5">合格。
专业监理工程师:刘明哲
年　月　日</td></tr>
</table>

注:本表与表 C □□ E 现场验收检查原始记录配套使用。

表 C07030109C　修剪分项工程质量验收记录

编号 C07030109

单位(子单位)工程名称	小游园园林景观工程	分部(子分部)工程名称	施工期的植物养护(施工期的植物养护)		
分项工程数量	1	检验批数量	1		
施工单位	市政公司	项目负责人	金源	项目技术负责人	李小鹏
分包单位	/	分包单位项目负责人	/	分包内容	/

序号	检验批名称	检验批容量	部位 / 区段	施工单位检查结果	监理单位验收结论
1	施工期植物养护	317 m^2	小游园	合格	合格

说明：

此分项的各检验批验收资料齐全完整，且各检验批均已验收合格。符合设计要求和规范的规定。

施工单位检查结果	检查评定合格。 项目专业技术负责人：　李小鹏 年　月　日
监理单位验收结论	符合施工质量验收规范要求，同意验收。 专业监理工程师：　刘明哲 年　月　日

表 C0703000901D 施工期植物养护检验批质量验收记录

编号 C0703000901-001

单位(子单位)工程名称	小游园园林景观工程	分部(子分部)工程名称	施工期的植物养护(施工期的植物养护)	分项工程名称	修剪
施工单位	市政公司	项目负责人	金源	检验批容量	317 m^2
分包单位	/	分包单位项目负责人	/	检验批部位	小游园
施工依据	《园林绿化工程施工及验收规范》CJJ 82—2012		验收依据	《园林绿化工程施工及验收规范》CJJ 82—2012	

验收项目			设计要求及规范规定	最小/实际抽样数量	检查记录	检查结果
主控项目	1	根据植物习性和墒情及时浇水	第 4.15.2 条第 1 款	2/2	抽查 2 处,全部合格	合格
	2	结合中耕除草,平整树台	第 4.15.2 条第 2 款	2/2	抽查 2 处,全部合格	合格
	3	加强病虫害观测,控制突发性病虫害发生,主要病虫害防治应及时	第 4.15.2 条第 3 款	2/2	抽查 2 处,全部合格	合格
	4	树木应及时剥芽、去蘖、疏枝整形。草坪应适时进行修剪	第 4.15.2 条第 5 款	2/2	抽查 2 处,全部合格	合格
	5	对树木应加强支撑、绑扎及裹干措施,做好防强风、干热、洪涝、越冬防寒等工作	第 4.15.2 条第 8 款	2/2	抽查 2 处,全部合格	合格
一般项目	1	根据植物生长情况应及时追肥、施肥	第 4.15.2 条第 4 款	2/2	抽查 2 处,合格 2 处	合格
	2	花坛、花境应及时清除残花败叶,植株生长健壮	第 4.15.2 条第 6 款	/	/	/
	3	绿地应保持整洁;做好维护管理工作,及时清理枯枝、落叶、杂草、垃圾	第 4.15.2 条第 7 款	2/2	抽查 2 处,合格 2 处	合格
	4	对生长不良、枯死、损坏、缺株的园林植物应及时更换或补栽,用于更换及补栽的植物材料应和原植株的种类、规格一致	第 4.15.4 条	2/2	抽查 2 处,合格 2 处	合格
施工单位检查结果	主控项目全部合格,一般项目符合设计及施工规范要求。 专业工长: 李晓梅 项目专业质量检查员: 张 晓 年 月 日					
监理单位验收结论	合格。 专业监理工程师: 刘明哲 年 月 日					

注:本表与表 C □□ E 现场验收检查原始记录配套使用。

表 C07030110C　抹芽分项工程质量验收记录

编号 C070301010

<table>
<tr><td colspan="2">单位(子单位)
工程名称</td><td colspan="2">小游园园林景观工程</td><td>分部(子分部)
工程名称</td><td colspan="3">施工期的植物养护
(施工期的植物养护)</td></tr>
<tr><td colspan="2">分项工程数量</td><td colspan="2">1</td><td>检验批数量</td><td colspan="3">1</td></tr>
<tr><td colspan="2">施工单位</td><td colspan="2">市政公司</td><td>项目负责人</td><td>金源</td><td>项目技术
负责人</td><td>李小鹏</td></tr>
<tr><td colspan="2">分包单位</td><td colspan="2">/</td><td>分包单位
项目负责人</td><td>/</td><td>分包内容</td><td>/</td></tr>
<tr><td>序号</td><td>检验批名称</td><td>检验批容量</td><td colspan="2">部位/区段</td><td colspan="2">施工单位
检查结果</td><td>监理单位
验收结论</td></tr>
<tr><td>1</td><td>施工期植物养护</td><td>317 m²</td><td colspan="2">小游园</td><td colspan="2">合格</td><td>合格</td></tr>
<tr><td></td><td></td><td></td><td colspan="2"></td><td colspan="2"></td><td></td></tr>
<tr><td></td><td></td><td></td><td colspan="2"></td><td colspan="2"></td><td></td></tr>
<tr><td colspan="8">说明：
此分项的各检验批验收资料齐全完整，且各检验批均已验收合格。符合设计要求和规范的规定。</td></tr>
<tr><td colspan="2">施工单位
检查结果</td><td colspan="6">检查评定合格。
项目专业技术负责人：　李小鹏
年　月　日</td></tr>
<tr><td colspan="2">监理单位
验收结论</td><td colspan="6">符合施工质量验收规范要求，同意验收。
专业监理工程师：　刘明哲
年　月　日</td></tr>
</table>

表 C0703001001D　施工期植物养护检验批质量验收记录

编号 C0703001001-001

<table>
<tr><td>单位(子单位)
工程名称</td><td colspan="2">小游园园林景观工程</td><td>分部(子分部)
工程名称</td><td colspan="2">施工期的植物养护
(施工期的植物养护)</td><td>分项工程
名称</td><td>抹芽</td></tr>
<tr><td>施工单位</td><td colspan="2">市政公司</td><td>项目负责人</td><td colspan="2">全源</td><td>检验批容量</td><td>317 m^2</td></tr>
<tr><td>分包单位</td><td colspan="2">/</td><td>分包单位项目
负责人</td><td colspan="2">/</td><td>检验批部位</td><td>小游园</td></tr>
<tr><td>施工依据</td><td colspan="3">《园林绿化工程施工及验收规范》
CJJ 82—2012</td><td>验收依据</td><td colspan="3">《园林绿化工程施工及验收规范》
CJJ 82—2012</td></tr>
<tr><td colspan="3">验收项目</td><td>设计要求及
规范规定</td><td>最小/实际
抽样数量</td><td colspan="2">检查记录</td><td>检查
结果</td></tr>
<tr><td rowspan="5">主控项目</td><td>1</td><td>根据植物习性和墒情及时浇水</td><td>第 4.15.2 条
第 1 款</td><td>2/2</td><td colspan="2">抽查 2 处,全部合格</td><td>合格</td></tr>
<tr><td>2</td><td>结合中耕除草,平整树台</td><td>第 4.15.2 条
第 2 款</td><td>2/2</td><td colspan="2">抽查 2 处,全部合格</td><td>合格</td></tr>
<tr><td>3</td><td>加强病虫害观测,控制突发性病虫害发生,主要病虫害防治应及时</td><td>第 4.15.2 条
第 3 款</td><td>2/2</td><td colspan="2">抽查 2 处,全部合格</td><td>合格</td></tr>
<tr><td>4</td><td>树木应及时剥芽、去蘖、疏枝整形;草坪应适时进行修剪</td><td>第 4.15.2 条
第 5 款</td><td>2/2</td><td colspan="2">抽查 2 处,全部合格</td><td>合格</td></tr>
<tr><td>5</td><td>对树木应加强支撑、绑扎及裹干措施,做好防强风、干热、洪涝、越冬防寒等工作</td><td>第 4.15.2 条
第 8 款</td><td>2/2</td><td colspan="2">抽查 2 处,全部合格</td><td>合格</td></tr>
<tr><td rowspan="4">一般项目</td><td>1</td><td>根据植物生长情况应及时追肥、施肥</td><td>第 4.15.2 条
第 4 款</td><td>2/2</td><td colspan="2">抽查 2 处,合格 2 处</td><td>合格</td></tr>
<tr><td>2</td><td>花坛、花境应及时清除残花败叶,植株生长健壮</td><td>第 4.15.2 条
第 6 款</td><td>/</td><td colspan="2">/</td><td>/</td></tr>
<tr><td>3</td><td>绿地应保持整洁;做好维护管理工作,及时清理枯枝、落叶、杂草、垃圾</td><td>第 4.15.2 条
第 7 款</td><td>2/2</td><td colspan="2">抽查 2 处,合格 2 处</td><td>合格</td></tr>
<tr><td>4</td><td>对生长不良、枯死、损坏、缺株的园林植物应及时更换或补栽,用于更换及补栽的植物材料应和原植株的种类、规格一致</td><td>第 4.15.4 条</td><td>2/2</td><td colspan="2">抽查 2 处,合格 2 处</td><td>合格</td></tr>
<tr><td colspan="2">施工单位
检查结果</td><td colspan="6">主控项目全部合格,一般项目符合设计及施工规范要求。
专业工长:　李晓梅
项目专业质量检查员:　张　晓
年　月　日</td></tr>
<tr><td colspan="2">监理单位
验收结论</td><td colspan="6">合格。
专业监理工程师:　刘明哲
年　月　日</td></tr>
</table>

注:本表与表 C □□ E 现场验收检查原始记录配套使用。

表 C070401　单位(子单位)工程竣工预验收报验表

<table>
<tr><td>工程名称</td><td>小游园园林景观工程</td></tr>
<tr><td colspan="2">致:　工程监理有限公司

我方已按施工合同要求完成工程,经自检合格,现将有关资料报上,请予以验收。

附件:1. 施工单位工程竣工报告;
2. 工程质量控制资料;
3. 工程安全和功能检验资料。

施工单位(盖章)　市政公司
项目经理(签字)　金源
年　月　日</td></tr>
<tr><td colspan="2">预验收意见:

经预验收,该工程　合格 / 不合格,可以 / 不可以　组织正式验收。

监理单位(盖章)　工程监理有限公司
总监理工程师(签字、加盖执业印章)　林志明
年　月　日</td></tr>
</table>

C070402 单位(子单位)工程质量竣工验收记录

<table>
<tr><td colspan="2">工程名称</td><td colspan="3">小游园园林景观工程</td><td>开工日期</td><td colspan="2">年 月 日</td></tr>
<tr><td colspan="2">施工单位</td><td colspan="3">市政公司</td><td>技术负责人</td><td colspan="2">李仁</td></tr>
<tr><td colspan="2">项目负责人</td><td>金源</td><td>项目技术负责人</td><td>李小鹏</td><td>完工日期</td><td colspan="2">年 月 日</td></tr>
<tr><td>序号</td><td colspan="2">项 目</td><td colspan="2">验收记录</td><td colspan="3">验收结论</td></tr>
<tr><td>1</td><td colspan="2">分部工程验收</td><td colspan="2">共__3__分部,经查符合设计及标准规定__3__分部</td><td colspan="3">质量验收的划分、验收程序和组织、验收结果符合《建筑工程施工质量验收统一标准》</td></tr>
<tr><td>2</td><td colspan="2">质量控制资料核查</td><td colspan="2">共__3__项,经核查符合规定__3__项</td><td colspan="3">资料完整,符合规范要求,同意验收</td></tr>
<tr><td>3</td><td colspan="2">安全和使用功能核查及抽查结果</td><td colspan="2">共核查__/__项,符合要求__/__项,
共抽查__/__项,符合要求__/__项,
经返工处理符合要求__/__项</td><td colspan="3">/</td></tr>
<tr><td>4</td><td colspan="2">观感质量验收</td><td colspan="2">共抽查__6__项,达到“好”和“一般”的__6__项,经返修处理符合要求的__0__项</td><td colspan="3">观感质量符合施工验收规范规定</td></tr>
<tr><td>综合验收结论</td><td colspan="7">经资料和实地查验工程质量:
1. 单位工程所含分部工程的质量均验收合格;
2. 质量控制资料完整;
3. 安全和功能检测资料完整,抽查和检查结果符合规范规定;
4. 观感质量验收符合要求;
5. 植物成活率符合设计及施工规范要求;
单位工程质量验收合格。</td></tr>
<tr><td rowspan="2">参加验收单位</td><td>建设单位</td><td colspan="2">监理单位</td><td>施工单位</td><td>设计单位</td><td colspan="2">勘察单位</td></tr>
<tr><td>(单位名称、盖章)

项目负责人:
牛清杰
年 月 日</td><td colspan="2">(单位名称、盖章)

总监理工程师:
林志明
年 月 日</td><td>(单位名称、盖章)

项目负责人:
金源
年 月 日</td><td>(单位名称、盖章)

项目负责人:
高畅
年 月 日</td><td colspan="2">(单位名称、盖章)

项目负责人:
/
年 月 日</td></tr>
</table>

表 C070403　单位(子单位)工程质量控制资料核查记录

<table>
<tr><td>工程名称</td><td colspan="2">小游园园林景观工程</td><td colspan="2">施工单位</td><td colspan="3">市政公司</td></tr>
<tr><td rowspan="2">项目</td><td rowspan="2">序号</td><td rowspan="2">资料名称</td><td rowspan="2">份数</td><td colspan="2">施工单位</td><td colspan="2">监理单位</td></tr>
<tr><td>核查意见</td><td>核查人</td><td>核查意见</td><td>核查人</td></tr>
<tr><td rowspan="5">绿化工程</td><td>1</td><td>图纸会审记录、设计变更、洽商记录</td><td>3</td><td>符合要求</td><td>(手签)</td><td>符合要求</td><td rowspan="5">(手签)</td></tr>
<tr><td>2</td><td>园林植物进场检验记录以及材料、配件出厂合格证书和进场检验记录</td><td>9</td><td>符合要求</td><td>(手签)</td><td>符合要求</td></tr>
<tr><td>3</td><td>隐蔽工程验收记录及相关材料检测试验记录</td><td>21</td><td>符合要求</td><td>(手签)</td><td>符合要求</td></tr>
<tr><td>4</td><td>施工记录(绿化用地处理记录、土壤改良施工记录、病虫害防治检查记录、苗木保护记录)</td><td>4</td><td>符合要求</td><td>(手签)</td><td>符合要求</td></tr>
<tr><td>5</td><td>分项、分部工程质量验收记录</td><td>20</td><td>符合要求</td><td>(手签)</td><td>符合要求</td></tr>
<tr><td rowspan="13">园林附属工程</td><td>1</td><td>图纸会审记录、设计变更、洽商记录</td><td>/</td><td>/</td><td>/</td><td>/</td><td rowspan="13">/</td></tr>
<tr><td>2</td><td>工程定位测量、放线记录</td><td>/</td><td>/</td><td>/</td><td>/</td></tr>
<tr><td>3</td><td>原材料出厂合格证书及进场检验、试验报告</td><td>/</td><td>/</td><td>/</td><td>/</td></tr>
<tr><td>4</td><td>施工试验报告及见证记录</td><td>/</td><td>/</td><td>/</td><td>/</td></tr>
<tr><td>5</td><td>隐蔽工程验收记录</td><td>/</td><td>/</td><td>/</td><td>/</td></tr>
<tr><td>6</td><td>施工记录</td><td>/</td><td>/</td><td>/</td><td>/</td></tr>
<tr><td>7</td><td>预制构件</td><td>/</td><td>/</td><td>/</td><td>/</td></tr>
<tr><td>8</td><td>地基基础</td><td>/</td><td>/</td><td>/</td><td>/</td></tr>
<tr><td>9</td><td>管道、设备强度试验、严密性试验记录</td><td>/</td><td>/</td><td>/</td><td>/</td></tr>
<tr><td>10</td><td>系统清洗、灌水、通水、通球试验记录</td><td>/</td><td>/</td><td>/</td><td>/</td></tr>
<tr><td>11</td><td>分项、分部工程质量验收记录</td><td>/</td><td>/</td><td>/</td><td>/</td></tr>
<tr><td>12</td><td>工程质量事故及事故调查处理资料</td><td>/</td><td>/</td><td>/</td><td>/</td></tr>
<tr><td>13</td><td>新材料、新工艺施工记录</td><td>/</td><td>/</td><td>/</td><td>/</td></tr>
<tr><td colspan="8">结论：
资料完整,各种施工记录符合施工质量验收规范的规定。
项目经理:金源　　　　总监理工程师:林志明
年　月　日　　　　年　月　日</td></tr>
</table>

表 C020101　设计交底与图纸会审记录(通用)

编号 C020101-001

<table>
<tr><td colspan="2">工程名称</td><td>小游园园林景观工程</td><td>会审专业</td><td>绿化</td></tr>
<tr><td rowspan="4">参加人员
会签栏</td><td>建设单位</td><td colspan="2">房地产开发有限责任公司</td><td>共 1 页　第 1 页</td></tr>
<tr><td>设计单位</td><td colspan="3">市政园林设计院</td></tr>
<tr><td>施工单位</td><td colspan="3">市政公司</td></tr>
<tr><td>监理单位</td><td colspan="3">工程监理有限公司</td></tr>
<tr><td colspan="5">会审内容:

提出的问题:
小游园内红叶李位置有误

问题回复:
红叶李位置已调整</td></tr>
<tr><td colspan="5">建设单位(盖章)　设计单位(盖章)　监理单位(盖章)　施工单位(盖章)

项目负责人(签字):　项目负责人(签字):　总监理工程师(签字):　项目经理(签字):
牛清杰　高畅　林志明　金源
年　月　日　年　月　日　年　月　日　年　月　日</td></tr>
</table>

表 C020102　工程洽商记录或技术核定单(通用)

编号 C020102-001

<table>
<tr><td colspan="2">工程名称</td><td>小游园园林景观工程</td><td>洽商专业</td><td>绿化</td></tr>
<tr><td rowspan="4">参加人员会签</td><td>建设单位</td><td colspan="3">房地产开发有限责任公司</td></tr>
<tr><td>设计单位</td><td colspan="3">市政园林设计院</td></tr>
<tr><td>施工单位</td><td colspan="3">市政公司</td></tr>
<tr><td>监理单位</td><td colspan="3">工程监理有限公司</td></tr>
<tr><td colspan="5">洽商内容:

我单位于____年____月____日对原地貌进行高程复测,发现实际原地貌高程与设计图纸原地貌高程不符合。经建设、设计、监理、施工单位协商确定,对此段原地貌高程进行四方联合复测,并重新计算土方开挖工程量(附原地貌高程测量复核记录及土方开挖工程量计算式)。

共 1 页　第 1 页</td></tr>
<tr><td colspan="5">
建设单位(盖章)　设计单位(盖章)　监理单位(盖章)　施工单位(盖章)

项目负责人(签字):　项目负责人(签字):　总监理工程师(签字):　项目经理(签字):
牛清杰　高畅　林志明　金源
年　月　日　年　月　日　年　月　日　年　月　日</td></tr>
</table>

表 C020201　材料及成品、半成品构件进场验收记录(通用)

编号 C020201-001

<table>
<tr><td colspan="2">工程名称</td><td colspan="3">小游园园林景观工程</td><td>生产厂家</td><td>新疆中新沥青混凝土供应公司</td></tr>
<tr><td colspan="2">产品名称</td><td colspan="3">沥青混凝土</td><td>供应商</td><td>新疆中新沥青混凝土供应公司</td></tr>
<tr><td colspan="2">规格、型号</td><td>AC-25</td><td>进场数量</td><td>/</td><td>验收数量</td><td>/</td></tr>
<tr><td colspan="2">检测工具名称</td><td colspan="3">测温仪</td><td>验收日期</td><td>年　月　日</td></tr>
<tr><td rowspan="3">验收记录</td><td>质量证明文件检查情况</td><td colspan="5">质量证明文件齐全、完整</td></tr>
<tr><td>备(附)件检查情况</td><td colspan="5">/</td></tr>
<tr><td>外观质量检查情况</td><td colspan="5">外观良好,无离析现象</td></tr>
<tr><td rowspan="3">检验结果</td><td colspan="6">缺损备件(附件)明细表</td></tr>
<tr><td>1</td><td colspan="3"></td><td>3</td><td></td></tr>
<tr><td>2</td><td colspan="3"></td><td>4</td><td></td></tr>
<tr><td>验收结果</td><td colspan="6">经检查,上述进场材料,符合设计文件和规范要求,同意进场。
项目专业技术负责人:　李小鹏
专业质量检查员:　张　晓
年　月　日</td></tr>
<tr><td>监理单位验收结论</td><td colspan="6">同意验收。
专业监理工程师:　刘明哲
年　月　日</td></tr>
<tr><td rowspan="2">施工单位</td><td>项目经理</td><td colspan="2">金源</td><td rowspan="2">建设单位</td><td colspan="2" rowspan="2">同意使用。
专业负责人:牛清杰
年　月　日</td></tr>
<tr><td>专业工长</td><td colspan="2">李晓梅</td></tr>
</table>

表 C020205　绿化工程产品合格证粘贴表(通用)

编号 C020205-001

<table>
<tr><td>工程名称</td><td>小游园园林景观工程</td><td>专业及材料种类</td><td>绿化工程　苗木</td></tr>
<tr><td colspan="4">合格证粘贴栏

说明
将非规格(小于 A4 的小型张及卡类)的材料合格证,按工程专业、材料种类粘贴于本表中。</td></tr>
<tr><td>监理工程师:</td><td>刘明哲</td><td colspan="2">焊工上岗证复印件与原件　是☐　否☑　相符</td></tr>
</table>

注:在有焊接施工项目,焊工上岗证复印件粘贴表,需经监理工程师确认签字。其余粘贴表无须签字。

表 C020405 隐蔽工程验收记录(通用)

编号 C020405-001

<table>
<tr><td>工程名称</td><td colspan="2">小游园园林景观工程</td><td>建设单位</td><td>房地产开发有限责任公司</td></tr>
<tr><td>施工单位</td><td colspan="2">市政公司</td><td>监理单位</td><td>工程监理有限公司</td></tr>
<tr><td>隐蔽部位</td><td colspan="2">红叶李树木栽植</td><td>隐验日期</td><td>年 月 日</td></tr>
<tr><td colspan="5">隐蔽验收内容及图表,并附图像资料</td></tr>
<tr><td colspan="5">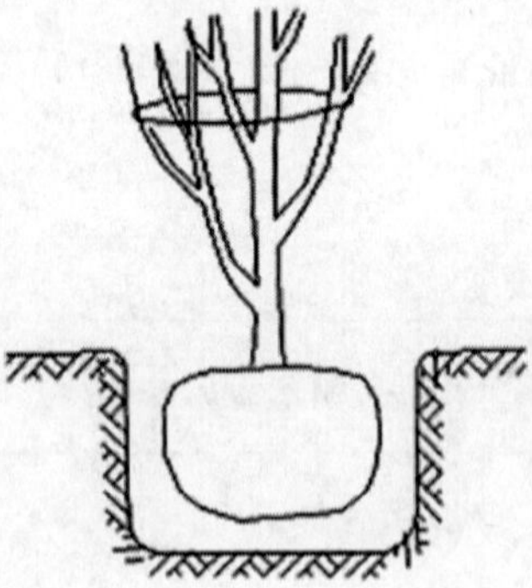
1. 依据施工图纸及施工规范要求进行树木栽植。
2. 树木栽植前,为了运输及减少水分损失需对树木进行修剪。
3. 树木栽植采用吊车及人工辅助栽植,人工培土、扶正;乔木种植后采用三角桩支架固定,扶架固定连接方式:草绳绕树干后与木桩铁丝绑实,木杆之间用电钻钻孔,铁丝连接,铁钉砸实。
4. 此部位栽植乔木红叶海棠(胸径 8～10 cm)1 株。
5. 树木栽植后,需及时对树木进行浇灌;并重新进行修剪造型,去除病、残枝,并对剪口做处理,使之初显冠形。</td></tr>
<tr><td>验收意见</td><td colspan="4">符合设计和施工验收规范的要求。
专业监理工程师: 刘明哲
年 月 日</td></tr>
<tr><td rowspan="2">施工单位</td><td>项目经理</td><td>金源</td><td>项目技术负责人</td><td>李小鹏</td></tr>
<tr><td>施工员</td><td>李晓梅</td><td>质量检查员</td><td>张 晓</td></tr>
</table>

表 C070101　绿化用地处理记录

编号 C070101-001

工程名称	小游园园林景观工程		施工单位	市政公司
处理时间	年　月　日		处理范围	全部场地
出现问题				
绿化用地土壤含有大量建筑垃圾。				
解决方法				
采用客土置换的技术措施进行换土。				
结论				
经检查，绿化用地采取措施处理后，达到设计和规范要求，种植区域土壤适宜植物生长。				
监理工程师	施工单位			
	技术负责人	质量检查员		施工员
刘明哲	李小鹏	张　晓		李晓梅

表 C070102　土壤改良施工记录

编号 C070102-001

<table>
<tr><td>工程名称</td><td>小游园园林景观工程</td><td>施工单位</td><td>市政公司</td></tr>
<tr><td>检测单位</td><td>新疆华晨工程质量检测中心</td><td>检测报告编号</td><td>2017-00512</td></tr>
<tr><td>改良时间</td><td>年　月　日</td><td>改良区域</td><td>C 区</td></tr>
<tr><td colspan="4">原土理化性状(依据检测报告填写)</td></tr>
<tr><td colspan="4">土壤 pH 8.2～8.4,含盐量 2.8%,属盐碱土</td></tr>
<tr><td colspan="4">改良方法</td></tr>
<tr><td colspan="4">客土改良</td></tr>
<tr><td colspan="4">改良后土壤情况</td></tr>
<tr><td colspan="4">土壤 pH 为 6.1,含盐量为 0.1%,有机质含量为 2.4%,土壤最大块径为 4 cm</td></tr>
<tr><td colspan="4">结论</td></tr>
<tr><td colspan="4">经现场检查,符合设计和《园林绿化工程施工及验收规范》CJJ 82—2012 的要求</td></tr>
<tr><td rowspan="2">监理工程师</td><td colspan="3">施工单位</td></tr>
<tr><td>技术负责人</td><td>质量检查员</td><td>施工员</td></tr>
<tr><td>刘明哲</td><td>李小鹏</td><td>张　晓</td><td>李晓梅</td></tr>
</table>

表 C070103　病虫害防治检查记录

编号 C070103-001

<table>
<tr><td>工程名称</td><td>小游园园林景观工程</td><td>施工单位</td><td>市政公司</td></tr>
<tr><td>检查日期</td><td>年　月　日</td><td>检查方式</td><td>现场检查</td></tr>
<tr><td colspan="4">检查内容</td></tr>
<tr><td colspan="4">1. 苗源是否检疫；
2. 苗源检疫效果；
3. 苗源生长情况；
4. 苗源病害感染程度；
5. 苗源虫害发生程度；
6. 苗源防治措施。</td></tr>
<tr><td colspan="4">检查结果</td></tr>
<tr><td colspan="4">1. 苗源已检疫(见苗木检疫证)；
2. 苗源检疫效果良好；
3. 苗源无病害感染；
4. 苗源无虫害感染；
5. 预防苗源虫害；
6. 苗源预防措施良好。</td></tr>
<tr><td colspan="4">处理意见</td></tr>
<tr><td colspan="4">无</td></tr>
<tr><td colspan="4">结论</td></tr>
<tr><td colspan="4">达到设计和《园林绿化工程施工及验收规范》CJJ 82—2012 及《城市绿地养护管理标准》XJJ 046—2012 规范的规定，合格。</td></tr>
<tr><td rowspan="2">监理工程师</td><td colspan="3">施工单位</td></tr>
<tr><td>技术负责人</td><td>质量检查员</td><td>施工员</td></tr>
<tr><td>刘明哲</td><td>李小鹏</td><td>张　晓</td><td>李晓梅</td></tr>
</table>

表 C070104　苗木保护记录

编号 C070104-001

<table>
<tr><td colspan="2">工程名称</td><td colspan="4">小游园园林景观工程</td></tr>
<tr><td colspan="2">施工单位</td><td>市政公司</td><td>施工日期</td><td colspan="2">年　月　日</td></tr>
<tr><td rowspan="3">保护方式</td><td>1</td><td colspan="4">运输保护</td></tr>
<tr><td>2</td><td colspan="4"></td></tr>
<tr><td>3</td><td colspan="4"></td></tr>
<tr><td colspan="2">施工内容</td><td colspan="4">红叶李、卫矛、接骨木、四季玫瑰、珍珠梅、紫丁香、水蜡球、金叶榆、红叶李(灌木)植株从甲方森林公园运至施工现场,在运输中的保护措施:(1)苗木装车时,树冠朝向车尾方向码放整齐;(2)在树干进行草绳缠绕,防止磨损;(3)起运前,对其进行覆盖;(4)运输过程中,适当喷水保湿。</td></tr>
<tr><td colspan="2">检查结果</td><td colspan="4">对苗木采取了有效保护措施。</td></tr>
<tr><td colspan="2">质量问题及处理意见</td><td colspan="4">无</td></tr>
<tr><td colspan="2" rowspan="2">监理工程师</td><td colspan="4">施工单位</td></tr>
<tr><td>项目技术负责人</td><td>质量检查员</td><td colspan="2">施工员</td></tr>
<tr><td colspan="2">刘明哲</td><td>李小鹏</td><td>张　晓</td><td colspan="2">李晓梅</td></tr>
</table>

表 C070404　单位(子单位)工程安全功能和植物成活要素检验资料核查及主要功能抽查记录

<table>
<tr><td colspan="2">工程名称</td><td>小游园园林景观工程</td><td colspan="2">施工单位</td><td colspan="3">市政公司</td></tr>
<tr><td rowspan="2">序号</td><td colspan="2" rowspan="2">资料名称</td><td rowspan="2">份数</td><td colspan="2">施工单位</td><td colspan="2">监理单位</td></tr>
<tr><td>核查意见</td><td>核查人</td><td>核查意见</td><td>核查人</td></tr>
<tr><td>1</td><td colspan="2">有防水要求部位的淋(蓄)水试验记录</td><td>/</td><td>/</td><td>/</td><td>/</td><td>/</td></tr>
<tr><td>2</td><td colspan="2">景观构筑物沉降观测测量记录</td><td>/</td><td>/</td><td>/</td><td>/</td><td>/</td></tr>
<tr><td>3</td><td colspan="2">山石牢固性检查记录</td><td>/</td><td>/</td><td>/</td><td>/</td><td>/</td></tr>
<tr><td>4</td><td colspan="2">喷泉水景效果试验记录</td><td>/</td><td>/</td><td>/</td><td>/</td><td>/</td></tr>
<tr><td>5</td><td colspan="2">排盐(渗水)管道通水试验记录</td><td>/</td><td>/</td><td>/</td><td>/</td><td>/</td></tr>
<tr><td>6</td><td colspan="2">土壤理化性质检测报告</td><td>/</td><td>/</td><td>/</td><td>/</td><td>/</td></tr>
<tr><td>7</td><td colspan="2">水理化性质检测报告</td><td>/</td><td>/</td><td>/</td><td>/</td><td>/</td></tr>
<tr><td>8</td><td colspan="2">种子发芽试验记录</td><td>/</td><td>/</td><td>/</td><td>/</td><td>/</td></tr>
<tr><td>9</td><td colspan="2">灯具固定装置的载荷强度试验记录</td><td>/</td><td>/</td><td>/</td><td>/</td><td>/</td></tr>
<tr><td>10</td><td colspan="2">系统运行记录</td><td>/</td><td>/</td><td>/</td><td>/</td><td>/</td></tr>
<tr><td>11</td><td colspan="2"></td><td></td><td></td><td></td><td></td><td></td></tr>
<tr><td>12</td><td colspan="2"></td><td></td><td></td><td></td><td></td><td></td></tr>
<tr><td>结论</td><td colspan="7">资料完整,核查、抽查结果要求符合设计的要求和施工质量验收规范的规定。

项目经理：　金源　　　　总监理工程师：　林志明

年　月　日　　　　年　月　日</td></tr>
</table>

表 C070405　单位(子单位)工程观感质量检查记录

工程名称		小游园园林景观工程		施工单位	市政公司
序号	项目			抽查质量状况	质量评价
1	绿化工程	绿地的平整及造型		共检查 9 点,好 8 点,一般 1 点,差 / 点	好
2		生长势		共检查 9 点,好 9 点,一般 / 点,差 / 点	好
3		植株形态		共检查 9 点,好 9 点,一般 / 点,差 / 点	好
4		定位、朝向		共检查 9 点,好 9 点,一般 / 点,差 / 点	好
5		植物配置		共检查 9 点,好 9 点,一般 / 点,差 / 点	好
6		外观效果		共检查 9 点,好 9 点,一般 / 点,差 / 点	好
1	园林附属工程	铺路	表面洁净	共检查 / 点,好 / 点,一般 / 点,差 / 点	/
2			色泽一致	共检查 / 点,好 / 点,一般 / 点,差 / 点	/
3			图案清晰	共检查 / 点,好 / 点,一般 / 点,差 / 点	/
4			平整度	共检查 / 点,好 / 点,一般 / 点,差 / 点	/
5			曲线圆滑	共检查 / 点,好 / 点,一般 / 点,差 / 点	/
6		假山叠石	色泽相近	共检查 / 点,好 / 点,一般 / 点,差 / 点	/
7			纹理统一	共检查 / 点,好 / 点,一般 / 点,差 / 点	/
8			形态自然完整	共检查 / 点,好 / 点,一般 / 点,差 / 点	/
9		水景水池	颜色、纹理、质感协调统一	共检查 / 点,好 / 点,一般 / 点,差 / 点	/
10		设施安装	防锈处理、色泽鲜明、不起皱及疙瘩	共检查 / 点,好 / 点,一般 / 点,差 / 点	/
11		给水、排水	整齐、整洁	共检查 / 点,好 / 点,一般 / 点,差 / 点	/
12			效果	共检查 / 点,好 / 点,一般 / 点,差 / 点	/
13		用电	整齐、整洁	共检查 / 点,好 / 点,一般 / 点,差 / 点	/
14			效果	共检查 / 点,好 / 点,一般 / 点,差 / 点	/
观感质量综合评价				观感质量符合施工验收规范的规定。	

结论:

观感质量符合施工验收规范的规定。

施工单位项目负责人:　金源　　　　总监理工程师:　林志明

年　月　日　　　　年　月　日

表 C070406　单位(子单位)工程植物成活覆盖率统计记录

<table>
<tr><td colspan="2">工程名称</td><td colspan="2">小游园园林景观工程</td><td>施工单位</td><td colspan="3">市政公司</td></tr>
<tr><td rowspan="2">序号</td><td rowspan="2">植物种类</td><td rowspan="2">种植数量
核查意见</td><td rowspan="2">成活覆盖率
核查人</td><td colspan="2">施工单位</td><td colspan="2">监理单位</td></tr>
<tr><td>核查意见</td><td>核查人</td><td>核查意见</td><td>核查人</td></tr>
<tr><td>1</td><td>常绿乔木</td><td>/</td><td>/</td><td>/</td><td>/</td><td>/</td><td>/</td></tr>
<tr><td>2</td><td>常绿灌木</td><td>/</td><td>/</td><td>/</td><td>/</td><td>/</td><td>/</td></tr>
<tr><td>3</td><td>绿篱</td><td>/</td><td>/</td><td>/</td><td>/</td><td>/</td><td>/</td></tr>
<tr><td>4</td><td>落叶乔木</td><td>2 株</td><td>符合要求</td><td>合格</td><td>(手签)</td><td>合格</td><td>(手签)</td></tr>
<tr><td>5</td><td>落叶灌木</td><td>257 株</td><td>符合要求</td><td>合格</td><td>(手签)</td><td>合格</td><td>(手签)</td></tr>
<tr><td>6</td><td>色块(带)</td><td>/</td><td>/</td><td>/</td><td>/</td><td>/</td><td>/</td></tr>
<tr><td>7</td><td>花卉</td><td>/</td><td>/</td><td>/</td><td>/</td><td>/</td><td>/</td></tr>
<tr><td>8</td><td>藤本植物</td><td>/</td><td>/</td><td>/</td><td>/</td><td>/</td><td>/</td></tr>
<tr><td>9</td><td>水湿生植物</td><td>/</td><td>/</td><td>/</td><td>/</td><td>/</td><td>/</td></tr>
<tr><td>10</td><td>竹子</td><td>/</td><td>/</td><td>/</td><td>/</td><td>/</td><td>/</td></tr>
<tr><td>11</td><td>草坪</td><td>306.6 m^2</td><td>符合要求</td><td>合格</td><td>(手签)</td><td>合格</td><td>(手签)</td></tr>
<tr><td>12</td><td>地被</td><td>/</td><td>/</td><td>/</td><td>/</td><td>/</td><td>/</td></tr>
<tr><td>13</td><td></td><td></td><td></td><td></td><td></td><td></td><td></td></tr>
<tr><td>14</td><td></td><td></td><td></td><td></td><td></td><td></td><td></td></tr>
<tr><td>15</td><td></td><td></td><td></td><td></td><td></td><td></td><td></td></tr>
<tr><td>结论</td><td colspan="7">资料完整、核查、抽查结果要求符合设计的要求和施工质量验收规范的规定。

项目经理：　金源　　　　总监理工程师：　林志明

年　月　日　　　　年　月　日</td></tr>
</table>

表 C030406　施工资料移交书

根据《中华人民共和国建筑法》和《中华人民共和国合同法》等国家、自治区有关工程建设管理的法律、法规和发包方、承包方双方《建设工程施工合同》(合同编号:________)的约定,由承包方承建的小游园园林景观工程已施工完毕,经建设单位组织对工程竣工验收,符合国家《建筑工程施工质量统一验收标准》GB 50300 和合同约定的质量要求,可以投入使用。承包方依据《建设工程文件归档技术规程》XJJ 071 的要求内容,经发包方和承包方双方商定,承包方将本工程建设单位和城建档案馆所需归档的工程施工资料记录及竣工图于____年____月____日向发包方移交。 附件: 1. 建设单位存档的工程施工资料记录壹套,并附表《建设工程档案移交目录》; 2. 城建档案馆的工程施工资料记录壹套,并附表《建设工程档案移交目录》; 3. 单位工程竣工图贰套。 发包方(单位名称): 房地产开发有限责任公司　　承包方(单位名称): 市政公司 (盖章)　　(盖章) 项目负责人(签字): 牛清杰　　项目经理(签字): 金源 年　月　日　　年　月　日

【经验之谈】

1. 施工过程中资料收集工作

(1)施工材料质量证明的整理。在购进原材料的时候,每种原材料都有出厂合格证和有效的检测报告,在确保这些材料真实有效的情况下,进行资料原件的搜集和整理,而且注意这些资料中记录的时间、数量、规格和施工材料进入施工场地的时间、数量、规格相符,确保以后出现问题时,可以给出相关证明。

(2)施工材料的送检资料的整理。在施工材料进入施工场地的时候,需要按照国家的相关规定进行抽样检验,目的就是保证施工质量。抽取的样品由相应资质的检测机构进行检测,检测合格方可使用,而检测结果需要进行整理和存档,方便以后在出现问题的时候取用。

(3)相关填报资料的整理。工程在进行施工的过程中,质检资料的填报需填写规范用表,如报验申请表、隐蔽记录与检验批测量记录、混凝土浇注记录等,按照规范标准的相应工序验收内容填写表格。由于每种质检报告和质检要求各不相同,需要在进行填报时候,同相关人员进行沟通,正确填写,并注明相关应注意的地方,这样在今后取用时,就会方便和清晰。

(4)施工中试验报告的整理。在市政基础设施工程施工中,工程质量的保证,需要定时进行试验,并形成试验报告,70% 的试验报告为自检报告,30% 为见证取样报告,由市政质监站委托的检测中心出具,这 30% 为强制规定,在进入每道工序施工前后都有相应的试验,需要熟悉各种试验,试验完成后的试验报告应收集完整。这些试验报告不能弄虚作假,要按照真实的情况进行检测和整理,这不仅是保证施工质量的重要手段,还为日后进行相关的维护和扩建进行技术层面的支持。

2. 工程接近尾声时的资料整理

资料汇总,检查资料是否存在书写错误、漏项等情况,将所有工序评定表汇总并填写汇总表、部位质量评定表,并保证所有工序、部位和单位工程的合格率均应在该表格中反映,复印装订。

3. 竣工后的资料收集

在工程竣工后应填写工程竣工报告、工程交工验收证书和质量保修书等,并应保证其为原件,以及其上签字、盖章等手续完备,待竣工验收会议结束后应将竣工会议记录放入竣工资料内,方可构成完整的竣工资料。

【工作任务实施记录与评价】

1. 工程质量控制资料考核方案

见表 3-15。

表 3-15　工程质量控制资料考核方案

考核内容	考核要求与标准	自我赋分	师傅赋分
1. 园林工程质量控制资料表格类型	(1)各阶段各类表格种类齐全。(20 分) (2)表格顺序排列合理准确。(10 分)		
2. 园林工程质量控制资料表格填写	(1)表格填写格式规范。(30 分) (2)表格填写内容准确完整。(30 分)		
3. 具备职业精神	工作中认真负责,遵守企业规章制度,能良好有效沟通,尊重企业师傅。(10 分)		

2. 学徒关键职业能力及职业品质、工匠精神评价

见表 3-16。

表 3-16　学徒关键职业能力及职业品质、工匠精神评价

项目	A	B	C	D
工作态度				
吃苦耐劳				
团队协作				
沟通交流				
学习钻研				
认真负责				
诚实守信				

【学徒工作任务】

在企业师傅指导下,根据小游园园林景观绿化工程单位(子单位)工程、分部(子分部)工程、分项工程划分内容,根据相应的施工内容及程序完成资料的编制并填写任务单(表 3-17)。

表 3-17　工程质量控制资料学徒工作任务单

单位(子单位)工程	分部(子分部)工程	分项工程	检验批
绿化工程			

项目四
整理竣工图（D 类）

任务一　竣工图印章

【任务目标与质量要求】

能够明确竣工图章盖章的要求与一般规定。

【学习产出目标】

1. 了解竣工图章对工程资料的重要意义。

2. 掌握竣工图章盖章要求。

3. 掌握竣工图章信息的填写要求。

4. 学徒能够具备认真、负责、严谨的工作态度。

【知识储备】

1. 竣工图是建设工程竣工验收后，真实反映工程项目施工结果的图样，竣工图应是加盖了设计单位资质章、注册建筑师章、注册结构师章、质量验讫章、消防验讫章、施工图设计审查合格章和竣工图章的图样。

2. 所有竣工图均应加盖竣工图章，盖在图标栏上方空白处。竣工图章内容填写应符合下列要求：

(1)竣工图章尺寸为 50 mm × 80 mm，内容应包括："竣工图" 字样、施工单位、编制人、审核人、技术负责人、编制日期、监理单位、总监、现场监理等，各部分尺寸应符合图 3-18 中竣工图章示例。

(2)竣工图章应由施工单位的编制人、审核人、技术负责人确认签字，监理单位的总监理工程师、监理工程师审核签字，竣工图章中的签名必须齐全，严禁代签；电子竣工图应使用电子签章。

(3)竣工图章内所有签字人均应是工程备案且对应的项目人员。施工单位：编制人应是相应专业工程师或专业施工员，审核人必须是项目经理，技术负责人是项目专业技术负责人。

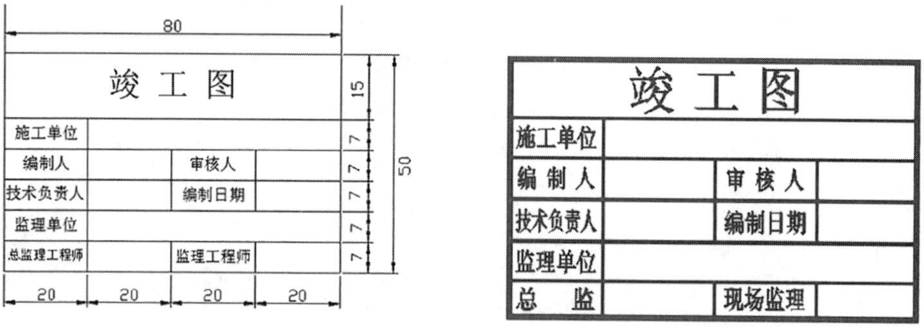

图 3-18　竣工图章示例(单位:mm)

监理单位:总监理工程师应是项目总监理工程师,监理工程师应是在现场负责项目的专业监理工程师。

(4)竣工图 dwg 格式图形文件转换为 PDF 格式时,应一张图纸对应一个电子文件,不宜一个电子文件对应多张图纸;PDF 文件尺寸须与实际图形尺寸一致(全尺寸文件),其有效内容须扩充设定面积,以保证电子文件还原成纸质文件时的清晰度。

【实践操作】

如图 3-19 所示,为竣工图的盖章实例。

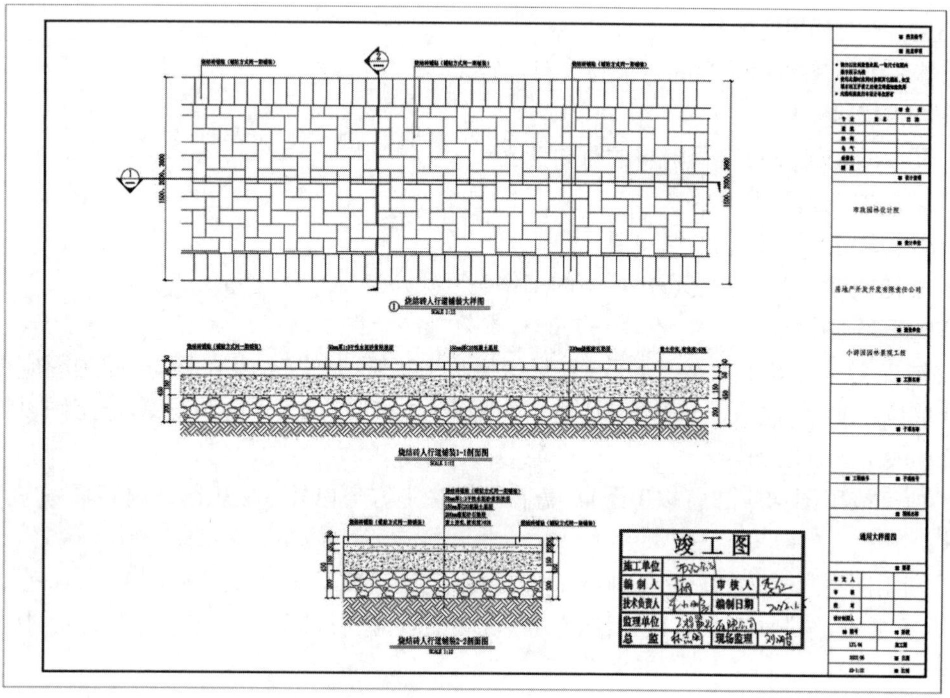

图 3-19　竣工图盖章实例

【经验之谈】

竣工图章应使用不易褪色的印泥,应盖在图标栏上方或周围或其他不压盖图形、文字的空白处,不得与原图图形、文字重叠。

【工作任务实施记录与评价】

1. 竣工图章印章考核要求与标准

见表 3-18。

表 3-18 竣工图章印章考核要求与标准

学徒任务	考核要求与标准	自我评分	师傅评分
1. 能按照要求完成竣工图印章盖章	(1)盖章前,确认印章正确(10 分)		
	(2)竣工图章信息完整无误(20 分)		
	(3)盖章不遮盖图形文字等(30 分)		
	(4)盖完章后,印鉴清晰完整(30 分)		
2. 具备职业精神	工作中认真负责,遵守企业规章制度,能良好有效沟通,尊重企业师傅(10 分)		

2. 学徒关键职业能力及职业品质、工匠精神评价

见表 3-19。

表 3-19 学徒关键职业能力及职业品质、工匠精神评价

项目	A	B	C	D
工作态度				
吃苦耐劳				
团队协作				
沟通交流				
学习钻研				
认真负责				
诚实守信				

【学徒工作任务】

在企业师傅指导下,完成竣工资料的整理,并填写学徒工作任务单(表 3-20)。

表 3-20 竣工图章印章学徒工作任务单

序号	任务	具体内容
1	使用竣工章的注意事项	
2	竣工图章应由谁签字确认,由哪些单位审核,需要谁签字认可	

任务二　折叠竣工图纸

【任务目标与质量要求】

能够明确竣工图折叠的要求与一般规定，能够掌握一般图纸的图幅大小，并能够对不同图幅的图纸进行折叠。

【学习产出目标】

1. 能够根据不同幅面的工程图纸进行图纸折叠。
2. 能够参照技术规程掌握图纸折叠的方法及要求。
3. 学徒能够具备认真、负责、严谨的工作态度。

【知识储备】

不同幅面的图纸，应统一折叠成 A4 幅面（297 mm × 210 mm）。图面应朝内，首先沿标题栏的短边方向以“W”形（手风琴式）折叠，然后再沿标题栏的长边方向以“W”形折叠，并使标题栏露在外面。竣工图折叠方法按《建设工程文件归档技术规程》XJJ 071 附录 J 竣工图折叠方法执行。

（1）图纸折叠前应按裁图线裁剪整齐，其图纸幅面应符合表 3-21 的规定，幅面格式应符合图 3-20 的规定。

表 3-21　竣工图图纸幅面及图框尺寸

单位：mm

基本幅面代号	0 号	1 号	2 号	3 号	4 号
$B \times L$	841 × 1 189	594 × 841	420 × 594	297 × 420	297 × 210
e	20		10		
c	10			5	
a	25				

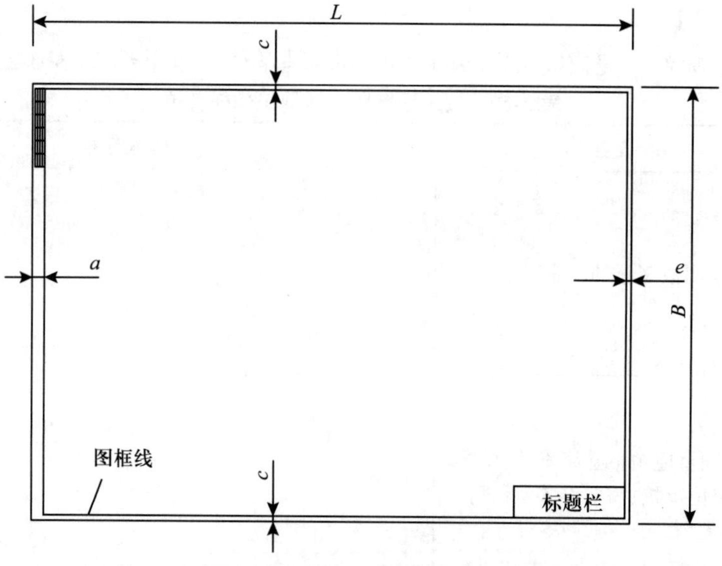

图 3-20　幅面格式

(2)按照图纸目录整理、核对,有内容翔实、完整的竣工图章、审图专用章。

(3)图纸左侧留 5～6 cm 装订边,折装订角。

(4)工图章签字应由施工单位的编制人、审核人、技术负责人确认签字,监理单位的总监理工程师、专业监理工程师审核签字,竣工图章中的签名必须齐全,严禁代签;电子竣工图应使用电子签章。

(5)竣工图章应使用不易褪色的印泥,应盖在图标栏上方或周围其他不压盖图形、文字的空白处,不得与原图图形、文字重叠。

(6)折叠后幅面尺寸应以 4 号图纸基本尺寸(297 mm × 210 mm)为标准。

(7)图纸及竣工图章应露在外面。

(8)3 号 ～0 号图纸应在装订边 297 mm 处折一三角或剪一缺口,折进装订边。

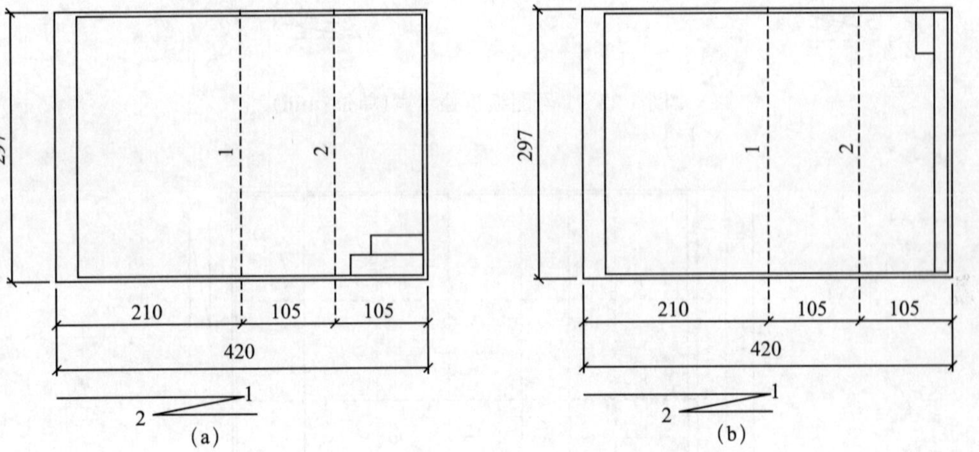

图 3-21　3 号图纸折叠示意(单位:mm)

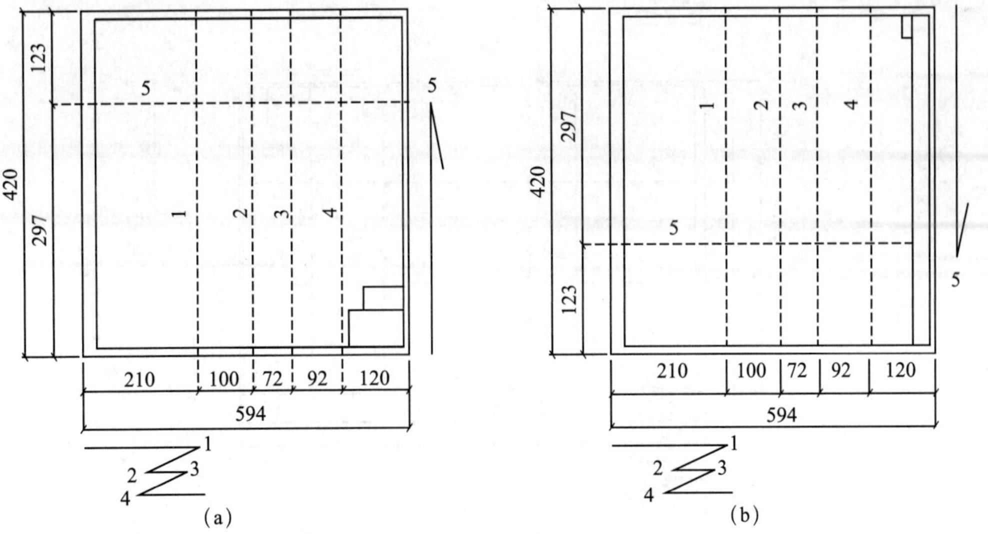

图 3-22　2 号图纸折叠示意(单位:mm)

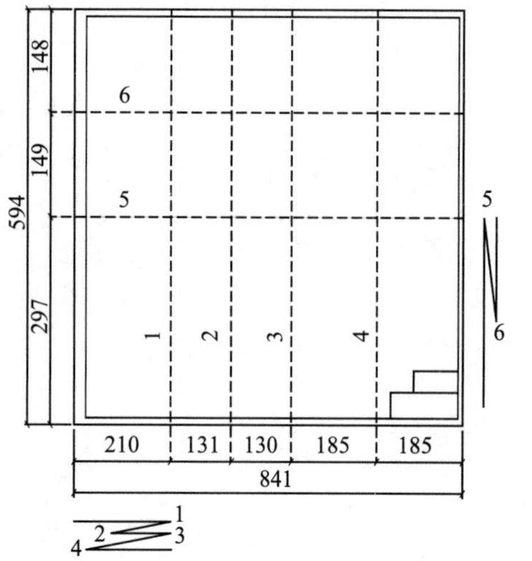

(a)

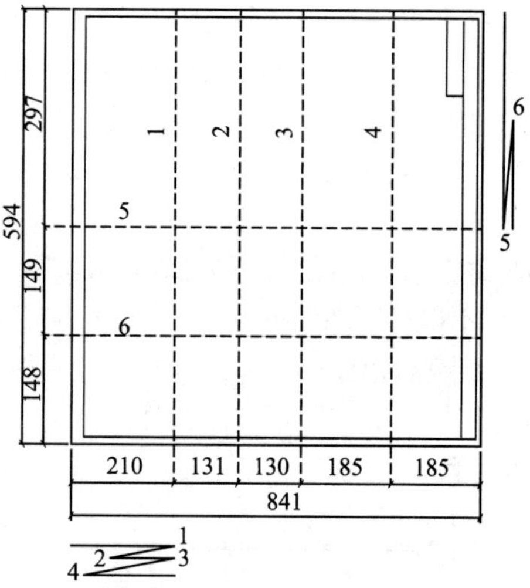

(b)

图 3-23　1 号图纸折叠示意(单位:mm)

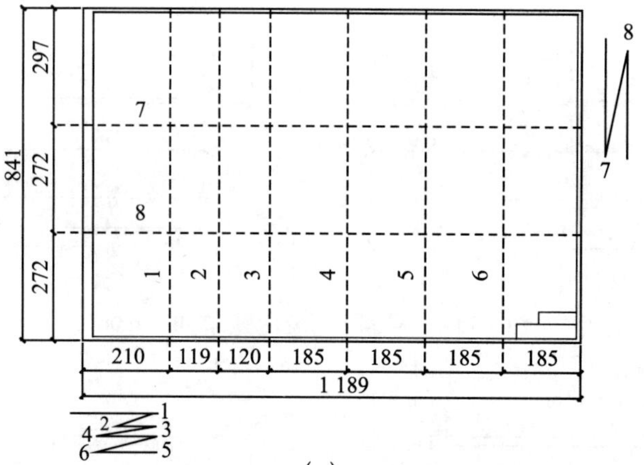

(a)

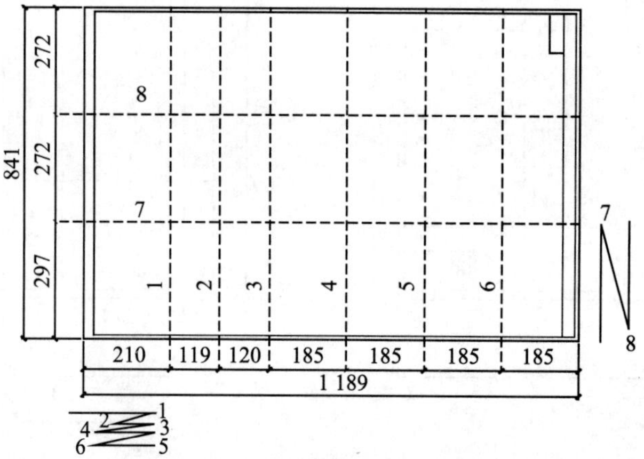

(b)

图 3-24　0 号图纸折叠示意(单位:mm)

【实践操作】

图 3-25 为图纸的折叠案例展示。

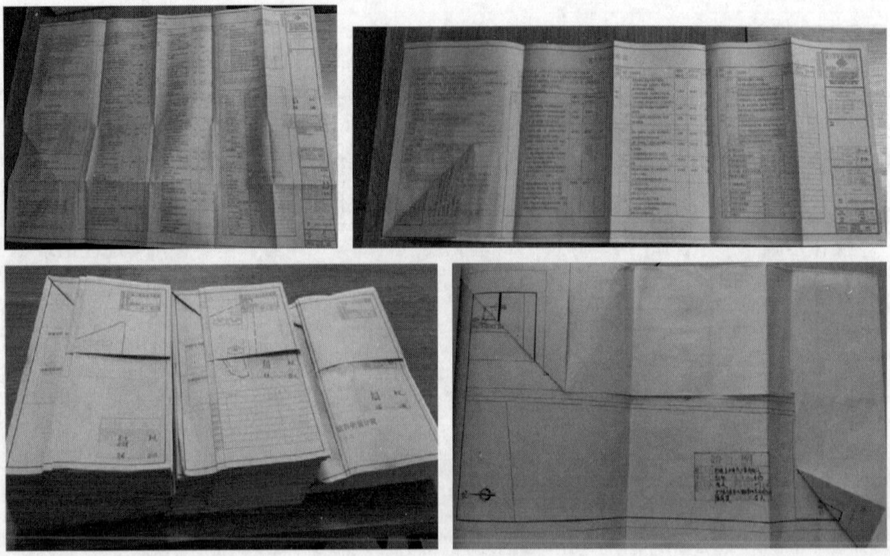

图 3-25　图纸折叠案例

【经验之谈】

在进行图纸折叠时，应注意图纸折叠的方向，注意上距图边与右距纸边的距离位置等，图纸折叠应保持美观整齐。

【工作任务实施记录与评价】

1. 竣工图折叠考核要求与标准

见表 3-22。

表 3-22　竣工图折叠考核要求与标准

学徒任务	考核要求与标准	自我评分	师傅评分
1. 能按照要求完成竣工图折叠	(1)能够掌握基本图纸幅面大小(20 分)		
	(2)能够掌握不同图幅图纸的折叠方法和要求(20 分)		
	(3)图纸折叠规范、完整、美观(50 分)		
2. 具备职业精神	工作中认真负责，遵守企业规章制度，能良好有效沟通，尊重企业师傅(10 分)		

2. 学徒关键职业能力及职业品质、工匠精神评价

见表 3-23。

表 3-23　学徒关键职业能力及职业品质、工匠精神评价

项目	A	B	C	D
工作态度				
吃苦耐劳				
团队协作				
沟通交流				

续表 3-23

项目	A	B	C	D
学习钻研				
认真负责				
诚实守信				

【学徒任务】

完成 A2 图纸的折叠,记录折叠操作步骤,并填写学徒工作任务单(表 3-24)。

表 3-24　竣工图折叠学徒工作任务单

操作步骤	注意要点	过程记录

项目五
整理工程竣工资料(E 类)

任务一　整理工程竣工验收资料

【任务目标与质量要求】

能够明确竣工验收条件,明确工程验收需要哪些验收资料。

【学习产出目标】

1. 了解竣工验收的要求及程序。
2. 掌握竣工验收的文件如何填写。
3. 学徒能够具备认真、负责、严谨的工作态度。

【知识储备】

1. 工程竣工验收要求

(1)建设工程项目完成合同约定的内容后,经工程施工总承包单位自检合格,且施工、监理资料符合相关规范的要求后,即可对建筑工程进行竣工验收,并提出工程竣工报告。工程竣工报告应经项目经理和施工单位有关负责人审核签字。

(2)实施建设工程竣工验收应依据建设工程合同、勘察设计文件及相关配套规范,使用规定的相关记录表式。

(3)对于委托监理的工程项目,监理单位对工程进行了质量评估,具有完整的监理资料,并提出工程质量评估报告。工程质量评估报告应经总监理工程师和监理单位有关负责人审核签字。

(4)勘察、设计单位对勘察、设计文件及施工过程中由设计单位签署的设计变更通知书进行了检查,并提出质量检查报告。质量检查报告应经该项目勘察、设计负责人和勘察、设计单位有关负责人审核签字。

(5)竣工验收时,应按要求对工程资料进行核查。工程质量控制资料、有关安全和功能的检验资料应完整。工程资料内容应全面、客观、真实地反映建设工程竣工质量。

(6)有工程使用的主要建筑材料、建筑构配件和设备的进场试验报告。

(7)建设单位已按合同约定支付工程款。

(8)有施工单位签署的工程质量保修书。

2. **工程竣工验收程序**

(1)工程完工后,施工单位向建设单位提交工程竣工报告,申请工程竣工验收(图 3-26)。实行监理的工程,工程竣工报告须经总监理工程师签署意见。

(2)建设单位收到工程竣工报告后,对符合竣工验收要求的工程,组织勘察、设计、施工、监理等单位和其他有关方面的专家组成验收组,制订验收方案。

(3)建设单位应在工程竣工验收 7 个工作日前将验收的时间、地点及验收组名单书面通知负责监督该工程的工程质量监督机构。

(4)工程竣工报告。由施工单位编制的综合性报告,报告的主要内容包括:工程概况、工程施工组织情况、施工中技术组织落实和质量管理验收情况、质量事故及处理情况、工程质量的评价与问题的处理建议。

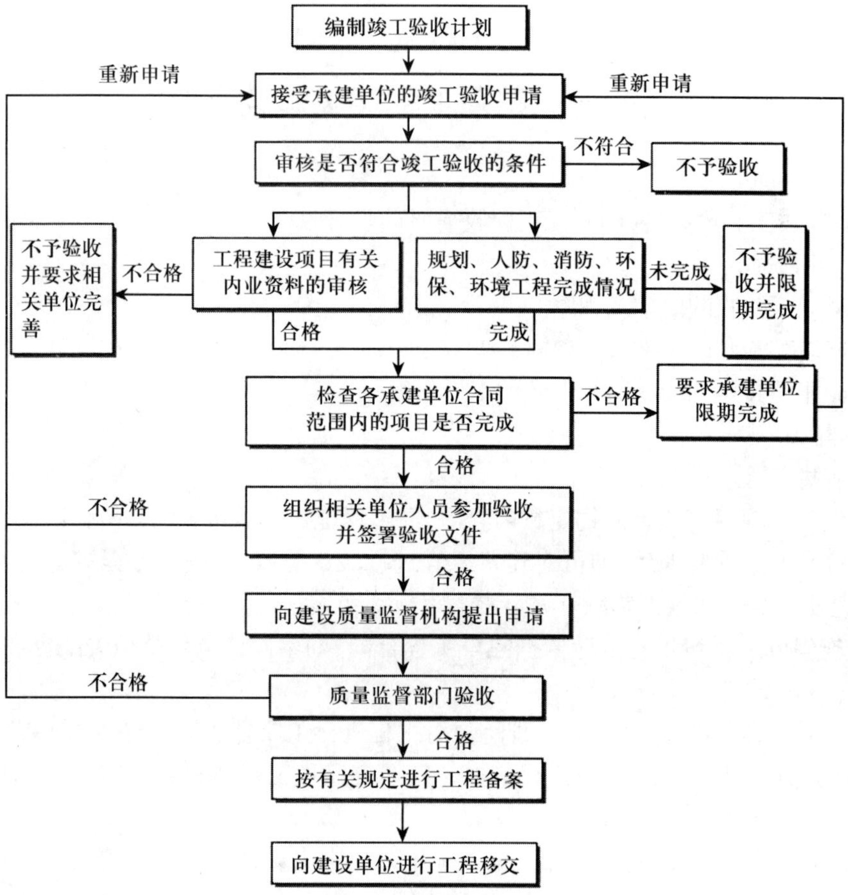

图 3-26　工程竣工验收流程

【实践操作】

下面以小游园园林景观工程项目为例进行竣工资料的整理。

工程竣工报验单

工程名称：小游园园林景观工程

致：工程监理有限公司（监理单位） 我方已按合同要求完成了小游园园林景观工程施工工作，经自检合格，请予以检查和验收。 承包单位(章)：________ 项 目 经 理：________ 日　　　期：________
审查意见： 初步验收，该工程 1. 符合 / 不符合我国现行法律、法规要求； 2. 符合 / 不符合我国现行工程建设标准； 3. 符合 / 不符合设计文件要求； 4. 符合 / 不符合施工合同要求。 综上所述：该工程初步验收合格 / 不合格，可以 / 不可以组织正式验收。 项目监理机构：________ 总 / 专业监理工程师：________ 日　　期：________

工程验收单

<table>
<tr><td>工程名称</td><td>游园园林景观工程</td><td>工程地点</td><td>昌吉市</td></tr>
<tr><td>建设单位</td><td>房地产开发有限责任公司</td><td>施工单位</td><td>市政公司</td></tr>
<tr><td>监理单位</td><td>工程监理有限公司</td><td>验收日期</td><td></td></tr>
<tr><td colspan="4">验收内容：完成合同约定内容，经自检合格。</td></tr>
<tr><td>施工单位</td><td colspan="3">验收意见：
(公章)
单位(项目)负责人：
年　月　日</td></tr>
<tr><td>监理单位</td><td colspan="3">验收意见：
(公章)
单位(项目)负责人：
年　月　日</td></tr>
<tr><td rowspan="5">建设单位</td><td colspan="3">工程部验收意见：
部门(项目)负责人：
年　月　日</td></tr>
<tr><td colspan="3">设计部验收意见：
部门(项目)负责人：
年　月　日</td></tr>
<tr><td colspan="3">合约采购部验收意见：
部门(项目)负责人：
年　月　日</td></tr>
<tr><td colspan="3">预算部验收意见：
部门(项目)负责人：
年　月　日</td></tr>
<tr><td colspan="3">销售部验收意见：
部门(项目)负责人：
年　月　日</td></tr>
</table>

参加单位工程竣工验收主要人员

分组	姓名	单位名称	职务(职称)	职业资格注册号
验收组负责人				
土建组				
电气组				
给排水组				
绿化种植组				
资料组				

建设、监理、设计、施工、勘察单位竣工验收意见表

<table>
<tr><td>建设单位及工程名称</td><td colspan="2">房地产开发有限责任公司</td><td colspan="2">小游园园林景观工程</td></tr>
<tr><td>建筑面积</td><td>结构</td><td>总层数</td><td>检查楼层</td><td>质量控制资料</td></tr>
<tr><td></td><td></td><td></td><td></td><td></td></tr>
<tr><td colspan="5">工程建设竣工参与各方验收意见</td></tr>
<tr><td>建设单位意见</td><td colspan="4">签字：
（盖章）
年　月　日</td></tr>
<tr><td>监理单位意见</td><td colspan="4">签字：
（盖章）
年　月　日</td></tr>
<tr><td>设计单位意见</td><td colspan="4">签字：
（盖章）
年　月　日</td></tr>
<tr><td>施工单位意见</td><td colspan="4">签字：
（盖章）
年　月　日</td></tr>
<tr><td>勘察单位意见</td><td colspan="4">签字：
（盖章）
年　月　日</td></tr>
</table>

注：本表一式六份，以上五方单位各一份，监督站存档一份。

新疆维吾尔自治区
房屋建筑工程和市政基础设施工程

竣工报告

工程名称：小游园园林景观工程

建设单位：房地产开发有限责任公司

施工单位：市政公司

新疆维吾尔自治区建设厅监制

工程概况

3.1.2.5 竣工报告(5-2)

3102052-001

建设单位名称	房地产开发有限责任公司		
工程名称	小游园园林景观工程		
工程地点	昌吉市		
建设规模(面积)			
建设投资(万元)			
结构类型			
开工日期			
勘察单位名称		资质等级	
设计单位名称	市政园林设计院	资质等级	甲级
施工单位名称	市政公司	资质等级	壹级
监理单位名称	工程监理有限公司	资质等级	甲级
质量监督机构名称	/		

竣工条件

3.1.2.5 竣工报告(5-3)

3102053-001

序号	内容	完成情况
1	完成工程设计和合同约定内容情况	全部完成
2	工程质量符合有关法律法规和工程建设强制性标准情况	符合有关法律法规和工程建设强制性标准
3	工程技术档案和施工管理资料完备情况	工程技术档案和施工管理资料齐全
4	主要建材、建筑构配件和设备进场试验报告齐备情况	各种试验报告齐全
5	建设单位已按合同约定支付工程款情况	已按合同约定支付了工程款
6	工程质量保修书签署情况	已签署
7	有关部门责令整改的质量问题整改情况	有关质量问题均已整改

工程质量验收情况

3.1.2.5(5-4) 3102054-001

序号	项目	验收情况
1	分部工程质量验收汇总	共检查___分部工程,工程质量符合规范规定,合格
2	工程质量控制资料	完整,符合施工验收规范规定
3	工程安全和功能及主要功能抽查资料	安全和功能及主要功能抽查资料齐全,抽查和检查结果符合施工规范规定
4	观感质量验收情况	观感质量符合施工验收规范规定

竣工报告审核意见

3.1.2.5 竣工报告(5-5) 3102055-001

施工单位竣工报告审核意见
本工程已达到竣工条件,工程质量验收程序和组织符合《园林绿化施工质量验收规范》验收结论,符合各专业规范规定,单位工程质量合格标准,申请验收。 工程项目经理: 施工单位负责人: (单位公章) 年 月 日
监理单位竣工报告审核意见
依照法律、法规以及有关技术标准,设计文件和技术工程承包合同,对工程实物和工程技术资料检查,经审核确认,本工程已达到竣工条件,工程质量符合验收规范合格规定,同意进行竣工验收。 监理工程师: (单位公章) 年 月 日

【经验之谈】

工程竣工报告和竣工验收报告区别较大,且编制单位不一样。但是作为施工单位资料员,可不要认为只要负责竣工报告编制就可以了,有时建设单位可能没有资料员做资料,最终会由施工单位资料员去编制整理。

【工作任务实施记录与评价】

1. 整理竣工资料考核要求与标准

见表 3-25。

表 3-25　整理竣工资料考核要求与标准

学徒任务	考核要求与标准	自我评分	师傅评分
1. 整理竣工资料	(1)工程竣工验收单(20 分)		
	(2)工程验收单(30 分)		
	(3)竣工报告(40 分)		
2. 具备职业精神	工作中认真负责,遵守企业规章制度,能良好有效地沟通,尊重企业师傅(10 分)		

2. 学徒关键职业能力及职业品质、工匠精神评价

见表 3-26。

表 3-26　学徒关键职业能力及职业品质、工匠精神评价

项目	A	B	C	D
工作态度				
吃苦耐劳				
团队协作				
沟通交流				
学习钻研				
认真负责				
诚实守信				

【学徒任务】

按照企业师傅指导完成竣工资料的整理,并填写学徒工作任务单(表 3-27)。

表 3-27　整理竣工资料学徒工作任务单

序号	任务	具体内容
1	工程符合哪些要求方可进行竣工验收	
2	竣工验收由谁组织,具体验收程序有哪些	
3	编制竣工验收材料应注意什么事宜	
4	五方验收具体指哪些单位	

任务二　移交工程竣工资料

【任务目标与质量要求】

掌握工程竣工备案及移交条件。

【学习产出目标】

1. 了解工程竣工验收基本程序。

2. 掌握资料的整理方法及注意事项。

3. 能够具备认真、负责、严谨的工作态度。

【知识储备】

建设单位应当自工程竣工验收且经工程质量监督机构监督检查符合规定后15个工作日内到备案机关办理工程竣工验收备案，建设单位办理竣工工程备案手续应提供下列文件：竣工验收备案表；工程竣工验收报告；施工许可证；施工图设计文件审查意见；施工单位提交的工程竣工报告；监理单位提交的工程质量评估报告；勘察、设计单位提交的质量检查报告；由规划、公安消防、环保等部门出具的认可文件或准许使用文件；验收组人员签署的工程竣工验收意见；施工单位签署的工程质量保修书；单位工程质量验收汇总表；商品住宅还应当提交住宅质量保证书和住宅使用说明书；法律、法规、规章规定必须提供的其他文件。

1. 备案程序

(1) 经施工单位自检合格，并且符合《房屋建筑工程和市政基础设施工程竣工验收规定》的要求方可进行竣工验收。

(2) 由施工单位在工程完工后向建设单位提交工程竣工报告，申请竣工验收，并经总监理工程师签署意见。

(3) 对符合竣工验收要求的工程，建设单位负责组织勘察、设计、监理等单位组成的专家组实施验收。

(4) 建设单位必须在竣工验收7个工作日前将验收的时间、地点及验收组名单书面通知负责监督该工程的工程质量监督机构。

(5) 工程竣工验收合格之日起15个工作日内，建设单位应及时提出竣工验收报告，向工程所在地县级以上地方人民政府建设行政主管部门(及备案机关)备案。

(6) 工程质量监督机构，应在竣工验收之日起5个工作日内，向备案机关提交工程质量监督报告。

(7) 城建档案管理部门对工程档案资料按国家法律法规要求进行预验收，并签署验收意见。

(8) 备案机关在验证竣工验收备案文件齐全后，在竣工验收备案表上签署验收备案意见并签章。工程竣工验收备案表一式两份：一份由建设单位保存，一份留备案机关存档。

2. 工程资料的移交

(1) 根据甲方要求，以某企业为例，单位工程在竣工验收后3个月内，项目各施工单位在向建设单位档案室移交一套符合规定的工程纸质文件材料的同时，必须移交配套的电子文件，包括以卷为独立文档扫描、PDF双层格式保存的工程资料扫描件、工程照片(JPEG格式)、声像等特殊载体档案，同步建立电子档案卷内目录，并附工程资料光盘移交附表。

(2)勘察、设计、施工、监理等单位应将本单位形成的工程文件材料整理立卷后向建设单位档案室移交。

(3)建设单位项目实行总承包的，总承包单位负责收集、汇总各分包单位形成的工程档案，并及时向建设单位移交；各分包单位应将本单位形成的工程文件整理、立卷后及时移交总承包单位。建设工程项目由几个单位承包的，各承包单位负责收集、整理立卷其承包项目的工程文件，并应及时向建设单位移交。

(4)各参建单位向建设单位档案室移交工程档案时，应办理移交手续，填写工程竣工档案资料移交目录(一式两份)，双方签字、盖章后交接。

3. 资料的整理及排列

日常收集整理：按项目—单位工程进展先后所形成的资料类型装盒，按工程技术资料归档移交规范整理要求列表分类组卷。

移交时整理要求：

(1)清整、检查各阶段形成的资料，确保严格按照附件1分类组卷；

(2)督促各工程师清理个人手中资料，将应归档的文件补充归档；

(3)粘贴案卷背脊：根据资料内容编写案卷题名及填写相关内容；

(4)将已装盒的卷内资料按件进行编流水号，页号从"1"开始，用铅笔书写在文件右下角/中间，双面书写的文件，背面在左下角/中间书写编号，折叠后的图纸一律写在右下角，并编制卷内目录。

4. 注意事项

(1)工程部资料员必须集中管理本部门的工程资料，任何人不得擅自将工程技术资料保留在个人手中。工程师在收到资料后，必须在规定时间内审批完毕，并及时向工程部资料室归档。

(2)工程资料的分类要科学合理，原则上都要按照项目—单位工程进行分柜分类。工程部资料员收到资料后要及时归档编目，不得出现资料堆积的情况。

(3)工程部资料室的档案柜要随用随锁，资料员离开电脑时要锁屏，并定期更换密码。

(4)各种资料的收发台账要登记及时、详尽，重要资料的收发台账(比如设计变更、图纸)要详细登记到时、分。

(5)工程师向工程部资料室借阅资料要办理登记相关手续，不得随意翻阅工程部资料室的资料。借阅审批要严格，要有部门领导签字并建立借阅台账。

(6)总工室下发的联系函件中涉及设计变更的要和其他设计变更的资料放在一起。

(7)与外单位的联系函，有未取走函件的要及时跟踪并在台账中标记，以便日后查看。

(8)给各部门的联系函需要按照部门进行分类，主要有物业、总工室、产品质量监察中心及工程技术部。

(9)纸质台账和电子台账要一一对应。

(10)档案盒中不能出现夹带其他不相关资料的现象。

(11)工程资料中的工程名称、规模、相关施工单位等信息要与施工许可证、规划许可证及规划验收证一致。

(12)工程资料中的签字盖章手续要完备,不得出现漏签字、漏盖章的情况。

(13)监理日志的内容要详尽,如工程现状、工程进度、存在问题及改进措施等,每项工程阶段性完成后及时向工程部资料室归档,严禁在监理日志上乱涂乱画。

(14)分包资质要在分包单位进场10日内交工程部资料室存档,分包单位主要包括建设单位、监理单位、主体施工单位、设计单位、勘察单位、材料检测单位、桩基础施工单位、装修单位(包含铝合金门窗)、防水施工单位、电梯施工单位、消防施工单位等。

5. 工程部移交资料流程

工程部移交资料流程如图3-27所示。

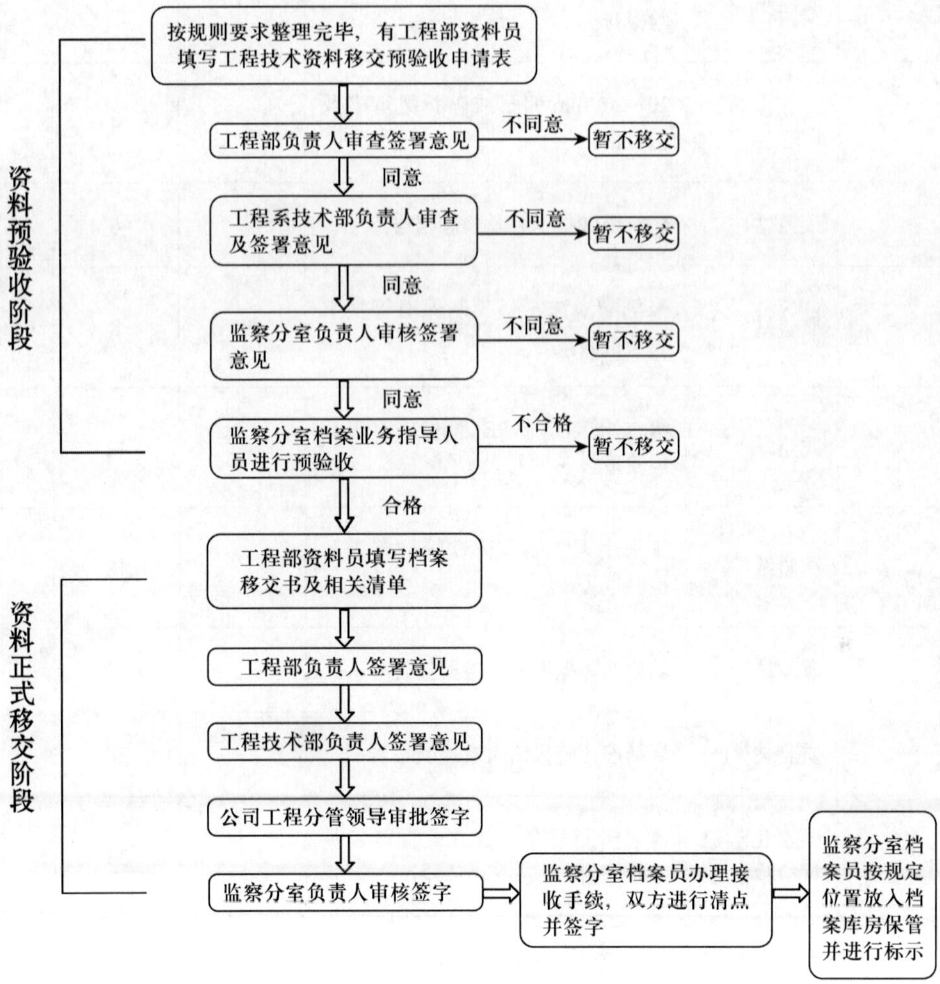

图3-27　工程技术资料移交预验收申请表

【实践操作】

以小游园园林景观工程项目为例,对竣工档案资料进行编制与移交。

1. 制作卷内目录

卷内目录

档号：

序号	文件编号	责任者	文件材料题名	日期	页号	备注
1		市政公司	合格证检验报告汇总表		1	
2		质监站	5～20 mm 卵石或碎石报审表及检验报告		2	
3		质监站	20～40 mm 卵石或碎石报审表及检验报告		4	
4		质监站	建筑用砂报审表及检验报告		6	
5		质监站	聚氨酯泡沫塑料预制保温管报审表及检验报告		8	
6		质监站	给水用聚乙烯(PE)管材报审表及检验报告		12	
7		质监站	排水用柔性接口铸铁管报审表及检验报告		18	
8		质监站	乳化沥青报审表及检验报告		23	
9		质监站	烧结多孔砖报审表及检验报告		28	
10		国家化学建材检验中心	再生树脂复合检查井盖报审表及检验报告		33	
11		生产厂家	钢筋报审表及质量证明书		42～47	

2. 制作封皮及备考表

(1)封皮

档　　号＿＿＿＿＿＿

档案馆号＿＿＿＿＿＿

小游园园林景观工程原材料合格证

立卷单位　　　　　市政公司

起止日期　2019 年 × 月 × 日至 2020 年 × 月 × 日

保管期限　　　　30 年

密　　级＿＿＿＿＿＿

资料有不同的保管年限、准备阶段文件永久保存、资质文件 30 年、施工日志 10 年、图纸永久保存,具体依据标准填写。

(2)备考表

卷内备考表

互见号：

说明：

本卷共有文字材料11件,共计47页。

立卷人：

年　月　日

检查人：

年　月　日

3. 档案盒背脊格式

图3-28　档案盒背脊格式实例

【经验之谈】

竣工验收备案虽然是建设单位提交,但实际上基本都由施工单位资料员进行编制填写,施工单位资料员应有主动意识进行备案，对照竣工验收备案相关资料，提前将各参建单位相关资料做好准备，相关数据有矛盾时要问清楚后再填写，一旦出错，资料涉及的签字盖章单位多，返工时间长，影响备案进度。

【工作任务实施记录与评价】

1. 验收备案及资料整理考核要求与标准

见表 3-28。

表 3-28　验收备案及资料整理考核要求与标准

学徒任务	考核要求与标准	自我评分	师傅评分
1. 验收备案及资料整理	(1)了解工程竣工验收基本程序(20)		
	(2)掌握工程资料的整理方法。(20 分)		
	(3)掌握工程资料的整理步骤。(30 分)		
	(4)掌握工程资料的整理注意事项。(20 分)		
2. 具备职业精神	工作中认真负责，遵守企业规章制度，能良好有效沟通，尊重企业师傅。(10 分)		

2. 学徒关键职业能力及职业品质、工匠精神评价

见表 3-29。

表 3-29　学徒关键职业能力及职业品质、工匠精神评价

项目	A	B	C	D
工作态度				
吃苦耐劳				
团队协作				
沟通交流				
学习钻研				
认真负责				
诚实守信				

【学徒工作任务】

以小游园园林景观工程的资料为例，填写相应的竣工档案移交目录(表 3-30)。

表 3-30　工程竣工档案资料移交目录

工程名称：　　　　　　　　　　　　　　　　　　　　竣工时间：

序号	档案资料名称	份数	张数	备注
管理单位：	接收单位：	移交单位：		
日期：	日期：	日期：		
领导签字：	领导签字：	领导签字：		
日期：	日期：	日期：		
项目负责人签字：	接收人签字：	移交人签字：		
日期：	日期：	日期：		

注：此表一式两份，一份交给接收单位，另一份由移交单位留存。

以小游园园林景观工程的资料为例,在档案盒上填写相应的案卷题名。

保管期限	保管期限	保管期限	保管期限	保管期限	保管期限	保管期限	保管期限	保管期限
永久	永久	永久	永久	永久	永久	永久	永久	永久
档号	档号	档号	档号	档号	档号	档号	档号	档号
案卷题名	案卷题名	案卷题名	案卷题名	案卷题名	案卷题名	案卷题名	案卷题名	案卷题名

项目六
整理工程声像文件(F类)

【任务目标与质量要求】

工程声像文件是在施工过程中直接形成的、具有保存价值的照片、录音录像、影片等历史记录。建设工程声像文件的拍摄应当与工程建设同步,真实记录工程建设过程的实际状况,全面反映建筑物(构筑物)的整体面貌,能够系统记录工程项目建设过程和成果。因此,应对已经办结形成的工程声像文件实施日常收集管理和竣工前的收集、汇总、检查,确保归档声像文件真实、齐全、完整。

【学习产出目标】

1. 了解和掌握工程声像文件所含内容。
2. 掌握工程声像文件拍摄技巧。
3. 学徒能够具备认真、负责、严谨的工作态度。

【知识储备】

工程声像文件(F类)含开工前、施工阶段、竣工后新貌、工程建设过程的录音、录像资料(重大事件)以及其他归档的声像文件。

工程施工前声像文件主要内容有:原址、原貌、原重要地物、重要纪念物的照片、录像及周边状况;拆迁情况。

施工阶段声像文件主要内容有:施工现场与施工管理;工程测量、放线、打桩、基础类型、基础开挖、桩基处理、桩基础、基础钢筋、基础浇灌、基础墙、基础回填、支撑、垫层、承台等关键环节、隐蔽工程状况、施工工艺亮点以及基础异常处理;设计模型;主体工程施工过程中钢筋、模板、砌体、混凝土灌注、管线、隐蔽工程施工,主体结构布局、大型构件安装以及防水、保温、防腐工程;由监理、质检等组织有关质量监督、检查、验收等;反映工程采用的各种新技术、新材料、新工艺等;施工建设中的重要活动、重大事件;记录工程重大事故第一现场、事故指挥和处理措施、处理结果等情况。

工程竣工后声像文件主要内容有:竣工后新貌;工程建设过程的录音、录像资料(重大事件);其他归档的声像资料。

工程声像文件整理的基本规定如下：

(1) 工程声像文件的采集与形成应纳入工程建设管理的各个环节和有关人员的职责范围。

(2) 工程声像文件应真实、完整、准确地反映工程建设过程的实际情况，并随工程进度同步形成，不得事后修整、编造、篡改。

(3) 工程声像档案应与工程纸质档案、电子档案同步移交城建档案管理机构。

(4) 建设单位应组织、监督和检查工程声像文件的采集与形成工作，也可委托符合条件的档案服务单位完成。

(5) 勘察、设计、施工、监理等单位应及时对采集的工程声像文件进行收集和整理。

(6) 建设单位应对勘察、设计、施工、监理等单位形成的工程声像文件进行收集和汇总。

(7) 建设单位应对各种载体的工程声像文件分别进行存储和保管，并配备必要的软硬件设备和网络设施，建立工程声像文件管理系统，实现对工程声像文件的有效管理。

(8) 城建档案管理机构应对工程声像文件的采集、形成、收集和整理工作进行指导服务，并按本标准要求对建设单位报送的工程声像档案进行验收。

(9) 工程资料管理人员应经过工程声像文件形成归档和档案知识的专业培训。

(10) 涉密工程声像档案形成和管理应符合《中华人民共和国保守国家秘密法》的相关规定。

【实践操作】

1. 工程声像文件采集

(1) 工程声像文件采集基本要求

①工程声像文件应针对目录内容分别采集照片和录像，若需要采集录音的，应同步采集。

②工程声像文件采集应保证构图完整、画面清晰、图像稳定、色彩还原准确，没有明显失真、变形等现象，录像文件的同期声应声音清晰、内容连续完整。

③工程声像文件采集应注意多景别与多角度结合，重要工序、重要部位、隐蔽工程应采集细部特征。

④工程声像文件采集应准确设置设备时间、地理位置等信息，对采集内容进行相应的信息记录，包括时间、地点、施工内容、楼栋或桩号等，形成采集内容信息记录表，并做好形成工程声像文件的命名准备。

(2) 工程声像文件采集范围。工程声像文件采集范围包括工程准备阶段、工程施工阶段、工程竣工阶段和重要活动四个部分，主要内容包括：

①工程原址、原貌及周边状况。

②工程建设重大活动、重大事件，如拆迁情况、招商引资、签约仪式、工程招标与投标、奠基仪式等。

③基础施工过程中工程测量、放线、打桩、基槽开挖、桩基处理等关键工序。

④主体施工过程中施工现场。

(3) 工程声像文件采集质量要求

①照片采集质量要求：设备图像感应器尺寸不小于 23.6 mm × 15.8 mm，有效像素不低于 2 000 万，格式宜为 JPEG 、TIFF 等通用格式。

②录像采集质量要求：分辨率不低于 1 920 × 1 080，帧速率不低于 25 帧 / s，码流输入不小于 35 Mb/s ，格式宜为 MP4、NOV、AVI 等通用格式。

③录音采集质量要求：录音文件采样频率不小于 44.1 kHz，采样精度 16 Bit，信噪比不小于 70 db，格式宜为 MP3、WAV 等通用格式。

2. **工程声像文件形成**

(1) 工程声像文件形成时，必须保留原数据信息，严禁采用有损其原真性的技术及软件处理。

(2) 对采集形成的同一场景和相同内容的若干声像文件，应选择一个主题鲜明、影像清晰完整、具有代表性和典型性的文件，不需重复归档。

(3) 工程声像文件采集形成后，应及时根据采集内容信息记录表，对工程声像文件进行分类与逐级命名，命名内容包括项名称、采集内容、采集时间、采集人。

(4) 照片文件的形成

①照片文件应采用 JPEG 、TIFF 等通用格式。

②照片文件的形成数量应视表中文件级目录所要求的内容而定，施工阶段单个工序内容或工程准备阶段、工程竣工阶段、重要活动同一情况记录的照片采集数量应不少于 3 张。

(5) 录像、录音文件形成

①录像文件应采用 AVI、MPG、MP4 等通用格式。

②录音文件应采用 MP3、WAV 等通用格式。

③录像文件的时长应视所要求的内容而定，施工阶段单个工序内容或工程准备阶段、工程竣工阶段、重要活动同一情况记录的录像采集时长应不少于 30 s。

(6) 专题录像片应反映工程基本情况、主要施工工艺等工程建设活动全过程，应包含解说词稿、与解说词稿对应的画面和普通话旁白，片长不应少于 10 min。

【经验之谈】

经验口诀：手机要横屏，拍摄不手抖；对焦要认真，光线不着急；像素要调高，标识不遗漏；传输要原图，水印不要加。

1. **修复项目拍摄**

(1) 拍摄定点：同一地点拍摄完毕后，留下参照标记。

(2) 参照对比：按图索骥，对照拍摄。

2. **植物拍摄**

(1) 拍摄角度：需要从特写、近景、远景等多角度拍摄。

(2) 注意背景：尽量选取背景较为干净、周围无其他干扰物的植株进行拍摄。

3. **工作人员拍摄**

(1) 突出重点：拍摄人物工作的场景时应集中展现人物与工作场景、设备之间的关系。

(2) 着装工服：工作人员必须穿工服，并且禁止工作人员佩戴口罩、围巾、帽子等，以便识别。

4. **项目基地、基地周围的环境拍摄**

多角度全方位拍摄：基地拍摄需要从基地的外观建筑、基地全景、周边设施、内部景别等多角度进行拍摄。

5. **项目机械设备拍摄**

(1) 清洗设备：机械保持整洁、且拍摄场地背景干净。

(2)场景拍摄:机械拍摄应尽可能地在设备使用中进行抓拍、体现设备与工程场景之间的关系。

6. 项目修复技术拍摄

(1)阶段记录:重要阶段拍摄记录,完整保留项目的技术实施过程。

(2)技术呈现:技术拍摄中应以技术呈现为主,着重体现出每一个技术节点的技术支撑。

7. 拍摄景别

每一个工序都需要拍摄两种或以上的景别。

(1)全景:被摄场景要大而全,可以看到大环境和施工设备人员。

(2)特写:拍摄细节,可以看到具体施工的人或设备的操作方法。

【工作任务实施记录与评价】

1. 整理工程声像文件考核方案

见表3-31。

表3-31　整理工程声像文件考核方案

考核内容	考核要求与标准	自我评分	师傅评分
1. 园林工程声像文件的类型	(1)园林工程各阶段各阶段声像文件齐全。(20分) (2)声像文件归档整齐。(10分)		
2. 园林工程声像文件的采集	(1)照片采集质量符合规范要求。(20分) (2)录像采集质量符合规范要求。(20分) (3)录音采集质量符合规范要求。(20分)		
3. 职业精神	工作中认真负责,遵守企业规章制度,能良好有效沟通,尊重企业师傅。(10分)		

2. 学徒关键职业能力及职业品质、工匠精神评价

见表3-32。

表3-32　学徒关键职业能力及职业品质、工匠精神评价

项目	A	B	C	D
工作态度				
吃苦耐劳				
团队协作				
沟通交流				
学习钻研				
认真负责				
诚实守信				

【学徒工作任务】

根据要求对小游园园林景观工程全部过程中的声像文件进行记录,并填写学徒工作任务单(表3-33)。

表 3-33　整理工程声像文件学徒工作任务单

施工阶段	重要部位	声像文件类型
开工前阶段		
施工阶段		
竣工后新貌		

附 录

Appendix

Appendix

Appendix

Appendix

附录一
园林工程资料员学徒岗位标准

试点专业名称	园林工程技术专业
学徒岗位名称	园林工程资料员
岗位工作描述	能够进行园林工程中园林工程施工图的识读，进行园林工程项目的划分。能够利用常用办公软件及筑业软件完成园林工程项目施工资料的收集、整理和归档；竣工图的整理；竣工验收和备案文件的整理；声像文件的整理。培养学生具备较强的园林工程资料管理方面职业能力、关键技术实践能力和良好的职业道德。
工作场所与使用工具	园林工程工地，各种园林工程公司，主要使用施工图、办公软件、制图软件、筑业软件、资料管理相关规范和标准等。
职业安全与规章制度	根据安监局、技术监督局等的通知要求，为了加强安全生产管理、规范安全生产，根据《中华人民共和国安全生产法》和有关法律、行政法规的规定，由学徒企业的办公室、安全科、生产部、技术部等组织定期培训，对学徒岗位员工的操作规范、工艺流程进行定期安全教育培训，定期组织安全消防教育培训，确保提高员工安全生产意识与素质，并将相关要求融入具体学习内容，贯穿学徒岗学习全过程。 第一条　园林工程资料员岗学徒基本守则 热爱行业，服务社会；尊重他人，诚实守信；遵守制度，安全施工；用心做事，追求卓越；不断进步，完善自我；团结合作，坚持原则；爱护公司财物，提倡勤俭节约；严守岗位资料机密；保持环境卫生，注意个人仪表。 第二条　园林工程资料员岗学徒企业实习阶段工作纪律 1. 鼓励学徒间、员工间、员工与客户间积极沟通交流，但不能因此妨碍工作。因此，办公期间应该坚守岗位，不要随意串岗聊天。需要暂时离开时，应知会领导或师傅。 2. 办公室是公司办公场所，有公司很重要的财物和信息资料。所有来访的客人必须由邀请人陪同才可进入；接待来访、业务洽谈应在洽谈室或会议室进行。 3. 不得浪费、损坏公司公物，或将公司公物占为己有，消费使用，一经发现，给予警告、罚款。 4. 学徒在企业实习期间外出公务或出差必须乘坐公司指定交通工具，按规定标准住宿，并及时报告班主任和实习指导教师。不得乘坐如摩托车、三轮车等非客运机动车。

续表

职业安全与规章制度	第三条　园林工程资料员学徒岗职业安全 1. 业务安全 (1)务必保管好持有的公司涉密文件。 (2)未经授权或批准,不得对外提供有密级的公司文件或其他未公开的经营状况、财务数据等。 (3)对非本人职权范围内的公司机密,应做到不打听、不猜测、不传播。 (4)发现了有可能涉密的现象应立即向有关上级报告。 (5)学徒在实习期间不得将单位的任何保密资料进行转存携带。 (6)学徒在实习期间不得私自将实习单位的内部资料以任何方式透露给他人。 2. 自身安全 (1)学徒在校或在企业实习期间不论有无驾照均不允许驾驶机动车辆。 (2)上下班(课)期间严格遵守交通规则,避免发生人身意外。 (3)在施工场地戴好防护用具,注意个人及他人安全。 (4)晚上 8 点后不单独外出。坚决杜绝夜不归宿,有一次夜不归宿立刻终止学徒学习阶段,并按照学院管理规定处理。 (5)学徒学生在单位实习期间做好水、电、暖安全,上班前、睡觉前检查水、电,确保安全。 (6)做好防火工作,不使用大功率用电器。 第四条　园林工程资料员岗学徒的工作与学习制度 1. 企业学徒学生在企业指导教师指导下直接上岗从事公司职业岗位工作,等同于企业员工,顶岗实习学生不得提出特殊要求。 (1)企业学徒学生工作期间必须服从部门管理人员、班组长工作安排,严格按照技术规范要求开展职业岗位工作。对工作中不清楚的技术问题,要勤学、勤问、勤练,掌握后再上岗操作,保证工作质量,提高技术水平。 (2)遵守劳动纪律,反复操作训练,精确操作,提高劳动效率,高效高质量完成岗位工作。 (3)企业学徒学生有权拒绝与职业岗位无关的工作,并积极主动与指导教师、上级领导反映、沟通。 2. 实习期间,学生采用边工作边学习的工作导向教学与学习方法,学生在已有知识技能的基础上,主要采用以下学习方法: (1)作为学徒,在企业指导教师指导下,通过反复工作训练,掌握职业岗位操作(原为"职业")技能。学生要多与企业指导教师交流沟通、请教业务技术,注重学习指导教师分析问题、解决处理问题的思维方式,工作经验,公司人际关系等方面的知识。 (2)充分利用公司业务技术培训的机会,学习业务技术。 (3)利用业余时间,自学学院提供的技术指导手册、企业技术资料。根据生产中问题,通过各种信息渠道参阅学习相关知识、技术。 (4)在学习、训练掌握职业岗位业务技术的同时,善于调研分析岗位业务技术,以及工作中存在的问题,通过研究,能够改进技术或管理程序、提高工作效率。 3. 学生必须服从学校实习的统一安排,个人不得擅自调换企业和岗位。如确有问题须向学校指导教师提出申请,经批准后方可调换,否则以实习成绩不及格处理。
职业道德与素质要求	吃苦耐劳、工作认真负责、时间观念强、耐心细致、科学严谨,遵守公司和办公室的规章制度,具有质量第一的职业态度和强烈的事业心。

续表

<table>
<tr><td>行业企业职业行为规范</td><td colspan="4">遵守企业的规章制度，时间观念强，爱护公司财务，提倡勤俭节约；严守岗位资料机密；保持环境卫生，注意个人仪表；爱岗敬业；团结同事。</td></tr>
<tr><td>对应职业资格</td><td colspan="4">绿化工、施工员、资料员、二级建造师</td></tr>
<tr><td>岗位工作任务（或项目）</td><td>工作过程与技术、质量要求</td><td>专业知识要求</td><td>技术技能要求</td><td>综合职业能力要求</td></tr>
<tr><td>资料员岗位基础知识</td><td>了解工作任务，施工图纸的识读，施工图纸的组成，了解项目的结构划分</td><td>识读施工图，熟悉施工图纸的组成，了解园林工程项目的结构划分</td><td>能根据施工现场及施工组织设计识读施工图，能够结合实际对园林工程项目进行结构划分</td><td>1. 识读施工图、划分工程项目，与公司同事有效交流
2. 具有吃苦耐劳、开拓创新、团结协作等职业能力
3. 具备信息采集、分析问题、解决问题、举一反三、学习迁移的能力素质</td></tr>
<tr><td>施工资料的收集与整理</td><td>了解工作任务，熟悉工程资料管理的基本规定，工程资料分类编码与编号，熟悉资料整理的一般规定，进行施工管理资料和工程质量控制资料的整理</td><td>掌握工程资料管理基本规定，工程资料分类编码与编号，“资料管理”过程管理制度及施工资料的审核流程。掌握资料整理的一般规定，施工管理资料整理要点，工程质量控制资料整理要点</td><td>能够根据实际的园林工程项目，完成施工资料的收集，并按照规定进行整理</td><td>1. 熟悉园林工程资料管理基本规定，与公司同事有效交流
2. 具有吃苦耐劳、开拓创新、团结协作等职业能力
3. 具备使用软件，细心认真的职业素质
4. 在园林企业师傅的指引下掌握施工资料收集与整理方法、步骤和要领</td></tr>
<tr><td>竣工图的整理</td><td>了解工作任务，按规定流程完成竣工图的编制，加盖竣工图图章，竣工图审核，竣工图折叠</td><td>掌握竣工图的编制方法，竣工图图章的使用和填写方法，竣工图的折叠方法</td><td>能够根据实际的园林工程项目，按要求完成竣工图的编制，加盖竣工图图章，审核通过后折叠存档</td><td>1. 拥有对工作环境和工作对象较高的观察力、沟通能力，能和企业同事和工人进行有效的沟通
2. 具有分析问题、解决问题、举一反三、学习迁移的能力
3. 能在企业师傅的带领下完成竣工图的整理任务，获得生产经验
4. 能总结、创新，节约成本，提高成活率，提高公司效益。</td></tr>
<tr><td>竣工资料的整理</td><td>了解工作任务，按要求进行竣工验收资料的收集、整理和组卷，竣工备案资料的整理</td><td>掌握竣工验收资料的收集、整理和组卷方法，掌握竣工备案文件档案整理方法</td><td>能够根据实际的园林工程项目，按要求完成竣工验收资料的收集、整理和组卷；按要求完成竣工备案资料的整理</td><td>1. 分析与解决问题的能力、人际沟通能力、心理承受能力、公文写作能力、办公软件操作能力
2. 能在企业师傅的带领下完成竣工资料的整理任务，获得生产经验</td></tr>
</table>

续表

工程声像文件的整理	了解工作任务，完成开工前、施工阶段、竣工后新貌、工程建设过程的录音、录像资料整理	了解园林工程各个阶段需要的声像文件内容，掌握工程声像资料的采集要求和方法	能够根据实际的园林工程项目，按要求完成开工前、施工阶段、竣工后新貌的声像资料采集	1. 拥有对工作环境和工作对象较高的观察力、沟通能力，能和企业同事和工人进行有效的沟通 2. 具有分析问题、解决问题、举一反三、学习迁移的能力 3. 能在企业师傅的带领下完成工程声像资料的采集任务，获得生产经验
职业品质与工匠精神案例	**青年工匠梁智滨：靠搬砖砌墙成为世界冠军，谢绝百万年薪回校任教** 梁智滨从小就熟悉泥浆砖瓦，对建筑有着浓厚的兴趣。他也想学习建筑，以后为父母盖上一座漂亮的小别墅。2014年，梁智滨初中毕业后没有继续上高中，他来到了广州市建筑工程职业学校学习工程施工。在学校里，梁智滨系统地学习了测量、制图、施工等专业理论知识，对建筑有了更深一步的理解。 一次，学校的教学楼前贴出了一则通知，号召大家报名参加砌筑技能竞赛。梁智滨抱着试试看的想法报了名，开始了为期两年的“魔鬼式训练”。每天早上8点到晚上9点，除了上课，他把所有的时间都用在了训练上。一个看似简单的长2 m、高1.5 m的直墙，水平方向、垂直方向和角度测量，误差不能超过1 mm。墙体还要干净、美观。每完成一次训练，往往需要砌上八九个小时。砌好、推倒、再砌……梁智滨每星期差不多要这样循环5次，一直反复地练了10个月。 经过长时间的苦练和琢磨，梁智滨的双手磨出了厚厚的粗茧，但换来的是技术的突飞猛进。他能够砌出各种各样的图案和造型。从莲花到孔雀，甚至广州塔这么复杂的图案，都能在他的双手下呈现出来。功夫不负有心人，2015年，梁智滨在学校200进4的初赛中夺得第一名，获得了进入国家集训队的资格。在国家队的初赛中，梁智滨获得了第二名，有资格进入残酷的淘汰赛。10名选手经过三轮激烈的角逐，最终梁智滨获得了代表中国出战第44届世界技能大赛砌筑项目比赛的资格。 2017年10月14日，19岁的梁智滨穿着绘有国徽的工作服，走进了阿布扎比的赛场。在这里，他将与来自其他国家、地区的29名选手同台竞技。比赛要求选手在4天半内，按照图纸砌出三面墙体，而墙体的平整度、垂直度误差不能超过1 mm。梁智滨很快进入了状态，他先做好整体规划，然后开始熟悉的抹浆、砌墙。他完全沉浸在了创作之中，终于砌出了三堵漂亮的墙面。 成绩公布后，梁智滨以69.89分的成绩夺得大赛第一名，这是中国选手在世界技能大赛砌筑项目上第一次夺得金牌。站上领奖台的梁智滨激动不已，享受着成功的欢呼和祝贺。 从阿布扎比回国后，有企业慕名而来，给梁智滨开出了百万年薪另加一套房子的优厚待遇，邀请他去工作。但梁智滨拒绝了，他回到母校担任了一名实习指导教师，同时他还继续学习工程管理专业，希望提升自己的理论水平，争取做一个完美的建筑工匠。辛勤的汗水终究会有回报，他指导的师弟陈子烽在第45届世界技能大赛砌筑项目获得冠军。目前，他仍然在指导学生备战世界技能大赛。 他被评为“影响世界华人大奖希望之星”“2017年度CCTV三农人物”“南粤工匠”“全国技术能手”。2020年11月24日，在全国劳动模范和先进工作者表彰大会上，22岁的梁智滨再添一项新的荣誉——全国先进工作者。现在，这位年轻的匠人把过去的一切清零，一心只想把工匠精神传承下去。			

续表

职业生涯发展规划	学徒期间在企业师傅指导下完成企业的生产任务，并对所学知识、技能进行总结归纳，以此作为施工岗和设计岗的拓展平台。在最后一个学期的学徒实习期间，根据第一轮学徒岗位实习情况和个人对行业的任职，可以选择几个岗位中的一个岗位进行强化训练。选择种园林工程资料员学徒可以继续以具体的工作任务为载体，深刻领会园林工程资料管理的知识和技能。园林工程资料管理是一个经验积累的过程，短期内是无法习得的。因此，选择这个岗位的同学，只有在园林施工企业工作两年以上，才能成为这方面的技术人才，而后在企业提供培训、交流的平台的基础上，不断拓展自己的知识面，多看、多听、多动手、勤总结，成为园林资料管理方面的能工巧匠或技术大师。

附录二
园林工程资料员学徒岗位课程标准

试点专业名称	园林工程技术		
学徒岗位课程名称	园林工程资料员		
学徒岗位课程工作描述	园林资料员岗前培训、资料员岗位基础知识、施工资料的收集与整理、竣工图的整理、竣工资料的整理、工程声像文件的整理	学徒工作学习时间	12周
课程教学目标与学习产出	**职业素质目标(可量化考核):** 1. 遵守公司各项规章制度,并严格执行; 2. 定期进行员工培训学习以及专业知识考核等; 3. 认真完成公司布置的资料管理任务; 4. 按时参加部门大会和小组研讨会,即使在汇报资料收集和管理过程中出现了问题,也能提出有效的解决措施; 5. 能完成公司交给的外培任务,并取得合格证; 6. 能够通过咨询、查阅文献等识读施工图、熟练使用办公软件、筑业软件。具有标准意识,通过实践,提高园林工程资料管理的能力。具备知识迁移能力和举一反三的学习能力。 **专业知识目标(可量化考核):** 1. 掌握施工图的识读方法,了解施工图纸的组成。 2. 了解园林工程项目的划分。 3. 掌握工程资料管理基本规定,了解工程资料分类编码与编号方法。 4. 掌握资料整理的一般规定,施工管理资料整理要点,工程质量控制资料整理要点。 5. 掌握竣工图的编制方法,竣工图图章的使用和填写方法,竣工图的折叠方法。 6. 掌握竣工验收资料的收集、整理和组卷方法。 7. 掌握竣工备案文件档案整理方法。 8. 了解园林工程各个阶段需要的声像文件内容,掌握工程声像资料的采集要求和方法。 **职业能力目标(技术技能和岗位从业能力):** 1. 能够完成园林工程施工图的识读。		

续表

<table>
<tr><td>课程教学目标与学习产出</td><td>2. 能够划分工程项目。
3. 能够熟练地开展园林工程施工管理资料整理工作。
4. 能够熟练地开展园林工程质量控制资料整理工作。
5. 能够按要求编制竣工图,完成折叠存档。
6. 能够熟练地完成竣工验收资料的收集、整理和组卷。
7. 能够完成园林工程各个阶段的声像资料采集工作。</td></tr>
<tr><td>学徒岗位课程实施工作场所与使用工具</td><td>园林工程工地,各种园林工程公司。
主要使用施工图、办公软件、制图软件、筑业软件、资料管理相关规范和标准等。</td></tr>
<tr><td>学徒岗位课程实施岗位职业安全与规章制度</td><td>第一条　园林工程资料员学徒岗基本守则
热爱行业,服务社会;尊重他人,诚实守信; 遵守制度,安全施工;用心做事,追求卓越;不断进步,完善自我;团结合作,坚持原则;爱护公司财务,提倡勤俭节约;严守岗位资料机密;保持环境卫生,注意个人仪表。
第二条　园林工程资料员学徒岗企业实习阶段工作风纪
1. 鼓励学徒间、员工间、员工与客户间积极沟通交流,但不能因此妨碍工作。因此,办公期间应该坚守岗位,不要随意串岗聊天。需要暂时离开时,应告诉领导或师傅。
2. 办公室是公司办公场所,有公司很重要的财物和信息资料。所有来访的客人必须由邀请人陪同才可进入;接待来访、业务洽谈应在洽谈室或会议室进行。
3. 不得浪费、损坏公司公物,或将公司公物占为己有消费使用,一经发现给予警告、罚款。
4. 学徒在企业实习期间外出公务或出差必须乘坐公司指定交通工具,并按规定标准住宿,并及时报告班主任和实习指导教师。不得乘坐如摩托车、三轮车等非客运机动车。
第三条　园林工程资料员学徒岗职业安全
1. 业务安全
(1)务必保管好持有的公司涉密文件。
(2)未经授权或批准,不得对外提供有密级的公司文件或其他未公开的经营状况、财务数据等。
(3)对非本人职权范围内的公司机密,应做到不打听、不猜测、不传播。
(4)发现了有可能涉密的现象应立即向有关上级报告。
(5)学徒在实习期间不得将单位的任何保密资料进行转存携带。
(6)学徒在实习期间不得私自将实习单位的内部资料以任何方式透露给他人。
2. 自身安全
(1)学徒在校或在企业实习期间不论有无驾照均不允许驾驶机动车辆。
(2)上下班(课)期间严格遵守交通规则,避免发生人身意外。
(3)在施工场地戴好防护用具,注意个人及他人安全。
(4)天黑后不单独外出。坚决杜绝夜不归宿,有一次夜不归宿立刻终止学徒学习阶段,并按照学院管理规定处理。
(5)学徒学生在单位实习期间做好水、电、暖安全,上班前、睡觉前检查水、电,确保安全。
(6)做好防火工作,不使用大功率用电器。
第四条　园林工程资料员学徒岗的工作与学习制度
1. 企业学徒学生在企业指导教师指导下直接上岗从事公司职业岗位工作,等同于企业员工,顶岗实习学生不得提出特殊要求。
(1)企业学徒学生工作期间必须服从部门管理人员、班组长工作安排,严格按照技术规范要求开展职业岗位工作。对工作中不清楚的技术问题,要勤学、勤问、勤练,掌握后再上岗操作,保证工作质量,提高技术水平。</td></tr>
</table>

续表

学徒岗位课程实施岗位职业安全与规章制度	(2)遵守劳动纪律,反复操作训练,精确操作,提高劳动效率,高效高质量完成岗位工作。 (3)企业学徒学生有权拒绝与职业岗位无关工作,并积极主动与指导教师、上级领导反映、沟通。 2. 实习期间,学生采用边工作边学习的工作导向教学与学习方法,学生在已有知识技能的基础上,主要采用以下学习方法: (1)作为学徒,在企业指导教师指导下,通过反复工作训练,掌握职业岗位操作(原为“职业”)技能。学生要多与企业指导教师交流沟通、请教业务技术,注重学习指导教师分析问题、解决处理问题的思维方式,工作经验,公司人际关系等方面的知识。 (2)充分利用公司业务技术培训的机会,学习业务技术。 (3)利用业余时间,自学学院提供的技术指导手册、企业技术资料。通过各种信息渠道参阅学习相关知识、技术解决生产中的问题。 (4)在学习、训练掌握职业岗位业务技术的同时,善于调研分析岗位业务技术,以及工作中存在的问题,通过研究,能够改进技术或管理程序,提高工作效率。 3. 学生必须服从学校实习的统一安排,个人不得擅自调换企业和岗位。如确有问题须向学校指导教师提出申请,经批准后方可调换,否则以实习成绩不及格处理。
行业企业工作学习职业行为规范	对待工作的规范:树立正确的工作观,要把工作当成事业去完成,个人目标与企业发展目标相结合,做得比学徒师傅期望的结果还好,创造性地工作,懂得提升工作效率,在期限内完成工作任务,工作时间全身心投入。 对待学徒企业规范:牢记公司利益,不要忘记整顿办公环境,随时随地要有节省意识,要做足一百分,尽量完成工作任务,要严格遵守公司制度,不要泄露公司的机密,要学会与公司共命运同发展。 对待公司领导的规范:意识到领导和自己并非对立关系,积极想办法为领导分忧,和领导板风雨同舟,欣赏和赞美自己的领导。对待企业师傅规范:尊师重道,感恩师傅所教所管,积极想办法为师傅分忧,主动向师傅学习,脑勤、手勤、腿勤、嘴勤。 对待自己规范:有想要成功的意识,树立好习惯,学会调节压力,树立一个奋斗的目标,加强自我管理,学会自我激励。 对待同事规范:学会尊重别人,学会欣赏他人,不要自视过高,牢记团队利益高于一切,不要嫉贤妒能。
企业师傅、专业指导教师配置与教学要求	**一、企业为每 2~3 名学徒配备一名企业师傅,配备的师傅条件如下:** 1. 热爱园林事业,对培养园林行业人才有充分热情,具有良好的政治思想素质和职业道德。 2. 具备丰富的处理问题能力,善于沟通和表达,掌握并灵活运用行业知识进行技能的传授和讲解能力。 3. 工作经历技术成绩突出,善于“传、帮、带”,近三年在企业生产工作中没有违纪、违章、违规行为。 4. 取得园林行业技师职业资格证一项者或具有初级以上工程师职称者。 5. 接受过专门的职业教育或系统的园林专业职业技能培训。 6. 在园林工程资料管理领域从事工作 3 年以上,具有丰富的生产经验和知识水平,具备良好的语言表达能力和沟通交流能力。 7. 身体健康,心理健康,能坚持正常工作,男性 60 岁以下、女性 55 岁以下。 **二、企业师傅教学要求** 1. 认真做好对实习生的日常考勤和管理,加强职业道德、劳动纪律和企业文化等教育,培养学生文明、守纪的良好习惯。

续表

<table>
<tr><td>企业师傅、专业指导教师配置与教学要求</td><td>2. 负责指导实习生熟悉实习工作环境和防护设施，提高学生的自我保护能力，采取有效措施防止学生在实习中受到伤害和发生安全事故。
3. 认真做好对实习生技能训练的指导和各技术环节的示范，使学生尽快掌握实际操作技能，严格要求学生，并经常进行提问、讲解与指导。
4. 认真听取学校和实习指导教师的意见，采取措施及时解决实习指导中存在的问题，不断提高实习质量。
5. 督促学生及时填写实习生手册，对学生的实习小结填写评语并签名。
6. 实行学生实习信息通报制度，定期向学校、学生家长通报交流学生实习情况。
7. 配合学校和第三方评价机构，对实习学生进行岗位评价考核。
8. 认真完成企业领导交办的其他各项工作任务。
三、校内专业指导教师配备要求
按照园林工程资料员学徒岗知识内容结构，一类岗位学徒制学生配备该专业方向2～3名校内专任指导教师，负责知识体系构建、课程理论及部分实操的授课。到企业后学徒班配备校外实习指导教师进行学习督导。
教学要求：课程教学教师具有双师素质，讲授课程以项目化教学为主，重视课程产出，重视项目实训，注重职业素质教育。
四、学徒实习指导教师教学要求
1. 在学徒岗位实习管理网站上对实习学生进行日常管理。
2. 指导教师要制订指导工作计划，填写指导手册，完成书面工作总结。
3. 指导教师与企业师傅经常联系对接，督促学徒完成企业生产任务和学习任务，解决学生的思想问题等。
4. 负责与学徒制单位联系，积极配合学徒制单位工作，及时解决学徒实习中的问题，争取学徒实习单位的支持和帮助，搞好学徒实习单位与学校的关系。
5. 指导教师要指导学生筛选、确定学徒实习单位、岗位，开展顶岗实习。
6. 指导教师要对学徒学生在企业实习全程通过电话、书信、E-mail、走访等形式进行专业技术指导、职业综合能力培养指导、就业指导。
7. 指导教师要帮助学生做好毕业论文选题工作和制订进程计划。学生选定题目后，教师要向学生介绍毕业论文题目的意义和要求，要指导学生进行调查(包括查阅资料)、研究、写作。指导教师要及时检查学生毕业论文进度和工作质量，定期与学生联系，解答学生提出的有关问题。
8. 指导教师要严格要求学生，重视培养学生独立工作的能力、分析问题、解决问题能力和创新能力。
9. 负责了解、掌握及检查学生完成实习的情况，指导学生撰写实习总结，调查报告等；对在实习中违反纪律且情节严重的学生，指导教师要对其进行批评教育，通知班主任并及时向实习领导小组汇报。
10. 指导学生完成毕业论文，给出成绩并帮助其做好答辩准备工作。
11. 负责学生实习成绩的评定工作。
12. 按分院要求按时收回指导学生的学习材料。
13. 遇突发事件，第一时间掌握具体情况并处理，报告程序：通知班主任，报安全稳定领导小组和教学就业工作办公室。</td></tr>
<tr><td>可考取的职业资格证书、行业或企业证书</td><td>绿化工、资料员、二级建造师和一级建造师</td></tr>
</table>

续表

岗位工作学习任务（或项目）	工作学习内容	工作学习组织	学习产出考核标准	工作学习时间（周）
1. 岗前培训	企业文化、企业人事、企业组织管理制度、考勤制度等的学习，安全生产知识学习	由学徒企业组织进行	1. 基本语言表达能力 2. 企业师傅抽问与企业相关的知识	0.2
2. 资料员岗位基础知识	1. 施工图纸的识读 2. 施工图纸的组成 3. 了解项目的结构划分	在学徒企业进行	1. 正确识读施工图 2. 能正确说出施工图纸的组成部分 3. 正确地划分园林工程项目结构	0.8
3. 施工资料的收集与整理	1. 熟悉工程资料管理的基本规定 2. 工程资料分类编码与编号 3. 熟悉资料整理的一般规定 4. 施工管理资料和工程质量控制资料的整理	在学徒企业进行	1. 能够根据规范要求准确地完成园林工程施工管理资料整理工作 2. 能够根据规范要求准确地完成园林工程质量控制资料整理工作	4
4. 竣工图的整理	1. 按规定流程完成竣工图的编制 2. 加盖竣工图图章 3. 竣工图折叠	在学徒企业进行	能够根据规范要求准确地完成竣工图的编制及折叠归档	3
5. 竣工资料的整理	1. 按要求进行竣工验收资料的收集、整理和组卷 2. 竣工备案资料的整理	在学徒企业进行	1. 能够根据规范要求准确地完成竣工验收资料的收集、整理和组卷 2. 能够根据规范要求准确地完成竣工备案资料的整理	3
6. 工程声像文件的整理	完成开工前、施工阶段、竣工后新貌、工程建设过程的录音、录像资料整理	在学徒企业施工现场进行	能够根据规范要求完成园林工程开工前、施工阶段、竣工后新貌的声像资料采集	1
职业品质与工匠精神培养	善于交往、表达；具有敬业精神；富有奉献精神；教育较强的责任心和踏实认真的工作态度；能够按照生产规程进行操作。			
工作学习资源	泛雅平台相关课程资源，学徒企业提供场地，实习企业提供场地； 课程资源：1. 园林工程；2. 园林工程概预算；3. 园林工程项目管理；4. 园林法规			
学徒工作学习组织管理计划	**一、岗位训练学徒组织管理机构** 1. 企业是学徒岗位训练和专业核心能力训练教学工作的主体，为了加强岗位训练和专业核心能力训练工作的管理，成立岗位训练和专业核心能力训练工作小组，工作小组根据培养目标和模块设置确定岗位训练和专业核心能力训练模块内容，负责制定岗位训练和专业核心能力训练实施计划并组织实施。 2. 学徒岗位训练和专业核心能力训练工作小组组长由企业相关分管领导担任、副组长由办公室主任和学院相关系部主任担任，成员由企业相关部门负责人、工程技术人员、一线指导师傅及学院相关分院教师、相关职业技能指导教师组成。领导小组办公室设在企业办公室，由办公室主任负责，并配备适当工作人员。			

续表

学徒工作学习组织管理计划	3. 学徒开展岗位训练和专业核心能力训练过程中应配备具有一定专业素养和技能水平的指导师傅，指导师傅的遴选由岗位训练和专业核心能力训练工作小组负责，每个指导师傅所带学徒的数量控制在 2～5 人。 4. 为了加强学徒岗位训练和专业核心能力训练工作有效性，学院要组建一支由行业专家和相关职业工种技能培训教师组成的岗位训练和专业核心能力训练教学指导队伍，负责学徒训练过程的业务指导，并会同岗位训练和专业核心能力训练工作小组及时调整岗位训练和专业核心能力训练计划。 学徒在岗位训练和专业核心能力训练期间接受企业的技术指导，由学校和企业双重管理。 **二、岗位训练学徒管理** 1. 学徒应严格遵守企业的规章制度，服从管理，虚心向指导老师学习、请教，认真完成岗位职责。 2. 训练学徒必须按规定时间完成训练，如学徒中途无故擅自离开训练岗位，未完成训练者，或者在训练过程中违反安全生产操作规程并造成损失的不能获得岗位训练和专业核心能力训练的成绩。
学徒工作学习组织管理计划	**三、岗位训练学徒文档管理** 岗位训练和专业核心能力训练文件主要包括训练教学大纲、训练计划、训练教材、训练指导书、教学训练考核评分标准及各种过程记录文档和考核报告。
学徒考核评价方案	1. 考核内容 选择能够全面反映学徒综合素质的技能项目工作内容作为考核评价内容：学徒在每个实践单元的工作态度、工作表现等；学徒的理论知识掌握程度和处理问题能力；学徒的项目完成效果。 2. 考核时间 采用分阶段考核的方法，在每一项实践内容结束后进行考核。 3. 考核人员 考核人员应具有权威性和代表性，多方评价，体现公平、公正的原则。包括专任教师、企业师傅、行业专家和学生等。 4. 考核形式 考核形式可以灵活多样，综合运用实际操作、现场答辩、技能比赛、完成生产任务、撰写解决实际问题方案等多种手段对职业技能和职业素养进行评价。 5. 考核成绩评定 考核成绩评定应考虑多方因素，确定合理的比例，如：学徒工作态度、工作表现等占 50%，平时成绩占 20%，项目完成情况占 30%。 6. 评价等级 考核后应分出等级，包括优秀、良好、中等、及格、不及格等，一般 90 分及以上为优秀，80～89 分为良好，70～79 分为中等，60～69 分为及格，60 分以下为不及格。 7. 考核结果处理 考核评价后对考核结果制定相关处理办法：考核不及格者，需要进行补考和重修。对于缺勤三分之一及以上的同学，禁止参加考核，重修后方能参加考核。对于综合考评优秀的学生（学徒）给予一定的奖励。

续表

学徒岗位认证条件	1. 能够完成企业交付的园林工程资料管理方面的任务 2. 完成校内学习任务,并考核合格 3. 遵守企业的规章制度 4. 在思想政治方面无问题 5. 经企业师傅考核成绩合格 6. 完成学校学习阶段的学习任务,达到合格

附录三

园林工程资料员学徒师傅聘任标准与教学指导工作规范

第一部分　学徒师傅聘任标准

为深化落实推动教育部《关于委托开展职业教育中国特色学徒制理论研究与实践探索工作的通知》，以园林企业用人需求与岗位资格标准为服务目标，丰富中国特色职业教育体系内涵，使园林工程技术专业中国特色学徒制改革顺利开展并取得实效，确保企业师资水平能够满足园林工程资料员中国特色学徒制教学的需要，特制定本标准。

一、聘任对象

园林工程资料员学徒制企业师傅的聘请对象主要是园林企事业单位中从事生产、技术、科研工作，经验丰富，德行俱佳的在职人员。

二、聘任条件

(一) 热爱园林事业，对培养园林行业人才有充分热情，具有良好的政治思想素质和职业道德。

(二) 具备丰富的处理问题能力，善于沟通和表达，掌握并灵活运用行业知识进行技能的传授和讲解能力。

(三) 工作经历技术成绩突出，善于"传、帮、带"，近三年在园林施工与养护企业生产工作中没有违纪、违章、违规行为。

(四) 取得园林行业技师、二级建造师、一级建造师、注册造价师、注册规划师其中一项职业资格或者具有工程师及以上技术职称者。

(五) 接受过专门的职业教育或系统的园林专业职业技能培训。

(六) 有制订、实施培训方案的能力，具备良好的语言表达能力和沟通交流能力。

(七) 身体健康，心理健康，能坚持正常工作，男性 60 岁以下、女性 55 岁以下。

三、评聘程序

由园林企业根据评选条件，结合实际情况采取笔试、技能操作等方式进行评选。

获得推选的师傅需填写园林行业师傅申报认定表，单位盖章后，由单位和合作院校共同审核。

经评审通过的师傅，发放聘书，聘期为三年。聘书加盖学院和师傅所在企业公章。企业师傅认定表见附表 3-1。

四、奖励办法

对于师傅带学徒期间表现优秀的人员给予精神奖励，由单位和学院统一发文表彰，发给获奖证书。带学徒计算兼职教师工作量，按照学校统一标准进行发放酬劳。

将优秀师傅的评选获奖情况计入个人档案，作为晋职晋级的考核依据之一。

附表 3-1　园林行业师傅申报认定表

姓名		性别			年龄		照片
工作单位				技术职务资格			
通信地址					邮政编码		
邮箱				最高学历、学位			
专业技术职称				毕业学校及时间			
技术、专业特长				现从事技术岗位			
拟担师傅岗位	岗位一			岗位二		岗位三	
岗位工作经历							
传授技能及工作业绩							
学习情况							
所在单位推荐意见		盖　章				年　月　日	
合作院系意见					主任签字(单位代章)：		

第二部分　学徒师傅教学指导工作规范

学徒师傅承担以下职责：

1. 认真做好对实习生的日常考勤和管理，加强职业道德、劳动纪律和企业文化等教育，培养学徒文明、守纪的良好习惯。

2. 负责指导实习生熟悉实习工作环境和防护设施，提高学徒的自我保护能力，采取有效措施防止学徒在实习中受到伤害和发生安全事故。

3. 认真做好对实习生技能训练的指导和各技术环节的示范，使学徒尽快掌握实际操作技能；严格要求学徒，并经常进行提问、讲解与指导。

4. 认真听取学校和实习指导教师的意见，采取措施及时解决实习指导中存在的问题，不断提高实习质量。

5. 督促学徒及时填写实习生手册，对学徒的实习小结填写评语并签名。

6. 实行学徒实习信息通报制度，定期向学校、学徒家长通报交流学徒实习情况。

7. 配合学校和第三方评价机构，对实习学徒进行岗位评价考核。

8. 师傅工作做到有记录、有考核，对考核不合格的师傅予以解聘、减少课时费、取消晋升等优惠条件。

9. 认真完成企业领导交办的其他各项工作任务。

附录四
园林工程资料员学徒选拔标准与学习守则

第一部分　企业学徒选拔标准

一、学徒选拔的基本原则

坚持“公平、公正、公开”的原则，做到选拔条件与考核内容公开、选拔经过公开、选拔结果公开，选拔优秀学徒进入公司实践。

二、选拔对象、条件及人数

（一）选拔对象

新疆农业职业技术学院园林工程技术专业全日制高职学生。

（二）选拔条件

1. 思想端正，有良好的道德品质和文明的行为习惯。
2. 身体健康，无疾病、无残疾。
3. 专业课程成绩优秀，文化课程学习成绩较好。
4. 热爱园林事业，具有合作意识和团队精神；具有较强的吃苦耐劳的精神。
5. 有责任感和奉献精神，品行端正。
6. 自愿参加，入选后同意参加本企业中国特色学徒制培训。
7. 毕业后（学成后），自愿在本企业进行园林方面的工作。

（三）选拔人数

根据合作企业的选拔学徒的人数确定。

三、选拔程序

个人提出书面申请—园林科技分院根据学生情况进行推荐—园林企业综合考核，确定人选—由园林企业、学院、学生（未成年人由家长代理）三方共同签订学徒协议。

四、学徒选拔考核技术标准

（一）考核命题标准

学徒选拔考核以《建设工程文件归档整理规范》GB/T 50328—2014 技术规范为基础，适当增加新知识、新技术、新设备、新技能等相关内容，以实际操作的形式进行考核。试题由学徒选拔本企业组织有关专家统一命制。

（二）考核场地环境设计

采取有效措施确保工位与工位之间互不干扰；设置有考评专家进入现场巡视的专门通道，以不影响考核选手考核为标准。

（三）考核内容及要点

1. 考核方法

考核采用现场实际绘制的方法，要求选手按照园林资料员岗位标准中所规定的工作要求，在规定时间内完成现场工作。

2. 考核内容

(1)识读施工图；(2)园林工程项目结构划分；(3)施工资料的收集与整理；(4)竣工图的整理；(5)竣工资料的整理；(6)工程声像文件的整理。

3. 考核时间

要求 2 天内完成。

4. 评分要求(附表 4–1)

附表 4-1　考核评分比重表

评分项目	分值
识读施工图	10
园林工程项目结构划分	10
施工资料的收集与整理	25
竣工图的整理	20
竣工资料的整理	25
工程声像文件的整理	10
合计	100

否定项说明：若参加考核的学徒发生下列情况之一，该考核成绩记为零分：考试抄袭、缺考、替考。

第二部分　企业学徒学习守则

一、入职培训

(一)公司针对企业学徒在进入职业岗位工作之前必须开展入职培训。培训地点可选在学院或公司，重点就公司、部门基本情况、企业组织机构、管理文化、从事工作任务等《员工手册》的相关内容进行培训。

(二)公司为每位企业学徒学生指定一名入职引导人,进入职业岗位工作时,需指定一名企业技术专家或部门技术负责人为指导教师,指导学生工作、生活,完成职业岗位工作任务和学生学习计划。

二、员工纪律与行为规范

企业学徒学生作为企业准员工,按员工同等对待管理。

1. 公司员工基本守则

(1)热爱公司,服务社会;

(2)尊重他人,诚实守信;

(3)用心做事,追求卓越;

(4)不断进步,完善自我;

(5)团结合作,坚持原则;

(6)爱护公司财务,提倡勤俭节约;

(7)严守公司机密;

(8)保持环境卫生,注意个人仪表。

2. 公司考勤制度

作为公司的员工,必须严格按公司规定的工作时间出勤。

(1)每天须按时上下班,并按规定记录考勤。

(2)因公外出或出差需由部门负责人签字认可。未请部门负责人签字的,视为旷工。旷工一天扣除当月浮动工资的10%或工资总额1/30,以此累加。

(3)迟到(早退)10分钟以内,按事假2小时处理;迟到(早退)10分钟以上1小时以内,按事假半天理;迟到1小时以上,按事假一天处理。每月事假超过公司规定天数,按3天事假等同一天矿工处理。

(4)连续无故旷工3日,公司将解除接受该学生顶岗实习的约定,并遣返回学院交由学院进行组织纪律处分。

(5)一般情况不得请事假,特殊情况下,可填写请假单请部门负责人审批,审批后的请假单交人力资源部备案。事假超过3天的,还应经主管领导审批。事假获准后,应在离开工作岗位之前安排好工作。

(6)请病假须于上班前或不迟于上班后30分钟内通知所在部门的负责人,并于病假后上班的第一天补办正式的请假手续:填写请假单,并附区(县)级以上医院出具的病休证明。

(7)事假、病假期间,工资与奖金按当月实际出勤率计算。在一个月之内,如果事假超过3天或病假超过5天者,将不能参与当月津贴的分配。

(8)上班期间如需外出办理公务,应事先向你的直接上级请示。

3. 工作风纪

(1)公司鼓励员工间积极沟通交流,但不能因此妨碍工作。因此,办公期间应该坚守岗位,不要随意串岗聊天。需要暂时离开时,应告诉同事。

(2)保持办公室的整齐、干净、卫生是每一位员工的责任。请不要在办公区域进食、吸烟、饮酒,如有发现,按公司规定给予警告、罚款处理。

(3)办公室是公司办公场所,有公司很重要的财物和信息资料。所有来访的客人必须由邀请人陪同才可进入;接待来访、业务洽谈应在洽谈室或会议室进行。

(4)不得浪费、损坏公司公物,或将公司公物占为已有消费使用,一经发现给予警告、罚款。

(5)外出公务或出差必须乘坐公司指定交通工具,并按规定标准住宿。不得乘坐如摩托车、三轮车等非客运机动车。

4. 礼仪仪表

从进入公司上班的第一天起,你的一言一行就代表着公司,因此,工作时保持整洁的外表是十分重要的,应注意遵守下列要求:

(1)工作期间,应保持精神振作、彬彬有礼、高效敏捷。

(2)上班时,应注意衣着整洁、大方、得体。男职员不可留长发,蓄胡须,女职员不可浓妆艳抹。公司有统一着装要求的,按具体着装规定执行。上班期间不得着装短裤、无袖装、超短裙、凉鞋、拖鞋等。

(3)同事间应相互尊重,互帮互爱,语言文明。

(4)对外交往应有礼有节,不卑不亢,礼貌大方,简朴务实。

5. 保密

由于竞争的存在以及你对公司的责任,每个员工都有保守公司秘密的义务。这种保密的义务,不仅限于你在公司工作的合同期内,而且还应注意无论你是退休或离职后,你都将承担这种义务。

(1)务必保管好你持有的公司涉密文件。

(2)未经授权或批准,不得对外提供有密机的公司文件或其他未公开的经营状况、财务数据等。

(3)对非本人职权范围内的公司机密,应做到不打听、不猜测、不传播。

(4)发现了有可能涉密的现象应立即向有关上级报告。

三、企业学徒学生的工作与学习制度

(一)企业学徒学生在企业指导教师指导下直接上岗从事公司职业岗位工作。岗位工作等同于企业员工,岗位实习学徒不得提出特殊要求。

1. 企业学徒学生工作期间必须服从部门管理人员、班组长工作安排,严格按照技术规范要求开展职业岗位工作。对工作中不清楚的技术问题,要勤学、勤问、勤练,掌握后再上岗操作,保证工作质量,提高技术水平。

2. 遵守劳动纪律,反复操作训练,精确操作,提高劳动效率,高效高质量完成岗位工作。

3. 企业学徒学生有权拒绝与职业岗位无关工作,并积极主动与指导教师、上级领导反映、沟通。

(二)实习期间,学生采用边工作边学习的工作导向教学与学习方法,学生在已有知识技能的基础上,主要采用以下学习方法:

1. 作为学徒,在企业指导教师指导下,通过反复工作训练,掌握职业岗位操作技能。学生要多与企业指导教师交流沟通、请教业务技术,注重学习指导教师分析问题、解决处理问题的思维方式、工作经验、公司人际关系等方面的知识。

2. 充分利用公司业务技术培训的机会,学习业务技术。

3. 利用业余时间,自学学院提供的技术指导手册、企业技术资料。通过各种信息渠道参阅学习相关知识、技术解决生产中的问题。

4. 在学习、训练掌握职业岗位业务技术的同时,善于调研分析岗位业务技术,以及工作中存在的问题,通过研究,能够改进技术或管理程序、提高工作效率。

(三)学生必须服从学校实习的统一安排,个人不得擅自调换企业和岗位。如确有问题须向学校指导教师提出申请,经批准后方可调换,否则以实习成绩不及格处理。

四、实习安全

(一)公司安全教育。公司对岗位实习学徒上岗前进行一次安全教育。

(二)意外人生伤害保险。公司为岗位实习学徒购买一份意外人身伤害保险。

(三)安全检查。公司定期在顶岗实习前、中、后期进行三次安全检查,重点就生活场所、工作场所安全,交通安全、饮食安全、学生日常行为等方面进行全面检查。并开展不定期抽查。

(四)处罚

1. 公司对不注重岗位实习学徒安全的部门限期责令整改,并处相应经济处罚。

2. 公司对不听劝阻严重违反有关安全操作规定的岗位实习学徒,将其送返学院处理。

附录五

市政基础设施工程资料分类编码表

类别编码	资料名称	备注
	A 类:工程准备阶段资料	
A1	立项文件	
A1-1	项目建议书及批复	
A1-2	可行性研究报告及批复	
A1-3	环境影响评价报告书及批复	
A1-4	有关立项的会议纪要	
A1-5	工程立项的专家论证意见	
A1-6	工程项目的评估文件	
A2	建设用地、征地、拆迁文件	
A2-1	规划选址意见书及选址申请	
A2-2	建设用地批准文件	
A2-3	拆迁安置意见、协议、方案等	
A2-4	建设用地规划许可证及附件	
A2-5	划拨建设用地文件	
A2-6	建设项目土地初(预)审意见	
A2-7	国有土地使用证及附件	
A2-8	地形测量、拨地测量成果报告或土地勘测定界报告	
A2-9	建设用地钉桩通知单	
A3	勘察、设计文件	
A3-1	工程地质勘察报告	

续表

类别编码	资料名称	备注
A3-2	水文地质勘察报告	
A3-3	初步设计图纸和说明	
A3-4	技术设计图纸和设计方案	
A3-5	设计方案审查意见	
A3-6	人防、环保、消防、防雷等有关主管部门(对设计方案)的审查意见	
A3-7	施工图及其说明	
A3-8	设计计算书	
A3-9	施工图设计文件审查合格书及审查意见	
A4	招投标文件	
A4-1	勘察、设计招投标文件	
A4-2	勘察、设计中标通知书或备案文件	
A4-3	勘察、设计合同	
A4-4	施工招投标文件	
A4-5	施工中标通知书或备案文件	
A4-6	施工合同	
A4-7	监理招投标文件	
A4-8	监理中标通知书或备案文件	
A4-9	监理合同	
A5	开工审批文件	
A5-1	建设项目列入年度计划的批复文件或年度计划项目表	
A5-2	建设工程规划许可证及附件	
A5-3	建设工程施工许可证	
A5-4	建设工程质量监督登记	
A5-5	建设工程施工安全监督登记	
A6	工程造价文件	
A6-1	工程投资估算资料	
A6-2	工程设计概算资料	
A6-3	工程招标控制价文件	
A7	机构组成	
A7-1	建设单位工程项目负责人承诺书、法定代表人签署的授权书、管理人员登记表	
A7-2	勘察单位工程项目负责人承诺书、法定代表人签署的授权书、管理人员登记表	
A7-3	设计单位工程项目负责人承诺书、法定代表人签署的授权书、专业负责人员登记表	

续表

类别编码	资料名称	备注
A7-4	监理单位工程项目总监理工程师承诺书、法定代表人签署的授权书、监理人员登记表	
A7-5	施工单位工程项目负责人(项目经理)承诺书、法定代表人签署的授权书、监理人员登记表	
A7-6	五方主体项目负责人信息表	
A8	其他文件	
A8-1	监理单位项目监理机构印章备案表	
A8-2	施工单位项目经理部印章备案表	
	B 类:监理资料	
B1	监理管理文件:	
B1-1	监理规划:	
B1-2	监理实施细则、旁站方案及其他监理控制计划	
B1-3	监理月报	
B1-4	监理会议纪要	
B1-5	监理日志	
B1-6	监理工作总结	
B1-7	监理工程师通知单	
C010308	监理通知回复单	施工回复,监理保存
B1-8	工程暂停令	
B1-9	工程复工令及工程复工报审文件	
B1-10	工作联系单、监理报告	
B2	进度控制文件	
B2-1	工程开工令及工程开工报审文件	
B2-2	施工进度计划报审文件	
B3	质量控制文件	
B3-1	设计交底及图纸会审会议纪要	
B3-2	施工单位现场质量管理组织机构、管理制度及特种作业人员资格报审文件	
B3-3	施工组织设计、(专项)施工方案等工程技术文件报审	
B3-4	分包单位资格报审文件	
B3-5	施工控制测量成果报审文件	
B3-6	检测试验单位资格报审文件	
B3-7	见证取样文件	
B3-8	工程材料／构配件／设备报审文件	

续表

类别编码	资料名称	备注
B3-9	旁站记录	
B3-10	工程质量检查报验资料	
B3-11	工程质量缺陷、质量事故处理资料	
B3-12	工程质量评估报告及竣工验收文件	
B4	造价控制文件	
B4-1	工程计量及工程款支付文件	
B5	合同管理文件	
B5-1	建设工程监理合同及其他合同文件	
B5-2	工程变更文件	
B5-3	费用索赔文件	
B5-4	工期管理文件	
B6	其他文件	
C 类:施工资料		
C01 施工管理资料		
表 C1.1	单位(子单位)工程施工管理资料核查记录(C01 施工管理)	
C0101	施工准备管理文件	
C010101	工程项目概况表	
C010102	工程质量保证体系报审表	
C010103	施工现场质量管理检查记录	
C010104	工程开工报审表	
C010105	工程开工报告	
C010106	工程停工报告	
C010107	工程复工报审表	
C010108	工程复工报告	
C010109	分包单位资质报审表	
C0102	施工技术管理文件	
C010201	施工组织设计和(专项)施工方案汇总表	
C010202	施工组织设计/(专项)施工方案报审表	
C010203	施工组织设计(施工方案)及审批表	
C010204	专项施工方案及审批表	
C010205	专家论证意见表	
C010206	专家组论证综合结论表	
C010207	施工日志	

续表

类别编码	资料名称	备注
C010208	技术交底记录汇总表	
C010209	技术交底	
C010210	混凝土浇筑申请单	
C010211	模板拆除申请单	
C010213	隐蔽工程验收记录汇总表	与隐验内容配套
C010215	建工程与设备安装工程工作面交接记录	
C010216	工作联系单汇总表	
C010217	工作联系单	
C010219	扭矩扳手标定记录	
C010221	砌体施工记录	
C0103	施工报审、报验管理(与报审内容配套)	
C010301	施工控制测量成果报验表	与测量成果配套
C010302	施工进度计划报审表	与进度计划配套
C010303	工程材料/构配件/设备报审表	与材料、构配件、设备等配套
C010304	工程材料/构配件/设备清单	
C010305	报审、报验表	与隐蔽记录、分项工程、检验批等配套
C010306	分部(子分部)工程报验表	与分部(子分部)配套
C010307	工程质量整改情况报告	与质量整改通知配套
C010308	监理通知回复单	与监理通知配套,监理保存
C0104	施工工程款管理	
C010401	工程款支付报审表	
C010402	费用索赔报审表	
C010403	工程临时/最终延期报审表	
C010404	索赔意向通知书	
C02 工程质量控制资料(通用)		通用
C0201	图纸会审记录、设计变更通知单、工程洽商记录	
C020101	设计交底与图纸会审记录	
C020102	工程洽商记录或技术核定单	
C020103	设计(工程)变更、洽商记录汇总表	
	设计变更通知单	
C0202	施工物资	

续表

类别编码		资料名称	备注
C010303		工程材料／构配件／设备报审表	
C020201		材料及成品、半成品构件进场检验记录	
C020202		设备开箱检验记录	
C020203		管道配件检验记录	
C010304		工程材料／构配件／设备清单	
C020204		质量证明文件及复验报告汇总表	
C020205		产品合格证粘贴表	
C020205		出厂质量证明文件	
	1	水泥产品合格证及出厂检验报告	
	2	各类砌块、砖块合格证、出厂检验报告	
	3	砂、石料产品合格证、出厂检验报告	
	4	钢材产品合格证、出厂检验报告	
	5	粉煤灰合格证、出厂检验报告	
	6	混凝土外加剂产品合格证、出厂检验报告	
	7	商品混凝土产品合格证、出厂检验报告	
	8	预制构件(管材、盾构管片、管道、检查井盖、井框等)产品合格证、出厂检验报告	
	9	预应力混凝土构件产品合格证、出厂检验报告	
	10	道路石油沥青产品合格证、出厂检验报告	
	11	沥青混合料(用粗集料、细集料、矿粉、纤维素)产品合格证、出厂检验报告	
	12	沥青胶结料(用粗集料、细集料、矿粉)产品合格证、出厂检验报告	
	13	轻集料检验报告	
	14	石材检验报告	
	15	石灰产品合格证、出厂检验报告	
	16	土体试验检验报告	
	17	土的有机质含量检验报告	
	18	土工合成材料合格证、出厂检验报告	
	19	土工合成材料力学性能检验报告	
	20	预应力筋(钢绞线、钢丝、钢筋)产品合格证、出厂检验报告	
	21	预应力筋用锚具、夹具和连接器产品合格证、出厂检验报告	
	22	钢材合格证、出厂检验报告	
	23	焊接材料合格证、出厂检验报告	

续表

类别编码		资料名称	备注
	24	钢构件合格证、出厂检验报告	
	25	扭剪型高强度螺栓连接副紧固预拉力出厂检验报告	
	26	高强度大六角螺栓连接副扭矩系数出厂检验报告	
	27	高强度螺栓连接摩擦面的抗滑移系数试验报告	
	28	高强度螺栓洛氏硬度检验报告	
	29	结构钢材力学性能检验报告	
	30	结构钢材化学性能检验报告	
	31	防腐(防火)涂料产品合格证、出厂检验报告	
	32	防水卷材产品合格证、出厂检验报告	
	33	合成高分子防水卷材产品合格证、出厂检验报告	
	34	聚合物水泥防水粘结材料合格证、出厂检验报告	
	35	有机防水涂料合格证、出厂检验报告	
	36	橡胶止水带合格证、出厂检验报告	
	37	混凝土接缝用密封胶合格证、出厂检验报告	
	38	电线、电缆合格证、出厂检验报告	
	39	电灯杆及其底座、螺栓产品合格证、出厂检验报告	
	40	管材、管配件产品合格证、出厂检验报告	
	41	苗木出场合格检验报告	
	42	安全玻璃产品合格证、出厂检验报告	
	43	园林设施产品合格证、出厂检验报告	
	44	防腐成品管出厂合格证	
	45	其他	
C020206		材料及设备进场检验、试验报告	
	1	水泥检验报告	
	2	各类砌块、砖块检验报告	
	3	砂、石料检验报告	
	4	粉煤灰检验报告	
	5	矿粉检验报告	
	6	混凝土拌合用水检验报告	
	7	混凝土外加剂检验报告	
	8	掺合料检验报告	
	9	混凝土膨胀剂检验报告	
	10	混凝土防水剂检验报告	

续表

类别编码		资料名称	备注
	11	砂浆防水剂检验报告	
	12	烧结多孔砖(砌块)检验报告	
	13	烧结普通砖检验报告	
	14	混凝土小型空心砌块检验报告	
	15	蒸压加气混凝土砌块检验报告	
	16	岩石抗压强度检验报告	
	17	结构用钢材检验报告	
	18	结构用焊接材料检验报告	
	19	钢筋检验报告	
	20	预应力筋(钢绞线、钢丝、钢筋)检验报告	
	21	预应力筋用锚具、夹具和连接器检验报告	
	22	结构用木材进场检验报告	
	23	高聚物改性沥青防水卷材检验报告	
	24	合成高分子防水卷材检验报告	
	25	聚合物水泥防水粘结材料检验报告	
	26	有机防水涂料检验报告	
	27	橡胶止水带检验报告	
	28	混凝土建筑接缝用密封胶检验报告	
	29	道路石油沥青检验报告	
	30	沥青混合料(用粗集料、细集料、矿粉、纤维素)检验报告	
	31	沥青胶结材料检验报告	
	32	石灰进场检验报告	
	33	防腐(防火)涂料涂层厚度检验报告	
	34	扭剪型高强度螺栓连接副紧固预拉力进场检验报告	
	35	高强度大六角螺栓连接副扭矩系数进场检验报告	
	36	高强度螺栓连接摩擦面的抗滑移系数复验报告	
	37	其他	
C0203		施工测量记录(通用)	通用
C020301		施工控制测量成果报验表	
C020301		测量交接桩记录	
C020302		工程定位测量记录	
C020303		水准点复测记录	
C020304		导线点复测记录	

续表

类别编码	资料名称	备注
C020305	测量复核记录	
C020306	沉降观测记录	
C020307	道路高程测量成果记录	
C020308	初期支护净空测量记录	
C020309	隧道净空测量记录	
C020310	结构收敛观测成果记录	
C020311	地中位移观测记录	
C020312	拱顶下沉观测成果表	
C020313	定位竣工测量成果记录及附图	
C020314	管道竣工测量成果记录及附图	
C0204	施工记录(通用)	通用
C020401	施工检查记录	
C010305	报审、报验表	
C020402	地基验槽记录	
C020403	地基处理及验收记录	
C020404	地基钎探记录或地基钎探报告	
C020405	隐蔽工程验收记录	
C020406	施工工序交接记录	
C020407	工程预检记录	
C020408	基坑支护施工记录	
C020409	桩基施工记录	
C020410	地下连续墙挖槽施工记录	
C020411	地下连续墙护壁泥浆质量检查记录	
C020412	地下连续墙混凝土浇筑记录	
C020413	沉井(泵站)工程施工记录	
C020414	钻孔桩钻进记录(冲击钻)	
C020415	钻孔桩钻进记录(旋转钻)	
C020416	钻孔桩记录汇总表	
C020417	钻孔桩混凝土灌注前检查记录	
C020418	钻孔桩水下混凝土浇注记录	
C020419	沉入桩检查记录	
C020420	土层锚杆成孔记录	
C020421	土层锚杆注浆记录	

续表

类别编码		资料名称	备注
C020422		土层锚杆张拉锁定记录	
C020423		首次使用混凝土开盘鉴定记录	
C020424		混凝土施工记录	
C020425		预拌混凝土交货检验记录	
C020426		大体积混凝土测温记录	
C020427		冬期施工混凝土(砂浆)搅拌测温记录	
C020428		冬期施工混凝土养护测温记录	
C020429		结构实体混凝土试块养护测温记录	
C020430		后张预应力筋张拉记录	
C020431		预应力张拉数据记录	
C020432		有粘结预应力结构灌浆记录	
C020433		预制构件安装施工记录	
C020434		钢结构安装 施工记录	
C020435		焊接材料的烘焙记录	
C020436		合格焊工资格登记表	
C020437		管道焊接记录	
C020438		钢构件涂装施工记录	
C020439		防水工程施工记录	
C020440		顶管工程顶进记录	
C020441		箱涵顶(推)进记录	
C020442		新技术论证、备案及施工记录	按论证组要求
C0205		施工试验记录及检测报告(通用)	通用
C020501	1	施工试验记录(通用)	
	2	地基承载力检验报告	
	3	桩基承载力检验报告	
	4	土工击实试验报告	
	5	土工合成材料检验报告	
	6	混凝土配合比设计书	
C020502	7	混凝土配合比调整单	
	8	混凝土试块抗压强度试验报告	
	9	混凝土抗冻(渗)试验报告	
	10	混凝土抗折试验报告	
C020503	11	11 混凝土试块强度统计、评定记录	

续表

类别编码		资料名称	备注
	12	砂浆配合比设计书	
	13	砂浆试块抗压强度试验报告	
C020504	14	砂浆试块强度统计、评定表	
	15	钢筋机械连接检测报告	
	16	钢筋焊接力学性能试验报告	
	17	焊缝射线探伤检测报告	
	18	磁粉检测报告	
	19	渗透检测报告	
	20	超声波检测报告	
C020505	21	焊接工艺评定报告(一)	
C020506	22	焊接工艺评定报告(二)	
C020507	23	焊接工艺指导书	
C020508	24	压实度检验记录(环刀法)	施工检测各1张表
C020509	25	压实度检验记录(灌水法)	1张检测表
C020510	26	压实度检验记录(灌砂法)	施工检测各1张表
C020511	27	压实度检验记录(蜡封法)	1张施工表
C020512	28	路基压实度检验汇总表	
C020513	29	路面压实度检验汇总表	
C020514	30	管道沟槽回填土压实度检验汇总表	
C020515	31	沥青混合料目标配合比设计、施工配合比设计	
C03类:道路工程施工资料			
C01 施工管理资料(通用)			通用
C02 工程质量控制资料(通用)			通用
C03 道路工程质量控制资料			
C0301		施工记录	
C030101		沥青混合料进场、摊铺测温记录	
C030102		沥青混合料碾压测温记录	
C0302		施工试验记录及检测报告	
	1	沥青混合料马歇尔稳定度试验报告	
	2	沥青混合料油石比、矿料筛分试验报告	
	3	沥青混合料试验报告	
	4	沥青路面粗集料试验报告	
	5	沥青路面细集料试验报告	

续表

类别编码		资料名称	备注
	6	沥青试验报告	
	7	矿粉试验报告	
	8	水泥稳定土类基层配合比设计	
	9	水泥稳定土类集料试验报告	
	10	粉煤灰 / 石灰 / 钢渣稳定土类基层配合比设计	
	11	粉煤灰 / 石灰 / 钢渣稳定土类集料试验报告	
	12	水泥稳定土中水泥剂量试验报告(EDTA 法)	
	13	石灰稳定土中石灰剂量试验报告(EDTA 法)	
	14	水泥稳定土无侧限抗压强度报告	
	15	粉煤灰 / 石灰 / 钢渣类稳定土无侧限抗压强度报告	
	16	路面渗水系数试验报告	
C030201	17	道路基层混合料无侧限饱水率抗压强度检验评定汇总表	
C0303		施工质量验收记录	
C010306		分部(子分部)工程报验表	
C0303A		分部工程质量验收记录	
C0303B		子分部工程质量验收记录	
C010305		报审、报验表	
C0303C		分项工程质量验收记录	
C0303D		检验批质量验收记录	
C0303E		现场质量验收检查原始记录	
C0303F		分部工程观感质量检查记录	
C0303F 附件		分部工程观感质量现场检查原始记录	
C0304		施工验收资料	
C030401		单位(子单位)工程竣工预验收报验表	
C030402		单位(子单位)工程质量竣工验收记录	
C030403		单位(子单位)工程质量控制资料核查记录	
C030404		单位(子单位)工程安全和功能检验资料核查及主要功能抽查记录	
C030405		单位(子单位)工程观感质量检查记录	
C030406		施工资料移交书	
C030407		监理资料移交书	
C1-03 道路工程安全和功能检验资料及主要功能抽查记录			
C1-0301	1	路面( )厚度检测记录或沥青路面厚度试验报告	

续表

类别编码		资料名称	备注
	2	沥青混合料(混凝土)路面各结构层弯沉试验报告	
	3	路面抗滑试验报告(摆式仪)	
	4	路面构造深度试验报告(铺砂法)	
C1-0302	5	路面平整度检测记录或路面平整度试验报告(平整度仪)	
C1-0303	6	井框与路面高差检测记录	
	7	人行道、盲道路面砖抗压强度试验报告	
	8	人行道、盲道路面砖抗折强度试验报告	
		C04 类:桥梁工程施工资料	
C01 施工管理资料(通用)			通用
C02 工程质量控制资料(通用)			通用
C04 桥梁工程质量控制资料			
C0401		施工记录	
C040101		沥青混合料进场、摊铺测温记录	同表 C030101
C040102		沥青混合料碾压测温记录	同表 C030102
C040103		箱梁安装检查记录	
C040104		高强螺栓连接检查记录	
C040105		桥梁支座安装施工记录	
C040106		桥梁伸缩缝安装记录	
C040107		防腐层质量检查记录	
C0402		施工试验记录及检测报告	
	1	沥青混合料马歇尔稳定度试验报告	
	2	沥青混合料油石比、矿料筛分试验报告	
	3	沥青混合料试验报告	
	4	沥青路面粗集料试验报告	
	5	沥青路面细集料试验报告	
	6	沥青试验报告	
	7	矿粉试验报告	
	8	水泥稳定土中水泥剂量试验报告(EDTA 法)	
	9	石灰稳定土中石灰剂量试验报告(EDTA 法)	
	10	水泥稳定土无侧限抗压强度报告	
	11	石灰稳定土无侧限抗压强度报告	
	12	路面渗水系数试验报告	
C040201	13	道路基层混合料无侧限饱水率抗压强度检验评定汇总表	同表 C030201

续表

类别编码		资料名称	备注
	14	桥梁锚具、夹具静载锚固性试验报告	
	15	桥梁拉锁超张拉检验报告	
	16	支座进场性能试验报告	
	17	钢结构外防腐层电火花检测报告	
	18	钢结构焊缝无损检测报告	
C0403		施工质量验收记录	
C010306		分部(子分部)工程报验表	
C0403A		分部工程质量验收记录	同表 C0303A
C0403B		子分部工程质量验收记录	同表 C0303B
C010305		报审、报验表	
C0403C		分项工程质量验收记录	同表 C0303C
C0403D		检验批质量验收记录	同表 C0303D
C0403E		现场质量验收检查原始记录	同表 C0303E
C0403F		分部工程观感质量检查记录	同表 C0303F
C0403F 附件		分部工程观感质量现场检查原始记录	同表 C0303F 附件
C0404		施工验收文件	
C040401		单位(子单位)工程竣工预验收报验表	同表 C030401
C040402		单位(子单位)工程质量竣工验收记录	同表 C030402
C040403		单位(子单位)工程质量控制资料核查记录	
C040404		单位(子单位)工程安全和功能检验资料核查及主要功能抽查记录	
C040405		单位(子单位)工程观感质量检查记录	
C040406		施工资料移交书	同表 C030406
C040407		监理资料移交书	同表 C030407
C1-04 桥梁工程安全和使用功能检验资料及主要功能抽查记录			
	1	地基土承载力检验报告	
	2	桩基承载力检验报告	
	3	桥墩、梁实体混凝土强度检验报告	
	4	桥墩、梁混凝土同条件养护试件强度检验报告	
	5	结构实体混凝土回弹 - 取芯强度检验报告	
	6	梁、板实体钢筋保护层厚度检验报告	
	7	斜拉索张拉力振动频率检验报告	
C1-0401	8	索力调整检测记录	

续表

类别编码		资料名称	备注
	9	桥梁的动、静载试验报告	
C1-0402	10	桥梁定位竣工测量成果记录及附图	同表 C020313
	11	环境影响检测报告	
C05 类:给水排水管道工程施工资料			
注:子单位工程有01开(挖)槽施工的管道工程;02大型项管工程:03大型沉管工程;04大型桥管工程:05盾构管道工程:06浅埋暗挖管道工程。若不按子单位工程验收,则将以下“□”删除。			
C02 工程质量控制资料(通用)			通用
C05 给水排水管道工程质量控制资料			
C0501		施工记录	
C050101		焊缝外观质量检查记录	
C050102		焊缝质量综合评级汇总表	
C050103		焊缝排位记录及示意图	
C050104		聚乙烯管道连接记录	
C050105		聚乙烯管道焊接工作汇总表	
C050106		钢(聚乙烯)管变形检查记录	
C050107		管架安装调整记录	
C050108		牺牲阳极埋设(电化学保护)施工记录	
C050109		浅埋暗挖法施工检查记录	
C050110		盾构法施工记录	
C050111		盾构管片拼装记录	
C050112		小导管施工记录	
C050113		大管棚施工记录	
C050114		隧道支护施工记录	
C050115		注浆检查记录	
C050116		水平定向钻导向孔钻进记录	
C050117		管道安装施工记录	
C050118		管道附件安装施工记录	
C050119		管坑回填施工记录	
C0502		施工试验记录及检测报告	
C050201	1	给水管道通水试验记录	
C050202	2	排水管道闭水试验记录	
C050203	3	管道闭气试验记录	
C050204	4	管道通球试验记录	

续表

类别编码		资料名称	备注
	5	钢质管道防腐层完整性检测报告	
C050205	6	管道系统吹洗(脱脂)检查记录	
C050206	7	阴极保护系统验收测试记录	
C0503		施工质量验收记录	
C010306		分部(子分部)工程报验表	
C0503 □ A		分部工程质量验收记录	同表 C0303A
C0503 □ B		子分部工程质量验收记录	同表 C0303B
C010305		报审、报验表	
C0503 □ C		分项工程质量验收记录	同表 C0303C
C0503 □ D		检验批质量验收记录	同表 C0303D
C0503 □ E		现场质量验收检查原始记录	同表 C0303E
C0503 □ F		分部工程观感质量检查记录	同表 C0303F
C0503 □ F 附件		分部工程观感质量现场检查原始记录	同表 C0303F 附件
C0504		施工验收文件	
C0504 □ 01		单位(子单位)工程竣工预验收报验表	同表 C030401
C0504 □ 02		单位(子单位)工程质量竣工验收记录	同表 C030402
C0504 □ 03		单位(子单位)工程质量控制资料核查记录	
C0504 □ 04		单位(子单位)工程安全和功能检验资料核查及主要功能抽查记录	
C0504 □ 05		单位(子单位)工程观感质量检查记录	
C0504 □ 06		施工资料移交书	同表 C030406
C0504 □ 07		监理资料移交书	同表 C030407
C1-05 给水排水管道工程安全和功能检验资料及主要功能抽查记录			
C1-05 □ 01	1	压力管道水压试验记录	
C1-05 □ 02	2	无压力管道严密性试验记录	
C1-05 □ 03	3	给水管道冲洗消毒记录	
	4	给水管道冲洗消毒检测报告	
C1-05 □ 04	5	阀门安装及运行功能记录	
C1-05 □ 05	6	管道设备安装调试记录	
C1-05 □ 06	7	阴极保护安装记录	
	8	阴极保护系统测试报告	
C1-05 □ 07	9	防腐绝缘检测记录	
	10	钢管焊接无损检测报告	

续表

类别编码		资料名称	备注
	11	混凝土试块抗压强度试验报告	
	12	混凝土试块抗渗试验报告	
	13	混凝土试块抗冻试验报告	
	14	地基基础加固检测报告	
	15	桥管桩基础动测或静载试验报告	
C1-05 □ 08	16	混凝土结构管道渗漏水调查记录	
C1-05 □ 09	25	建筑物定位竣工测量成果记录及附图	同表 C020313
C1-05 □ 10	26	管道竣工测量成果记录及附图	同表 C020314
C06 类:给水排水构筑物工程施工资料			
注:子单位工程(或独立合同承建)有01水处理构筑物工程;02管渠工程;03调蓄构筑物工程;04取水构筑物工程;05排放构筑物工程。若不按子单位工程(或独立合同)验收,则将以下“□”删除。			
C01 施工管理资料(通用)			通用
C02 工程质量控制资料(通用)			通用
C06 给水排水构筑物工程质量控制资料			
C0601		施工记录	
C060101		缠绕钢丝应力测量记录	
C060102		电热张拉钢筋记录	
C060103		电热张拉钢筋应力测量记录 .	
C060104		管道系统吹洗(脱脂)检查记录	同表 C050205
C060105		避雷针(网)及接地装置施工记录	
C0602		施工试验记录及检测报告	
C060201	1	设备单机运行调试记录	
C060202	2	设备联动试运行记录	
	3	结构实体混凝土同条件养护试件强度检验报告	
	4	结构实体混凝土回弹 - 取芯法强度检验报告	
	5	结构实体钢筋保护层厚度检验报告	
C0603		施工质量验收记录	
C010306		分部(子分部)工程报验表	
C0603 □ A		分部工程质量验收记录	同表 C0303A
C0603 □ B		子分部工程质量验收记录	同表 C0303B
C010305		报审、报验表	
C0603 □ C		分项工程质量验收记录	同表 C0303C
C0603 □ D		检验批质量验收记录	同表 C0303D

续表

<table>
<tr><th colspan="2">类别编码</th><th colspan="2">资料名称</th><th>备注</th></tr>
<tr><td colspan="2">C0603 □ E</td><td colspan="2">现场质量验收检查原始记录</td><td>同表 C0303E</td></tr>
<tr><td colspan="2">C0603 □ F</td><td colspan="2">分部工程观感质量检查记录</td><td>同表 C0303F</td></tr>
<tr><td colspan="2">C0603 □ F 附件</td><td colspan="2">分部工程观感质量现场检查原始记录</td><td>同表 C0303F 附件</td></tr>
<tr><td colspan="2">C0604</td><td colspan="2">施工验收文件</td><td></td></tr>
<tr><td colspan="2">C0604 □ 01</td><td colspan="2">单位(子单位)工程竣工预验收报验表</td><td>同表 C030401</td></tr>
<tr><td colspan="2">C0604 □ 02</td><td colspan="2">单位(子单位)工程质量竣工验收记录</td><td>同表 C030402</td></tr>
<tr><td colspan="2">C0604 □ 03</td><td colspan="2">单位(子单位)工程质量控制资料核查记录</td><td></td></tr>
<tr><td colspan="2">C0604 □ 04</td><td colspan="2">单位(子单位)工程安全和功能检验资料核查及主要功能抽查记录</td><td></td></tr>
<tr><td colspan="2">C0604 □ 05</td><td colspan="2">单位(子单位)工程观感质量检查记录</td><td></td></tr>
<tr><td colspan="2">C0604 □ 06</td><td colspan="2">施工资料移交书</td><td>同表 C030406</td></tr>
<tr><td colspan="2">C0604 □ 07</td><td colspan="2">监理资料移交书</td><td>同表 C030407</td></tr>
<tr><td colspan="4">C1-06 给排水构筑物工程结构安全和使用功能检验资料及主要功能抽查记录</td><td></td></tr>
<tr><td>C1-06 □ 01</td><td>1</td><td colspan="2">水池满水试验记录</td><td></td></tr>
<tr><td>C1-06 □ 02</td><td>2</td><td colspan="2">消化池气密性试验记录</td><td></td></tr>
<tr><td>C1-06 □ 03</td><td>3</td><td colspan="2">压力管道水压试验记录</td><td>同表 C1-0501</td></tr>
<tr><td>C1-06 □ 04</td><td>4</td><td colspan="2">无压管道严密性试验记录</td><td>同表 C1-0502</td></tr>
<tr><td></td><td>5</td><td colspan="2">混凝土试块抗压强度试验报告</td><td></td></tr>
<tr><td></td><td>6</td><td colspan="2">砂浆试块抗压强度报告</td><td></td></tr>
<tr><td></td><td>7</td><td colspan="2">混凝土试块抗渗试验报告</td><td></td></tr>
<tr><td></td><td>8</td><td colspan="2">混凝土试块抗冻试验报告</td><td></td></tr>
<tr><td></td><td>9</td><td colspan="2">钢结构焊接无损检测报告</td><td></td></tr>
<tr><td></td><td>10</td><td colspan="2">桩基础动测或静载试验报告</td><td></td></tr>
<tr><td></td><td>11</td><td colspan="2">地基基础加固检测报告</td><td></td></tr>
<tr><td></td><td>12</td><td colspan="2">防腐层厚度检测报告</td><td></td></tr>
<tr><td></td><td>13</td><td colspan="2">防水层材料检测报告</td><td></td></tr>
<tr><td></td><td>14</td><td colspan="2">保温层材料检测报告</td><td></td></tr>
<tr><td>C1-06 □ 05</td><td>15</td><td colspan="2">地下水取水构筑物抽水清洗、产水量测定记录</td><td></td></tr>
<tr><td>C1-06 □ 06</td><td>16</td><td colspan="2">地表水取水构筑物的试运行记录</td><td></td></tr>
<tr><td></td><td>17</td><td rowspan="4">地面建筑</td><td>地基承载力检验报告</td><td></td></tr>
<tr><td></td><td>18</td><td>桩基承载力检验报告</td><td></td></tr>
<tr><td></td><td>19</td><td>混凝土强度试验报告</td><td></td></tr>
<tr><td></td><td>20</td><td>砂浆强度试验报告</td><td></td></tr>
</table>

续表

<table>
<tr><th colspan="2">类别编码</th><th colspan="2">资料名称</th><th>备注</th></tr>
<tr><td>C1-06 □ 07</td><td>21</td><td rowspan="4">地面建筑</td><td>主体结构尺寸、位置抽查记录</td><td></td></tr>
<tr><td>C1-06 □ 08</td><td>22</td><td>屋面淋水(蓄水)试验记录</td><td></td></tr>
<tr><td>C1-06 □ 09</td><td>23</td><td>有防水要求的地面蓄水试验记录</td><td></td></tr>
<tr><td></td><td>24</td><td>外窗气密性、水密性、耐风压检测报告</td><td></td></tr>
<tr><td>C1-06 □ 10</td><td>25</td><td colspan="2">构筑物定位竣工测量成果记录及附图</td><td>同表 C020313</td></tr>
<tr><td>C1-06 □ 11</td><td>26</td><td colspan="2">管道竣工测量成果记录及附图</td><td>同表 C020314</td></tr>
<tr><td></td><td>27</td><td colspan="2">环境影响检测报告</td><td></td></tr>
<tr><td colspan="5">C07 类:园林绿化工程施工资料</td></tr>
<tr><td colspan="5">注:子单位工程有01绿化工程、02园林构筑物工程,若不按子单位工程验收,则将以下“□”删除。</td></tr>
<tr><td colspan="4">C01 施工管理资料(通用)</td><td>通用</td></tr>
<tr><td colspan="4">C02 工程质量控制资料(通用)</td><td>通用</td></tr>
<tr><td colspan="4">C07 园林绿化工程质量控制资料</td><td></td></tr>
<tr><td colspan="2">C0701</td><td colspan="2">施工记录</td><td></td></tr>
<tr><td colspan="2">C070101</td><td colspan="2">绿化用地处理记录</td><td></td></tr>
<tr><td colspan="2">C070102</td><td colspan="2">土壤改良施工记录</td><td></td></tr>
<tr><td colspan="2">C070103</td><td colspan="2">病虫害防治检查记录</td><td></td></tr>
<tr><td colspan="2">C070104</td><td colspan="2">苗木保护记录</td><td></td></tr>
<tr><td colspan="2">C070105</td><td colspan="2">电缆敷设检查记录</td><td></td></tr>
<tr><td colspan="2">C070106</td><td colspan="2">电气照明装置安装检查记录</td><td></td></tr>
<tr><td colspan="2">C070107</td><td colspan="2">接地(等电位)装置隐蔽验收记录</td><td></td></tr>
<tr><td colspan="2">C0702</td><td colspan="2">施工试验记录及检测报告</td><td></td></tr>
<tr><td></td><td>1</td><td colspan="2">土壤成分检测报告</td><td></td></tr>
<tr><td></td><td>2</td><td colspan="2">机肥检测报告</td><td></td></tr>
<tr><td></td><td>3</td><td colspan="2">灌溉用水检测报告</td><td></td></tr>
<tr><td>C070201</td><td>4</td><td colspan="2">景观桥荷载通行试验记录</td><td></td></tr>
<tr><td>C070202</td><td>5</td><td colspan="2">水池满水试验记录</td><td>同表 C1-0601</td></tr>
<tr><td>C070203</td><td>6</td><td colspan="2">给水管道水压试验记录</td><td>同表 C1-0501</td></tr>
<tr><td>C070204</td><td>7</td><td colspan="2">污水管道闭水试验记录</td><td>同表 C050202</td></tr>
<tr><td>C070205</td><td>8</td><td colspan="2">管道通球试验记录</td><td>同表 C050204</td></tr>
<tr><td>C070206</td><td>9</td><td colspan="2">夜景灯光效果试验记录</td><td></td></tr>
<tr><td>C070207</td><td>10</td><td colspan="2">设备单机试运行记录</td><td>同表 C060201</td></tr>
<tr><td>C070208</td><td>11</td><td colspan="2">电气绝缘电阻测试记录</td><td></td></tr>
<tr><td>C070209</td><td>12</td><td colspan="2">电气接地电阻测试记录</td><td></td></tr>
</table>

续表

类别编码		资料名称	备注
C070210	13	电气照明通电试运行记录	
C070211	14	防雷、接地装置检查测试记录	
C0703		施工质量验收记录	
C010306		分部(子分部)工程报验表	
C0703 □ A		分部工程质量验收记录	同表 C0303A
C0703 □ B		子分部工程质量验收记录 .	同表 C0303B
C010305		报审、报验表	
C0703 □ C		分项工程质量验收记录	同表 C0303C
C0703 □ D		检验批质量验收记录	同表 C0303D
C0703 □ E		现场质量验收检查原始记录	同表 C0303E
C0703 □ F		分部工程观感质量检查记录	同表 C0303F
C0703 □ F 附件		分部工程观感质量现场检查原始记录	同表 C0303F 附件
C0704		施工验收文件	
C0704 □ 01		单位(子单位)工程竣工预验收报验表	同表 C030401
C0704 □ 02		单位(子单位)工程质量竣工验收记录	同表 C030402
C0704 □ 03		单位(子单位)工程质量控制资料核查记录	
C0704 □ 04		单位(子单位)工程安全功能和植物成活要素检验资料核查及主要功能抽查记录	
C0704 □ 05		单位(子单位)工程观感质量检查记录	
C0704 □ 06		单位(子单位)工程植物成活覆盖率统计记录	
C0704 □ 07		施工资料移交书	同表 C030406
C0704 □ 08		监理资料移交书	同表 C030407
C1-07 园林绿化工程安全功能和植物成活要素检验资料及主要功能抽查记录			
C1-07 □ 01	1	有防水要求部位的淋(蓄)水试验记录	同表 C1-0511
C1-07 □ 02	2	景观构筑物沉降观测测量记录	
C1-07 □ 03	3	山石牢固性检查记录	
C1-07 □ 04	4	喷泉水景效果试验记录	
C1-07 □ 05	5	排盐(渗水)管道通水试验记录	
	6	土壤理化性质检测报告	
	7	水理化性质检测报告	
C1-07 □ 06	8	种子发芽试验记录	
C1-07 □ 07	9	灯具固定装置的载荷强度试验记录	
C1-07 □ 08	10	系统运行记录	

续表

类别编码		资料名称	备注
C08 类:城镇燃气输配工程施工资料			
C01 施工管理资料(通用)			
C02 工程质量控制资料(通用)			
C08 城镇燃气输配工程质量控制资料			
C0801		施工记录	
C080101		钢管检查验收(校验性)记录	
C080102		管沟开挖及回填检查记录	
C080103		沟槽厚 80 细砂垫层施工记录	
C080104		管道线路地貌恢复检查记录	
C080105		管道除锈防腐施工检查记录	
C080106		钢制管道焊接作业记录	
C080107		PE 管道焊接作业记录	
C080108		牺牲阳极埋设(电化学保护)施工记录	同表 C050108
C080109		设备/管道防腐、保温、保冷、涂漆施工记录	
C080110		穿(跨)越工程施工记录	
C080111		管道补偿器安装记录	
C080112		管架安装调整记录	同表 C050107
C080113		管道里程桩埋设记录	
C080114		护桩测设记录	
C080115		引入管施工检查记录	
C080116		避雷针(网)及接地装置施工记录	同表 C060105
C0802		施工试验记录及检测报告	
	1	焊缝表面检测报告	
	2	射线检测报告	
	3	射线检测报告(底片评定记录)	
	4	超声波检测报告	
	5	超声波检测报告(缺陷记录)	
C080201	6	管道吹扫检验记录	
C080202	7	阀门/管件试验记录	
C080203	8	室内燃气管道强度与严密性试验记录	
C080204	9	燃气管道强度与严密性试验记录	
C080205	10	成品管除锈防腐检验记录	
C080206	11	管道下沟前防腐检漏及补伤记录	

续表

类别编码		资料名称	备注
C080207	12	补偿器安装前预拉伸记录	
C0803		施工质量验收记录	
C010306		分部（子分部）工程报验表	
C0803A		分部工程质量验收记录	同表 C0303A
C0803B		子分部工程质量验收记录	同表 C0303B
C010305		报审、报验表	
C0803C		分项工程质量验收记录	同表 C0303C
C0803D		检验批质量验收记录	同表 C0303D
C0803E		现场质量验收检查原始记录	同表 C0303E
C0803F		分部工程观感质量检查记录	同表 C0303F
C0803F 附件		分部工程观感质量现场检查原始记录	同表 C0303F 附件
C0804		施工验收资料	
C080401		单位（子单位）工程竣工预验收报验表	同表 C030401
C080402		单位（子单位）工程质量竣工验收记录	同表 C030402
C080403		. 单位（子单位）工程质量控制资料核查记录	
C080404		单位（子单位）工程安全和功能检验资料核查及主要功能抽查记录	
C080405		单位（子单位）工程观感质量检查记录	
C080406		施工单位资料移交书	同表 C030406
C080407		监理单位资料移交书	同表 C030407
C1-08 城镇燃气输配工程安全和使用功能检验资料及主要功能抽查记录			
C1-0801	1	管道压力试验记录	
C1-0802	2	工艺装置系统试压记录	
C1-0803	3	焊缝表面质量检验记录	
C1-0804	4	防腐补口剥离强度抽查记录	
C1-0805	5	牺牲阳极（电化学）电参数测试记录	
C1-0806	6	阴极保护（电化学）电参数测试记录	
C1-0807	7	跨越管道就位检查测量记录	
C1-0808	8	管道线路构筑物施工检查记录	
C1-0809	9	管道静电接地测试记录	
C1-0810	10	室内燃气设施外观检查记录	
C1-0811	11	调压装置检查记录	
C1-0812	12	电气绝缘电阻测试记录	同表 C070208

续表

类别编码		资料名称	备注
C1-0813	13	电气接地电阻测试记录	同表 C070209
C1-0814	14	电气照明通电试运行记录	同表 C070210
C1-0815	15	构筑物定位竣工测量成果记录及附图	同表 C020313
C1-0816	16	管道竣工测量成果记录及附图	同表 C020314
		C09 类:城镇供热管网工程施工资料	
C01 施工管理资料(通用)			通用
C02 工程质量控制资料(通用)			通用
C09 城镇供热管网工程质量控制资料			
C0901		施工记录	
C090101		小导管施工记录	同表 C050112
C090102		大棚管施工记录	同表 C050113
C090103		暗挖法施工检查记录	
C090104		顶管工程顶进施工记录	
C090105		管架安装调整记录	同表 C050107
C090106		固定支架检查记录	
C090107		管道补偿器预变位记录	
C090108		补偿器安装记录	同表 C080111
C090109		自然补偿管段预变位记录	
C090110		管道／设备保温施工检查记录	
C090111		补偿器热伸长记录	
C0902		施工试验记录及检测报告	
C090201	1	材料化学成分和机械性能复验报告	
	2	合格焊工资格登记表	
	3	焊缝表面检测报告	
C090202	4	射线检测报告	
	5	射线检测报告(底片评定记录)	
	6	超声波检测报告	
C090203	7	超声波检测报告(缺陷记录)	
C090204	8	焊缝综合质量检查记录	
C090205	9	阀门试验记录	
C0903		施工质量验收记录	
C010306		分部(子分部)工程报验表	
C0903A		分部工程质量验收记录	同表 C0303A

续表

类别编码		资料名称	备注
C0903B		子分部工程质量验收记录	同表 C0303B
C010305		报审、报验表	
C0903C		分项工程质量验收记录	同表 C0303C
C0903D		检验批质量验收记录	同表 C0303D
C0903E		现场质量验收检查原始记录	同表 C0303E
C0903F		分部工程观感质量检查记录	同表 C0303F
C0903F 附件		分部工程观感质量现场检查原始记录	同表 C0303F 附件
C0904		施工验收资料	
C090401		单位(子单位)工程竣工预验收报验表	同表 C030401
C090402		单位(子单位)工程质量竣工验收记录	同表 C030402
C090403		单位(子单位)工程质量控制资料核查记录	
C090404		单位(子单位)工程安全和功能检验资料核查及主要功能抽查记录	
C090405		单位(子单位)工程观感质量检查记录	
C090406		施工单位资料移交书	同表 C030406
C090407		监理单位资料移交书	同表 C030407
C1-09 城镇供热管网工程安全与使用功能检验资料及主要功能抽查记录			
	1	地基承载力检验报告	
	2	桩基承载力检验报告	
	3	结构实体混凝土同条件养护试件强度检验报告	
	4	结构实体混凝土回弹 - 取芯法强度检验报告	
	5	结构实体钢筋保护层厚度检验报告	
C1-0901	6	屋面淋水(蓄水)试验记录	同表 C1-0608
C1-0902	7	地下室渗、漏水检测记录	
C1-0903	8	有防水要求的地面蓄水试验记录	同表 C1-0609
C1-0904	9	安全阀调试记录	
C1-0905	10	焊缝排位记录及示意图	
C1-0906	11	供热管道水压试验记录	
C1-0907	12	设备强度 / 严密性试验记录	
C1-0908	13	供热管网工程清洗检验记录	
C1-0909	14	供热管网(场站)试运行记录	
C1-0910	15	阴极保护安装记录	
	16	阴极保护系统测试报告	

续表

类别编码		资料名称	备注
C1-0911	17	构筑物定位竣工测量成果记录及附图	同表 C020313
C1-0912	18	管道竣工测量成果记录及附图	同表 C020314
		C10 类:路灯及夜景照明工程施工资料	
C01 施工管理资料			通用
C02 工程质量控制资料(通用)			通用
C10 路灯及夜景照明工程质量控制资料			
C1001		施工记录	
C100101		直埋、缆沟电缆隐蔽工程验收记录	
C100102		电气导管、电缆隐蔽工程验收记录	
C100103		接地(等电位)装置隐蔽工程验收记录	同表 C070107
C1002		施工试验记录及检测报告	
C100201	1	照度测试报告或路灯照度测试记录	
	2	电压(输出、末端)及电流测试报告	
	3	灯具检测报告	
C1003		施工质量验收记录	
C010306		分部(子分部)工程报验表	
C1003A		分部工程质量验收记录	同表 C0303A
C1003B		子分部工程质量验收记录	同表 C0303B
C010305		报审、报验表	
C1003C		分项工程质量验收记录	同表 C0303C
C1003D		检验批质量验收记录	同表 C0303D
C1003E		现场质量验收检查原始记录	同表 C0303E
C1003F		分部工程观感质量检查记录	同表 C0303F
C1003F 附件		分部工程观感质量现场检查原始记录	同表 C0303F 附件
C1004		施工验收文件	
C100401		单位(子单位)工程质量竣工预验收记录	同表 C030401
C100402		单位(子单位)工程质量竣工验收记录	同表 C030402
C100403		单位(子单位)工程质量控制资料核查记录	
C100404		单位(子单位)工程安全和功能检验资料核查及主要功能抽查记录	
C100405		单位(子单位)工程观感质量检查记录	
C100406		施工单位资料移交书	同表 C030406
C100407		监理单位资料移交书	同表 C030407

续表

类别编码		资料名称	备注
C1-10 路灯及夜景照明工程安全与使用功能检验资料及主要功能抽查记录			
C1-1001	1	灯具固定装置的载荷强度试验记录	
C1-1002	2	电气绝缘电阻测试记录	同表 C070208
C1-1003	3	电气接地电阻测试记录	同表 C070209
C1-1004	4	电气照明通电试运行记录	同表 C070210
C1-1005	5	剩余电流动作保护器测试记录	
C1-1006	6	接地故障回路阻抗测试记录	
C11 类:城市污水处理厂工程施工资料			
C01 施工管理资料(通用)			通用
C02 工程质量控制资料(通用)			通用
C11 城市污水处理厂工程质量控制资料			
C1101		施工记录	
C110101.		设备基础检查验收记录	
C110102		钢制平台 / 钢架制作安装检查记录	
C110103		设备安装检查记录	
C110104		设备联轴器对中检查记录	
C110105		容器安装检查记录	
C110106		安全附件安装检查记录	
C110107		软化水处理设备安装调试记录	
C110108		燃烧器及燃料管路安装记录	
C110109		管道 / 设备保温施工检查记录	同表 C090110
C110110		净水厂水处理工艺系统调试记录	
C110111		加药、加氯工艺系统调试记录	
C110112		水处理工艺管线验收记录	
C110113		污泥处理工艺系统调试记录	
C110114		自控系统调试记录	
C110115		自控设备单台安装记录	
C110116		接地(等电位)装置隐蔽工程验收记录	同表 C070107
C1102		施工试验记录及检测报告	
C110201	1	设备单机试运行调试记录	同表 C060201
C110202	2	起重机试运转试验记录	
C110203	3	电气照明通电试运行记录	同表 C070210
C110204	4	电机试运行记录	

续表

类别编码		资料名称	备注
C110205	5	防雷、接地装置检查测试记录	同表 C070211
C110206	6	变压器试运行检查记录	
C110207	7	电梯运行试验记录	
C110208	8	电气绝缘电阻测试记录	同表 C070208
C110209	9	高压电气设备交流耐压试验记录	
C110210	10	高压电气设备直流耐压、泄漏电流试验记录	
C1103		施工质量验收记录	
C010306		分部(子分部)工程报验表	
C1103A		分部工程质量验收记录	同表 C0303A
C1103B		子分部工程质量验收记录	同表 C0303B
C010305		报审、报验表	
C1103C		分项工程质量验收记录	同表 C0303C
C1103D		检验批质量验收记录	同表 C0303D
C1103E		现场质量验收检查原始记录	同表 C0303E
C1103F		分部工程观感质量检查记录	同表 C0303F
C1103F 附件		分部工程观感质量现场检查原始记录	同表 C0303F 附件
C1104		施工验收文件	
C110401		单位(子单位)工程竣工预验收报验表	
C110402		单位(子单位)工程质量竣工验收记录	
C110403		单位(子单位)工程质量控制资料核查记录	
C110404		单位(子单位)工程安全和功能检验资料核查及主要功能抽查记录	
C110405		单位(子单位)工程观感质量检查记录	
C110406		施工单位资料移交书	
C110407		监理单位资料移交书	
C1-11 城市污水处理厂工程安全和使用功能检验资料及主要功能抽查记录			
	1	地基承载力检验报告	
	2	桩基承载力检验报告	
	3	结构实体混凝土同条件养护试件强度检验报告	
	4	结构实体混凝土回弹 - 取芯法强度检验报告	
	5	结构实体钢筋保护层厚度检验报告	
C1-1101	6	主体结构尺寸、位置抽查记录	同表 C1-0607
C1-1102	7	屋面淋水(蓄水)试验记录	同表 C1-0608

续表

类别编码		资料名称	备注
C1-1103	8	地下室渗、漏水检测记录	同表 C1-0902
C1-1104	9	有防水要求的地面蓄水试验记录	同表 C1-0609
C1-1105	10	给水管道通水试验记录	同表 C050201
C1-1106	11	设备/管道严密性试验记录	同表 C1-0907
C1-1107	12	设备联动试运行记录	同表 C060202
C1-1108	13	安全阀调试记录	
C1-1109	14	水池满水试验记录	同表 C1-0601
C1-1110	15	消化池气密性试验记录	同表 C1-0602
C1-1111	16	曝气均匀性试验记录	
C1-1112	17	灯具固定装置的载荷强度试验记录	同表 C1-1001
C1-1113	18	剩余电流动作保护器测试记录	同表 C1-1005
C1-1114	19	应急电源装置应急持续供电记录	
C1-1115	20	接地电阻测试记录	同表 C070209
C1-1116	21	接地故障回路阻抗测试记录	同表 C1-1006
D 类:竣工图			
D03		道路工程竣工图	
D04		桥梁工程竣工图	
D05		给水排水管道工程竣工图	
D0501		开(挖)槽施工的管道竣工图	
D0502		大型顶管竣工图	
D0503		大型沉管竣工图	
D0504		大型桥管竣工图	
D0505		盾构管道竣工图	
D0506		浅埋暗挖管道竣工图	
D0507		地下管线竣工测量成果文件	
D06		给水排水构筑物工程竣工图	
D0601		水处理构筑物工程竣工图	
D0602		调蓄构筑物工程竣工图	
D0603		管渠工程竣工图	
D0604		取构筑物工程竣工图	
D0605		排放构筑物工程竣工图 .	
D0606		地下管线及构筑物竣工测量成果文件	
D07		园林绿化工程竣工图	

续表

类别编码	资料名称	备注
D0701	绿化工程竣工图	
D0702	园林附属工程竣工图	
D08	城镇燃气输配工程竣工图	
D0801	竣工图	
D0802	地下管线竣工测量成果文件	
D09	城镇供热管网工程竣工图	
D0901	竣工图	
D0902	地下管线竣工测量成果文件	
D10	路灯及夜景照明工程竣工图	
D1001	竣工图	
D1002	地下管线竣工测量成果文件	
D11	城市污水处理厂工程竣工图	
D1101	竣工图	
D1102	地下管线竣工测量成果文件	
	E 类:工程竣工验收与备案文件	
E01	工程竣工验收文件	□为专业序号
E01 □ 01	施工单位工程竣工报告	
E01 □ 02	勘察单位工程质量检查报告	
E01 □ 03	设计单位工程质量检查报告	
E01 □ 04	监理单位工程质量评估报告	
E01 □ 05	建设单位工程竣工验收报告	
E01 □ 06	工程竣工验收会议纪要	
E01 □ 07	专家组竣工验收意见	
E01 □ 08	工程竣工验收监督通知书	
E01 □ 09	工程竣工验收条件审查业务通知单	
	建设工程质量监督报告	
E02	工程竣工备案及移交文件	□为专业序号
	规划、消防、环保、人防等部门出具的认可或准许使用文件	
	市政工程质量保修单	
E02 □ 01	市政基础设施工程竣工验收备案表	
E02 □ 02	项目负责人工程质量终身责任承诺书	
	建设工程档案认可证	XJJ 071　2016 中 附录 K. 0.2、K. 0.3

续表

类别编码	资料名称	备注
	建设工程档案接收证明书	
E03	工程决算文件	□为专业序号
E03 □ 01	工程结算文件	
E03 □ 02	工程施工决算书	
E03 □ 03	工程监理决算书	
	F 类:工程声像文件	
F01	开工前	□为专业序号
F01 □ 01	原址、原貌、原重要地物、重要纪念物的照片、录像及周边状况;拆迁情况	
F02	施工阶段	□为专业序号
F02 □ 01	施工现场与施工管理	
F02 □ 02	工程测量、放线、打桩、基础类型、基础开挖、桩基处理、桩基础、基础钢筋、基础浇灌、基础墙、基础回填、支撑、垫层、承台等关键环节、隐蔽工程状况、施工工艺亮点以及基础异常处理。	
F02 □ 03	设计模型;主体工程施工过程中钢筋、模板、砌体、混凝土灌注、管线、隐蔽工程施工,主体结构布局、大型构件安装以及防水、保温、防腐工程。	
F02 □ 04	由监理、质检等组织的有关质量监督、检查、验收等	
F02 □ 05	反映工程采用的各种新技术、新材料、新工艺等	
F02 □ 06	施工建设中的重要活动、重大事件	
F02 □ 07	记录工程重大事故第一现场、事故指挥和处理措施、处理结果等情况	
F03	竣工后新貌	□为专业序号
F03 □ 01	工程整体外观和立面状况,包括各个立面及代表性标志	
F03 □ 02	消防、绿化、亮化、雕塑等附属和配套设施。	
F04	工程建设过程的录音、录像资料(重大事件)	
F05	其他归档的声像资料	

参 考 文 献

[1] 刘小菊,李倩. 园林种植施工学徒岗位手册. 北京:中国农业大学出版社,2020.

[2] 李光. 建筑工程资料管理实训. 北京:中国建筑工业出版社,2017.

[3] 市政资料员专业与实操编写组. 市政资料员专业与实操. 北京:中国建材工业出版社,2015.

[4] 马继明,李忠妍. 市政基础设施工程施工资料应用指南(新疆专版). 北京:中国建材工业出版社,2017.

[5] 李铁成. 园林工程专业创新创业指导与分析. 北京:中国农业大学出版社,2021.

[6] 刘义平. 园林企业经营管理. 北京:中国建筑工业出版社,2008.

[7] 刘少华,马明亮,戴丽梅. 大学生职业生涯规划与就业指导. 北京:北京大学出版社,2020.